EVEN MOLAND

KANN DAS MEER DIE ERDE RETTEN?

Haupt
NATUR

EVEN MOLAND

KANN DAS MEER DIE ERDE RETTEN?

Zum blauen Herzen unseres Planeten

Aus dem Norwegischen von
Frank Zuber und Günther Frauenlob

HAUPT VERLAG

INHALT

PROLOG

Vom Ende des Zweiten Weltkriegs bis 1958 wurde das zu den Marshallinseln gehörende Bikini-Atoll im Pazifik für Kernwaffentests benutzt. Die größte von insgesamt 23 Atombomben, die dort gezündet wurden, war 1100-mal stärker als die Hiroshima-Bombe. Die Detonation zerstörte das Atoll über und unter Wasser. Einige Inseln des ringförmigen Korallenriffs waren komplett verschwunden. Sie wurden in die Luft gesprengt und verdampften in der enormen Hitzeentwicklung. An ihrer Stelle entstanden große Krater. Die Korallen waren zu Staub zermahlen, und kein Fisch überlebte die Druckwellen der Bomben. Nachdem die USA die Probesprengungen eingestellt hatten, wurde das gesamte Gebiet zur „atomaren Wüste" erklärt. An Fischerei war nicht mehr zu denken.

Seit der Jahrtausendwende haben Forscherteams das Gebiet regelmäßig besucht, um den aktuellen Zustand des maritimen Lebens zu untersuchen. Was sie dort unter Wasser sahen, war ein funktionierendes Ökosystem im perfekten Zustand.[1] Eine vergessene Welt voller Leben. Schwärme von bunten Papageifischen, dichte Korallenformationen an den Wänden der Sprengkrater und hungrige Haie auf der Jagd nach Beute. Ein gewisser Rückgang der Artenvielfalt bei Korallen kann auf die Atomversuche zurückgeführt werden,[2] doch nur fünfzig Jahre nach der beinahe totalen Auslöschung war das Leben im Meer zurück.

Die Gesundheit unserer Meere ist bedroht, aber das Leben darin hat eine fantastische Fähigkeit, sich selbst zu regenerieren – wenn es die Möglichkeit dazu bekommt.

KAPITEL 1

DER MEERESFORSCHER

Der graue Himmel geht nahtlos in das stille, stahlgraue Wasser über, und der Blick wandert zum Horizont. Ungefähr 35 Kilometer von der Küste entfernt bildet die Norwegische Rinne mit sechs- bis siebenhundert Metern Wassertiefe die tiefste Stelle im Skagerrak. Was verbirgt sich dort unten in der Dunkelheit? Mehrere hundert Jahre alte, riesige Grönlandhaie?[3] Vielleicht eines der letzten Exemplare des aussterbenden Glattrochens? Große Fische, die ein langsames Leben führen und nur da überleben, wo sie Ruhe vor uns Menschen haben.

Dort draußen am Horizont herrscht stärkere Strömung, und das Wasser ist salziger und meerestypischer als hier im Schärengarten. Manchmal ist es blau und durchsichtig, und wenn wir bei ruhiger See von der Forschungsstation in Flødevingen bei Arendal losfahren, sehen wir den Planktonkescher, die Sedimentschaufel und die Rosette mit den Wasserschöpfern tief unter uns glänzen. Sie hängen an der Winde, die unsere Messinstrumente aus der Tiefe holt. Heute jagt vielleicht ein Schwarm Blauflossen-Thunfische dort draußen. Die torpedoförmigen, blitzschnellen Tiere sind gewissermaßen die Formel 1-Fische des Meeres. Viele Sportfischer träumen davon, einen an den Haken zu bekommen. Kollegen in Schweden und Dänemark haben die Thunfische mit kleinen Sendern bestückt, die Daten speichern. Irgendwann fallen sie ab und steigen an die Oberfläche. Manche Fische tragen auch akustische Sender im Bauch, die länger halten. Wenn die Thunfische von Juli bis Oktober den Skagerrak aufsuchen, registrieren unsere Hydrophone am Abhang der Rinne ihre Signale. Die Thunfische scheinen die Norwegische Rinne zu mögen. Die Daten zeigen, dass sie vier- bis fünfhundert Meter tief tauchen, wahrscheinlich, um Schwarmfische wie den Stintdorsch oder den Blauen Wittling (ebenfalls eine Art aus der Familie der Dorsche) zu jagen, die es in dieser Tiefe zuhauf gibt.

Auf Rødskjær, einer kleinen Insel, liegt ein einzelner Seehund in charakteristischer Bananenstellung auf dem Bauch und zeigt seine beeindruckende Rumpfmuskulatur. Ein paar Kormorane trocknen ihre Flügel nach dem Tauchen. Das müssen sie, denn um rasch und tief nach Fischen tauchen zu können, nimmt ihr Federkleid Wasser auf. Mit dem zur Seite gewendeten Kopf und den ausgebreiteten Flügeln formen sie eine charakteristische Silhouette.

An einem ähnlich stillen Morgen an der Forschungsstation kam neulich eine Gruppe Schweinswale in die Bucht – kleine Zahnwale, die an der norwegischen Küste recht häufig vorkommen. Sie jagten einen Schwarm Heringe vor sich her. Als der Schwarm ganz im Inneren der Bucht war, begann ihre Mahlzeit. Abwechselnd patrouillierten sie den Eingang zur Bucht, um den Schwarm zusammenzuhalten, währen die anderen sich auf die Heringe stürzten. Dabei müssen die Schweinswale selbst aufpassen, denn sie stehen auf dem Speiseplan der Schwertwale, die gelegentlich zum Jagen in die Fjorde am Skagerrak kommen.

An einem anderen windstillen Tag entdeckten wir plötzlich eine ganz neue Schäre. Als wir das Boot näher heransteuerten, erkannten wir, dass es eine Ansammlung von Netzkugeln älteren Typs war, auf denen sich allerlei Arten festgesetzt hatten: Entenmuscheln, Seescheiden, Schwämme, Weichkorallen, Becherkorallen und Kalkröhrenwürmer. Kleine Krabben und bunte Furchenkrebse krabbelten auf dem Bewuchs herum. Netzkugeln sind Auftriebskörper aus hartem Kunststoff, die dafür sorgen, dass die Öffnung von Schleppnetzen an der Oberfläche bleibt. Die Kugeln waren mit einem Tau zusammengebunden. Vielleicht waren es Reservekugeln eines in der Nordsee untergegangenen Trawlers. Als das Wrack verrostet war und auseinanderbrach, stiegen sie an die Oberfläche, wo Wind und Strömungen sie als rätselhafte, schwimmende Insel mit zottigem Bewuchs aus der Tiefe zu uns brachten.

Die Aufmerksamkeit der Meeresforscher war lange Zeit auf den Horizont und das Meer dahinter gerichtet. Es ging vor allem um die Verwaltung der wirtschaftlich wichtigsten Fischbestände wie Hering, Makrele, Dorsch und Lodde. Als seefahrende Nation hatten wir Norweger beinahe die Ökosysteme unserer eigenen Küsten und Fjorde „vergessen", doch in den letzten Jahrzehnten hat die Küstenforschung wieder Aufwind bekommen. Dies liegt nicht zuletzt auch daran, dass die Menschen Veränderungen in unseren Küstengebieten im Alltag bemerken. Vielerorts ist das Fischen schwieriger geworden, Miesmuscheln sind von gewohnten Orten verschwunden und ein Teppich aus kurzen und dünnen, schnellwachsenden Algen bedeckt immer größere Teile des Meeresbodens in seichten Buchten.[4] Gleichzeitig herrscht große Konkurrenz um Seegebiete. Um Beschlüsse zu fassen und Prioritäten festzulegen, sind die Erkenntnisse der Meeresforschung gefragt.

Zu den Zielen der Meeresforschung gehören ein besseres Verständnis unserer Welt sowie die Vermittlung gesicherten Wissens an alle. Doch die Wissenschaft hat kein Monopol auf die Kenntnis des Meeres. Fischer gehören zu den letzten Jägern unserer Gesellschaft, und ihre Observationen der Natur sind nicht nur für ihren Fang wichtig. In einer Zeit rascher Veränderungen ist die Kenntnis lokaler Ökosysteme eine wichtige Informationsquelle. Zum Beispiel wissen Fischer, wo früher die Laichplätze der Heringe lagen und wann die Fische dorthin zogen, wie groß die Schwärme waren und mit welchen Methoden man damals fischte. Mit ihrer Hilfe kann man einem Phänomen entgegenwirken, das wir Umweltamnesie nennen: Jede Generation fasst die Natur so, wie sie sie sieht, als normal oder intakt auf.

Wachsende Einsicht

Weiße Sonnenstrahlen brachen schräg durch das klare, blaugrüne Wasser. Ich sah die Unterseite von zwei kleinen Booten über mir, ehe ein paar große, lila- und orangefarbene Seesterne meine Aufmerksamkeit fingen – ein bunter Kontrast zu der dunklen Kaimauer und dem braungrünen Tang. Es war völlig still. Plötzlich wurde die Stille durch ein Platschen und jede Menge Luftblasen neben mir gebrochen. Mein Retter war ins Wasser gesprungen.

An jenem Sommertag 1979 hatte ich als neugieriger Fünfjähriger Krabben gefischt und mich dabei zu weit über die Kaimauer gelehnt. Ich trug keine Schwimmweste und sank schnell auf den Grund. Für die umherstehenden Erwachsenen war dies ein dramatisches Erlebnis, für mich war es der Beginn eines Abenteuers. Ich hatte entdeckt, dass es eine ganz eigene, wundersame Welt unter Wasser gibt. Ein Meeresforscher war geboren.

Inzwischen liegen viele Jahre als Taucher, Meeresbiologe und Wissenschaftler hinter mir. Ich habe in Norwegen und Australien studiert und mit Kollegen aus aller Welt zusammengearbeitet. Ich habe das Abenteuer, das die Erforschung der Natur und der Meere bietet, voll ausgekostet. Mit eigenen Augen habe ich unzählige Tierarten gesehen und ihr Verhalten erforscht, das sie meist sehr verletzlich macht, sobald sie auf die Spezies Mensch treffen. Aber ich durfte auch erleben, dass viele Menschen in enger Verbundenheit mit dem Meer leben. Ihr Alltag ist vom Wissen vieler Generationen geprägt. Sie achten das Meer als Quelle gesunder und nahrhafter Kost, als Herausforderung in vielen Lebenslagen sowie als Ursprung ihrer Mythen und Identität. Ihre Kulturen sind vom Meer geprägt, was lange nachwirkt. Viele unserer Vorstellungen vom Meer sind noch heute von den Erfahrungen unserer Vorfahren beeinflusst, die in einer Zeit lebten, als die Natur einen scheinbar unbegrenzten Überfluss bot und unsere Technologien einfacher waren.

Mein unfreiwilliger Tauchgang von 1979 ist lange her, doch schon damals waren die weniger tiefen Bereiche der Meere einer breiten Öffentlichkeit bekannt, unter anderem durch die Bücher und Filme von Hans Hass und Jacques-Yves Cousteau. Trotzdem steckten viele Bereiche der Meereskunde noch in den Kinderschuhen. Wenige Jahrzehnte zuvor war dies noch deutlicher. 1950 erschien Rachel Carsons Klassiker *The Sea Around Us.*[5] Die poetische Sprache der Biologin und Umweltschützerin ist eine Freude, die damaligen Kenntnislücken füllt sie mit Erstaunen und Spekulation. Man hatte gerade erst die Mittelozeanischen Rücken entdeckt – unterseeische Gebirgsketten entlang der Bruchstellen zwischen den auseinanderstrebenden Kontinentalplatten. Doch die Kontinentaldrift war zu Carsons Zeit noch immer umstritten,[6] weshalb sie diese nicht erwähnte und zu einigen Fehlschlüssen gelangte. In anderen Bereichen, zum Beispiel der physikalischen Ozeanografie, war die Wissenschaft fortgeschrittener. So gab es bereits brauchbare Erkenntnisse über die wichtigsten Meeresströmungen, die unter anderem die Wärme über unseren Planeten verteilen.

Etwa zur gleichen Zeit begann man, die Fischbestände unabhängig von der Fischerei zu erforschen. Bis dahin war es der Hauptzweck der Fischereiforschung gewesen, Bestände zu finden und die Fischereiflotte bei deren Ausbeutung zu unterstützen. Fischereibiologie hingegen war ein neues

Fach, das Biologie, Mathematik und Ökonomie vereinte. Der mathematische Ansatz war mit großem Optimismus verbunden. In Zukunft sollten die Ressourcen besser verwaltet werden. Doch seit den 1960er-Jahren gab es zunehmend Fischereikollapse. Von einem Kollaps spricht man, wenn weniger als zehn Prozent eines Fischbestandes übrig sind. Dann vermehren sich die Fische so langsam, dass die Fischerei sich nicht mehr lohnt. Ein solcher Kollaps hat Auswirkungen auf die gesamte Nahrungskette und verändert ganze Ökosysteme. Die Fischereiflotte muss auf andere Fischarten ausweichen, wodurch die Überfischung weiterer Arten droht.

In der zweiten Hälfte des 20. Jahrhunderts entstanden immer mehr Fachdisziplinen innerhalb der Meereswissenschaften mit eigenen Abteilungen an Universitäten, nationalen Instituten für Meeresforschung, wissenschaftlichen Vereinen und internationalen Konferenzen. Die 1970er-Jahre waren eine Dekade der Meeresforschung unter der Schirmherrschaft der Vereinten Nationen. Das war noch nicht genug, um ein breites Bewusstsein zu schaffen, aber es war ein guter Anfang. Heute haben wir vielleicht die Chance, mithilfe wissenschaftlicher Erkenntnisse und moderner, grenzenloser Kommunikationsmittel ein weltweites Verständnis der vielen Funktionen zu erreichen, die das Meer auf unserem Planeten erfüllt. Wir können die Chancen begreifen, die es uns bietet, und gleichzeitig lernen, seine Grenzen zu respektieren. Deshalb haben die UN-Vollversammlung und die UNESCO das gegenwärtige Jahrzehnt (2021–2030) zur „UN-Dekade der Meeresforschung für nachhaltige Entwicklung“ erklärt.[7]

Der größte Teil des Meeres ist tief, die durchschnittliche Tiefe der Weltmeere liegt bei 3682 Metern. Mit 70 Prozent bedecken die Meere über zwei Drittel der Erdoberfläche. Berechnet man ihr Volumen nach der durchschnittlichen Höhe der Landmasse und der oben genannten Durchschnittstiefe, ist es fast zwölfmal so groß wie das der Landmasse inklusive Eis und Süßwasser. An Land ist der Lebensraum auf eine ziemlich dünne Schicht der oberen kontinentalen Kruste beschränkt, während das Leben in den Ozeanen sich bis zu den tiefsten Meeresböden tummelt und das gesamte Volumen ausnutzt. Somit machen die Meere über 90 Prozent des Habitats auf der Erde aus. Die Erde ist ein Meeresplanet.

Der meistverbreitete Lebensraumtyp im Meer sind Tiefsee-Ebenen mit weichem Boden, dessen Sedimentschicht unterschiedlich dick ist. Von wenigen Zentimetern bis zu etlichen Kilometern ist alles möglich. Jedes Mal, wenn Expeditionen Proben aus Tiefseegebieten entnehmen, werden darin neue Arten entdeckt. Am Meeresboden leben noch immer Organismen, die uns gänzlich oder höchstens als Fossilien bekannt sind.[8] Für Meeresforscher birgt dies auch in der Zukunft eine Chance auf spektakuläre Entdeckungen.

Oft wird behauptet, wir wüssten weniger über das Meer als über den Weltraum. Aber dass wir noch nicht den gesamten Meeresboden erforscht haben, bedeutet nicht automatisch, dass unser Verständnis nicht ausreicht. Im Gegenteil, ich möchte behaupten, dass wir heute ein fundiertes Wissen über die Funktionen des Meeres erlangt haben. Auf jeden Fall ist unser Wissen ausreichend, um globale Einigkeit darüber zu erreichen, wie wir das Leben im Meer und die ökologischen Funktionen der Ozeane am besten erhalten können.[9]

Revolution der Wissenschaften

Das Meer kommt ausgezeichnet ohne uns Menschen und unsere Faszination für technische Gadgets zurecht. Dabei ist unser vermehrtes Wissen über das Meer durchaus der Entwicklung neuer Technologien geschuldet. Zum Beispiel können wir dank neuer Analysetechniken vom Mineralgehalt im Gewebe eines Fisches oder einer anderen Tierart auf deren Nahrung schließen. Bestimmte Stoffe verraten, wovon sich das Tier ernährt, auf welcher Stufe der Nahrungskette es steht oder woher es seine Nahrung bezieht. Die Ohrsteine der Fische sind dabei beinahe wie Fahrtenschreiber. Sie liegen im Kopf und bestehen aus mehreren Schichten Kalk. Neben dem Alter eines Fisches zeigt der Mineralgehalt der unterschiedlichen Wachstumszonen auf, wo der Fisch gelebt hat und wo er geschlüpft ist.

Genetik und Genomik sind Wissenschaften, die sich schnell entwickeln. In der Meeresforschung haben sie zu einem völlig neuen Verständnis der Verwandtschaft und des Kontakts zwischen verschiedenen Beständen einer Art beigetragen. Manchmal wird dadurch der Begriff der Art infrage gestellt, weil wir Bestände ein und derselben Art finden, die sich genetisch stark voneinander unterscheiden und seit langer Zeit keinen Kontakt zueinander haben. Die Gene beinhalten auch Archive von Veränderungen, mit deren Hilfe etliche Fragen beantwortet werden können. Zum Beispiel finden wir heraus, wo Arten herkommen, wenn sie ein neues Meeresgebiet besiedeln, und auf welchem Weg sie sich weiterverbreiten. Genetische Veränderungen können auch von der Größe eines Bestandes zeugen. All diese Informationen lassen uns bis weit in die Vergangenheit schließen.

Auch auf dem Gebiet der Geophysik hat die Technologie uns weitergebracht. Ein Netzwerk aus verankerten und treibenden Forschungsbojen versorgt uns seit vielen Jahren mit Daten. Wir wissen, wie dem Wasser in der Tiefe Sauerstoff zugeführt wird und warum die Arktis sich schneller erwärmt als andere Meeresgebiete. Ozeanografen können mithilfe von Computern Modelle aufstellen, welche die Meeresströmungen wirklichkeitsgetreu wiedergeben, und biophysische Modelle zeigen auf, wie Organismen und Lebensstadien wie Eier, Larven und Plankton mit den Meeresströmungen treiben und von unterschiedlichen Wassermassen verbreitet oder zurückgehalten werden. In Verbindung mit genetischen Daten kann dies erklären, warum es getrennte Bestände gibt. Man sieht, ob die Brut eines Gebietes von Eltern eines anderen Gebietes stammt, oder ob ein Fischbestand lokal und „selbstrekrutierend“ ist. In letzterem Fall hängt sein Erhalt davon ab, ob genügend Exemplare in dem betreffenden Gebiet verbleiben.

Eine weitere Quelle neuer Erkenntnisse ist die Miniaturisierung elektronischer Geräte. Kleine Sonden und Tags senden oder speichern Informationen über Tiefe, Temperatur und Position. Die Markierung von Vögeln, Fischen, Robben, Walen, Haien, Schildkröten und anderen Meerestieren lassen uns ihre Wege studieren und geben Aufschluss darüber, welche Lebensräume miteinander verbunden sind. Dies ist besonders wichtig, um effektive Schutzmaßnahmen am richtigen Ort zu ergreifen.

Was nützt uns das Meer?

Das Meer ist ein zusammenhängendes physisches und biologisches System, das unser Klima reguliert, Wettersysteme steuert, Nährstoffe reinigt und rezirkuliert, Sauerstoff produziert und Kohlenstoff bindet und einlagert. Neben diesen wissenschaftlichen Fakten hat das Meer eine tiefere Bedeutung als Ursprung allen Lebens auf unserem Planeten. Wahrscheinlich hängt dieser mit Prozessen zusammen, die im warmen Wasser unterseeischer Gebiete mit vulkanischer Aktivität ablaufen. Auch heute noch sind die Meere und Ozeane wichtig, um die Vielfalt des Lebens, wie wir sie kennen, zu erhalten. Kein menschengeschaffenes Projekt kann dieses System ersetzen.

Das übergeordnete norwegische Narrativ vom Meer – aber auch das vieler anderer Länder – war lange Zeit von Menschen geprägt, die Naturgewalten überwanden und dabei großen Gewinn machten: 1000 Jahre Heringsfischerei (das „Silber der Meere"), Walfang (unser „erstes Ölmärchen"), Öl und Gas aus Ressourcen unter dem Meeresboden (unser „zweites Ölmärchen") sowie der Aufbau der Lachsindustrie. Dank der Fischerei konnte die gesamte Küste besiedelt werden, sie gab den Menschen ein sicheres Einkommen. Mit der Rationalisierung der Fischerei – weniger und größere Boote – sowie dem Ausbau der Lachszucht bewegen wir uns teilweise auf eine Privatisierung der Ressourcen zu, was Wohlstand für Einige und noch mehr Wohlstand für nur sehr wenige Einzelne bedeutet.[10] Die Kapitaleigner an der Spitze dieser Wirtschaftszweige betrachten den Erhalt einer lebendigen Küstengesellschaft kaum noch als oberste Priorität.

Auf die Frage, was uns das Meer nützt, werden wir die unterschiedlichsten Antworten bekommen. Für Seeleute, Fischer, Fischzüchter und die Tourismusbranche ist es ein Teil des Alltags, gleiches gilt indirekt auch für Reeder, Financiers, Umweltschützer, Bürokraten und Politiker. Doch haben wir alle dasselbe Verständnis von dem Meer, das uns umgibt? Können wir ohne Weiteres Einsichten teilen, Gefahren erkennen und gemeinsam die richtigen Maßnahmen ergreifen? Das hat sich als schwierig herausgestellt.

Vielen Menschen dient das Meer vor allem als Quelle gesunden Essens oder als Einnahmequelle. Sie werden antworten: Wir leben davon – heute, morgen und hoffentlich für immer. Wir vertrauen darauf, dass die See auch in Zukunft „liefern" wird. Fachleute, Politiker und Interessengruppen stellen Visionen über das Wachstum der Fisch- und Meeresfrüchtebranche und über neue Ressourcen aus dem Meer auf, von denen wir leben sollen.[11] Doch beruhen diese Visionen auf handfesten Grundlagen? Birgt das Meer noch ausreichend ungenutzte Rohstoffe und Bestände? Bisher war es immer freigiebig zu uns, und tatsächlich versorgt es uns mit sogenannten Ökosystemleistungen und Ökosystemfunktionen, die für das Leben auf der Erde und somit auch für uns entscheidend sind.

Generationen von Menschen haben Fisch als relativ stabile Ressource erlebt, an der man sich nach Bedarf bedienen konnte. Sie waren es gewohnt, dass die Fische regelmäßig in großen Mengen auftraten, was ihnen Versorgungssicherheit und Wohlstand brachte. „Der Hering ist da!" ist eine verbreitete Redewendung in Norwegen. Sie stammt aus der Zeit, als viele Hände in kleinen Küstengemeinschaften zum Erfolg beitrugen und man alles stehen und liegen ließ, wenn die Heringsschwärme im Fjord standen. In manchen Teilen der Welt führte auch die Industrialisierung der Fischerei zu mehr Wohlstand. Doch zeitgleich mit dem technologischen Fortschritt kam es im Meer zu großen Veränderungen. Durch Überfischung, Verschmutzung und den Klimawandel ist die Gesundheit der Meere heute stark beeinträchtigt.

2014 verabschiedeten die Vereinten Nationen eine Resolution mit 17 Zielen für nachhaltige Entwicklung. Nummer 14 betrifft das „Leben unter Wasser – Bewahrung und nachhaltige Nutzung der Ozeane, Meere und Meeresressourcen". Die wissenschaftliche Erkenntnis, dass das Leben auf der Erde von gesunden Meeren mit funktionierenden Ökosystemen abhängt, war endgültig ins politische Bewusstsein gelangt. Leider messen nicht alle Menschen ihr die gleiche Bedeutung zu, denn für viele liegt das Meer fern. Die Verbreitung dieser Erkenntnis und die Schaffung eines Bewusstseins für das Meer ist eine wichtige Aufgabe für alle Kollegen, die am Kreuzungspunkt zwischen Ökologie und Gesellschaft arbeiten, denn nur wenn ein allgemeines „Meeresverständnis" herrscht, werden auch Politiker in Übereinstimmung mit den UN-Zielen für nachhaltige Entwicklung handeln.[12]

An internationalen Initiativen und guten Absichten fehlt es nicht. Abkommen werden unterzeichnet, doch sie sind für die unterzeichnenden Länder nicht juristisch bindend und deshalb nur Rahmenwerk. Wissenschaftler aller Fachrichtungen mahnen zum schonenden Umgang mit der Natur und betonen die Wichtigkeit der Resolutionen.[13]

Trotzdem gibt es Grund zur Hoffnung. Die Weltmeere sind ein robustes, zusammenhängendes System. Dadurch kann das Leben sich verbreiten, Arten können sich regenerieren, auch wenn ihr Bestand in bestimmten Gebieten längere Zeit zu gering oder abwesend war. Zum Glück gibt es im Meer auch viele Beispiele intakter Natur – Nischen, die ungestört bleiben durften, oder Ökosysteme, die eine starke Widerstandskraft gegen die Veränderungen aufweisen. Wir Meeresforscher müssen herausfinden, woher diese Widerstandskraft kommt, und für ein allgemeines Bewusstsein werben, um die Gesundheit des Meeres auf lange Sicht zu erhalten.

KAPITEL 2

DAS MEER IST EINE MASCHINE

Wenn das Meer Berge, Wälder, Schnee und hellen Himmel spiegelt, wirkt seine Oberfläche undurchsichtig. Doch ich und die anderen Taucher bei der Marinebasis Olavsvern sind regelmäßig unter Wasser und wissen, dass die Sicht unter Wasser heute sehr gut ist. Perfekt für einen Tauchgang am Wrack der DS Flint im Rystraumen, dem schmalen Sund zwischen Ryøya und Kvaløya südlich von Tromsø. Wir freuen uns auf die Tour und sind gut vorbereitet. Der Expeditionsleiter ist ein erfahrener, leidenschaftlicher Taucher und hat uns alles über das Wrack erzählt: „Das Dampfschiff Flint ging am Samstag, dem 1. September 1928 auf dem Weg von Kirkenes nach Rotterdam im Rystraumen unter, beladen mit 7000 Tonnen Pyrit …" Vielleicht hatte die Mannschaft den Zeitpunkt der Durchfahrt falsch berechnet, sodass das große Schiff sich nicht in dem starken Gezeitenstrom des Sunds halten konnte. Es rammte Steine und Felsen, wurde gegen das Ufer von Ryøya gedrückt und brach entzwei, als die Dampfkessel explodierten. „Die beiden Teile liegen kielunten am Grund, besetzt mit jeder Menge von maritimen Lebensformen – ein fantastisches Tauchziel!" Deshalb haben wir auf einen hellen und stillen Tag wie diesen gewartet, doch am wichtigsten ist, dass der Höchststand der Flut ungefähr auf die Tagesmitte fällt. Wir schalten den Motor aus und lassen das Boot treiben. Das Wasser strömt noch immer spürbar in den Fjord, aber diese Strömung wird mit dem Gezeitenwechsel aufhören. Genau dann werden wir nach dem Wrack tauchen, das in 15 bis 35 Metern Tiefe liegt.

Die ersten beiden Taucher machen sich bereit, überprüfen gegenseitig ihre Ausrüstung („Buddy Check") und signalisieren einander, dass sie klar sind. Wir steuern zu der Boje, die das Wrack markiert, die beiden rollen rückwärts ins Wasser, geben uns das OK-Zeichen und tauchen zum Wrack hinab.

Im Takt der Gezeiten

Bei der Planung dieses Tauchgangs mussten wir vor allem auf die Gezeiten achten. Wenn der Gezeitenstrom zwischen den Inseln fließt, ist es fast unmöglich, dort zu tauchen. Eigentlich sind die Gezeiten oder Tiden eine globale Welle mit zwei Gipfeln – einem auf jeder Seite der Erde. Der eine ist sublunar, das heißt unter dem Mond. Auf dieser Seite wird das Wasser, genauer gesagt sogar die gesamte Erdoberfläche, von der Anziehungskraft des Mondes angehoben. Der zweite, „antipodale" Gezeitengipfel entsteht zur gleichen Zeit auf der entgegengesetzten Seite der Erde, weil der Mond dort die geringste Anziehungskraft hat und die Zentrifugalkraft der Erde sich am stärksten auswirkt. Auch die Anziehungskraft der Sonne spielt eine Rolle, aber weil der Mond so dicht um die Erde kreist, ist sein Effekt doppelt so groß wie der der Sonne. Wäre die Erde nur von Wasser bedeckt, würde die Tidenwelle ungehindert um den Planeten rotieren, und ihre Gipfel würden zweimal pro Tag denselben Punkt passieren. Da unsere Meere aber von Kontinenten und Inseln geteilt werden, wird die Sache komplizierter. Die Tidenwelle kann sich nicht frei verbreiten, weil sie an mehreren Orten auf Land stößt. Dadurch wird sie in mehrere, jeweils ca. 1000 Kilometer lange Wellen geteilt, die sich entlang der Küsten verbreiten. Die Perioden dieser Wellen hängen von den Umlaufbahnen des Mondes um die Erde und der Erde um die Sonne ab. Sie rotieren um feste Punkte auf dem Planeten, die man Amphidromische Punkte nennt – auf der nördlichen Halbkugel gegen den Uhrzeigersinn, auf der südlichen im Uhrzeigersinn.

Befindet man sich in der Nähe eines solchen Punktes, ist der Unterschied zwischen Ebbe und Flut gering. Je weiter man davon entfernt ist, desto größer wird der Tidenhub. Mein Arbeitsplatz in Flødevigen liegt am Skagerrak, wo die Gezeiten wenig spürbar sind, denn der nächste Amphidromische Punkt der Nordsee liegt nicht weit entfernt bei Egersund.[14] In Tromsø hingegen ist es weit bis zum Amphidromischen Punkt der dortigen Tidenwelle, der östlich von Island liegt. Deshalb ist der Unterschied zwischen Ebbe und Flut deutlich größer. Hinzu kommen weitere Faktoren, welche die Höhe der Tidenwelle beeinflussen, insbesondere die Form der Küste und die Wassertiefe. Auch die Position des Mondes und der Sonne zueinander beeinflussen den Tidenhub im Lauf des Jahres. Weil all dies vorhersehbare Phänomene sind, ist es möglich, genaue Gezeitentabellen für alle Küstenabschnitte aufzustellen. Dies ist eine große Hilfe bei der Planung maritimer Aktivitäten aller Art, zum Beispiel bei unserem Tauchgang im Rystraumen an jenem Frühlingstag.

Mein Tauchpartner und ich sind die nächsten. Wir sitzen schon auf dem Bootsrand und haben unsere Ausrüstung gegenseitig gecheckt, während das Boot wieder in Position über dem Wrack geht. Noch bevor wir eintauchen, hat der Gezeitenstrom fast aufgehört, und wir können uns Zeit lassen, langsam in das klare, kalte Wasser eintauchen und die Wrackteile unter uns in Ruhe betrachten.

An der Oberfläche wird der Motor wieder eingeschaltet. Unter Wasser klingt der Lärm des Propellers sehr nah, und für Menschen ist es schwer zu bestimmen, aus welcher Richtung das Geräusch kommt. Das liegt daran, dass der Schall unter Wasser mit ca. 1500 Metern pro Sekunde mehr als viermal so schnell wie in der Luft (ca. 340 Meter pro Sekunde) ist. Unser Stereo-Gehör ist für die Richtungsbestimmung von Lauten in der Luft geschaffen. Das habe ich selbst bei einem Tauchgang in Australien erlebt, als ich den Gesang einer Schule von Buckelwalen hörte. Sie waren ein ganzes Stück entfernt, aber der Gesang umgab uns, als käme er aus allen Richtungen gleichzeitig.

Meerestiere nutzen die effektive Verbreitung der Schallwellen unter Wasser auf verschiedene Weise aus. Das Meer ist im höchsten Grad eine „Geräuschlandschaft". Viele Fischarten, darunter Dorsche, produzieren Trommellaute, um potenzielle Paarungspartner zu beeindrucken. An tropischen Korallenriffen erinnert die Geräuschlandschaft manchmal an aufplatzendes Popcorn! Am lautesten klicken die Knallkrebse (auch Pistolenkrebse genannt), eine Garnelenfamilie, deren zahlreiche Arten je eine übergroße Schere besitzen, die so fest und laut zusammenklappt, dass Beutetiere durch den dadurch erzeugten Druck betäubt werden. Forscherkollegen haben herausgefunden, dass gesunde Korallenriffe mit großem Artenreichtum auch die vielfältigste Geräuschlandschaft aufweisen. Deshalb lässt sich der Gesundheitszustand eines Korallenriffs durchaus mithilfe von Tonaufnahmen bestimmen.[15]

Schallwellen dienen sowohl der Kommunikation als auch der Navigation. Zahnwale benutzen die Echolokalisierung zum Auffinden ihrer

Beute. Dies ist besonders in trübem Wasser und in der Dunkelheit der Tiefe nützlich. Ihre Klicklaute variieren von einem einzelnen, kräftigen „Klunk“ bis zu Serien von kurzen Klicks. Die Wale registrieren das Echo und erkennen daran die Größe und Form ihrer Beute sowie den Abstand zu ihr. Einmal hat mich ein Großer Tümmler auf diese Weise untersucht. Ich tauchte mit Kollegen, und wir filmten den Delfin und den Meeresgrund am Fuß eines steilen Korallenriffs. Oben herrschte graues Wetter und reger Seegang, die Sicht war schlecht, aber gerade noch gut genug, um unsere Arbeit zu verrichten. An einer Ecke des Riffs sahen wir, dass eine kleine Schule Tümmler in den Wellen spielte, die sich dort brachen. Plötzlich entdeckten sie uns. Vielleicht hatten sie die Luftblasen aus unseren Atemventilen zu spät gehört, weil sie in ihr Spiel vertieft waren. Einer der größten schwamm rasch auf uns zu, um uns auszukundschaften. Er näherte sich von der Seite, richtete den Schnabel auf mich und stieß eine Serie kräftiger Klicks aus. Ich spürte die Schallwellen am Körper, wie man den Bass in einer Diskothek spürt. Der Delfin entschlüsselte rasch die Informationen, die das Echo ihm gab: Ein lebendiges Geschöpf mit einem großen Hohlraum auf dem Rücken und zwei kleineren Hohlräumen im Körperinneren sowie eine merkwürdige Ansammlung von Knochen und Gewebe. Zufrieden mit dieser Information schwamm er zurück zu seiner Schule, und sie verschwanden.

Im Rystraumen schaue ich nach oben, als ich das Sausen des Propellers höre, und sehe den Rumpf des Boston Whalers und den charakteristischen Propellerstrom aus Blasen. Ich richte den Blick wieder nach unten. Das Wrack sieht ganz anders aus, als ich es mir vorgestellt habe. Es ist fast gänzlich überwuchert, ein Haufen Rost mit einem Überzug aus toten und lebenden Meeresorganismen. An vielen Stellen wachsen kleine Tangwälder.

Wenn der Gezeitenstrom sich gelegt hat, liegen die Blätter des Tangs schlaff an den Stielen, ähnlich wie Palmenblätter. Sie verbergen die Formen des Wracks. Wir lassen uns auf das Deck sinken, und auf einer Höhe mit dem Tangbewuchs ist das Schiff als solches besser zu erkennen. Seine Metallplatten sind über und über mit maritimen Organismen bedeckt. Kalkrotalgen bauen eine Art Skelett aus Kalk auf und überziehen den Rumpf wie eine frische, rosa schimmernde Farbschicht. An manchen Stellen wachsen sie auch knubbelig in die Höhe, was nicht nur aussieht wie ein kleines Korallenriff, sondern auch ein ebenso wichtiger Lebensraum für viele Meerestiere ist. Wenn die Algen absterben, wird der in ihnen abgelagerte Kalk zu Pulver zermahlen, was uns einige kreideweiße Strände beschert.

Auch Kolonien klitzekleiner Tiere bilden Krusten auf Steinen, Algenblättern oder Stahl, wie hier auf dem Wrack der Flint. Moostierchen überziehen Flächen mit einem feinmaschigen Netz, in dem jedes „Loch" ein Tierchen ist, das mit einem kleinen Fächer das Wasser filtert. So fängt es noch kleinere Organismen, die in sauberem, sauerstoffhaltigem Wasser reichlich vorkommen. Wie viele andere Meerestiere, vermehren Moostierchen sich durch Klonen. Die dadurch entstehenden Kolonien können rund, stern- oder fächerförmig sein.

Gern würden wir bei den vielfältigen Lebensformen verweilen, die die Oberfläche des Wracks besiedelt haben, doch wir wollen das gesamte Schiff erforschen und müssen tiefer tauchen. Wie geplant kommen die tiefsten Bereiche zuerst, damit wir auf dem Rückweg langsam aufsteigen. Das Achterschiff liegt auf der Kante eines Abgrunds, das Ruder und die Schiffsschraube hängen in ungefähr 35 Metern Tiefe frei im Wasser. Das Licht hier unten ist blaugrün, das Wrack und der Meeresboden sehen grau und farblos aus. Wir tarieren den Auftrieb und betrachten das sperrige Objekt, dessen Formen und Kanten verraten, dass es kein natürliches Grundgebirge, sondern ein Stück Ingenieurskunst ist. Wie lange werden sich die riesige Schiffsschraube und das Ruder noch über dem Abgrund halten? Ich kann der Versuchung nicht widerstehen und reibe ein Stück Messing mit dem Handschuh frei.

Ein Wrack dieser Größe ist unheimlich und faszinierend zugleich, man lässt sich leicht von Neugier hinreißen. Doch Timing ist beim Tauchen lebenswichtig, und nach einigen Minuten zeige ich zuerst auf meine Armbanduhr und dann in Richtung des grünen Lichts, um zu signalisieren, dass wir Schritt für Schritt wieder nach oben müssen.

Der Grund unter dem Achterschiff ist von Spalten und Löchern durchzogen, die Fischen und anderen Tieren gute Verstecke bieten. Ein gestreifter Seewolf liegt auf einem Haufen zerbissener Muscheln und Schalen. Vielleicht lebt er hier, auf jeden Fall hat er den Ort als „Küche" benutzt, denn er ernährt sich von Muscheln und Schalentieren. *Hat ein Fisch über-*

haupt ein „Heim"?, denke ich, während wir zum Deck des Wracks aufsteigen. Dort leuchten wir in offene Luken hinein und erblicken Maschinenteile und Reste der Ladung. Die Aufbauten befinden sich in der vorderen Mitte des Schiffs, die Kommandobrücke ragt über die gesamte Breite. Zum Spaß halten wir uns am Geländer fest und stellen uns mit den Taucherflossen auf die Brücke, was in der Schwerelosigkeit des Tauchgangs gar nicht so einfach ist. Außerdem hat der Gezeitenstrom wieder eingesetzt. Das Wasser fließt nun aus dem Fjord hinaus und beginnt uns mitzuziehen.

Das Herz des Meeres schlägt durch Salz und Kälte

Gezeitenströme wie den Rystraumen gibt es in aller Welt. Einer der bekanntesten ist der Moskstraumen bei den Lofoten, der in der Weltliteratur mehrfach erwähnt wird.[16] Nicht allzu weit entfernt davon fließt der Saltstraumen bei Bodø, der stärkste Gezeitenstrom der Welt. Solche Orte sind gefährlich für Boote und Menschen, und man hat den Eindruck, dass dort große Mengen Wasser bewegt werden. In Wirklichkeit werden bei den meisten Gezeitenströmen aber nur lokale Wassermassen hin und her gespült. Genau wie normale Wellen, trägt auch eine Gezeitenwelle kaum zur Meeresströmung bei. Wellen heben das Wasser in der Regel nur an, es verbleibt aber mehr oder weniger am gleichen Ort.

Bewegt wird das Meerwasser durch die großen Meeresströmungen, die mit variierender Stärke und Volumen immer in dieselbe Richtung fließen.[17] Sie bilden ein zusammenhängendes System über alle Weltmeere, das wir die Globale Ozeanzirkulation oder Thermohaline Zirkulation nennen (von Griechisch *thermos*, „warm", und *halinos*, „aus Salz bestehend"). Wie der Name andeutet, ist dies ein Kreislauf aus kaltem, salzreichem und wärmerem, weniger dichtem Wasser. Im Nordatlantik und dem Südlichen Eismeer sinkt kaltes, aufgrund des Salzgehalts schwereres Wasser in die Tiefe und transportiert dabei lebenswichtigen Sauerstoff in die Tiefe. Die Eisbildung in der Arktis und Antarktis beschleunigt diesen Prozess. Das kalte, schwere, salzige und sauerstoffreiche Wasser fließt in der Tiefe langsam Richtung Süden. Es behält seine Eigenschaften und braucht ungefähr 180 Jahre, um den gesamten Atlantik zu durchfließen. Der südwärts fließende Tiefenstrom überquert den Äquator und liefert sauerstoffreiches Wasser an die mächtigste Meeresströmung der Erde, den Antarktischen Zirkumpolarstrom.[18] Dieser bekommt gleichzeitig Nachschub von kaltem Wasser, das in der Antarktis absinkt. Von dort wird das Wasser – noch immer in der Tiefe – weiter in den Indischen und den Pazifischen Ozean befördert, wo es sich allmählich erwärmt, an die Oberfläche steigt und zurück nach Norden fließt, vor allem durch die Tasmanische See südlich von Australien und durch das Südostasiatische Archipel.

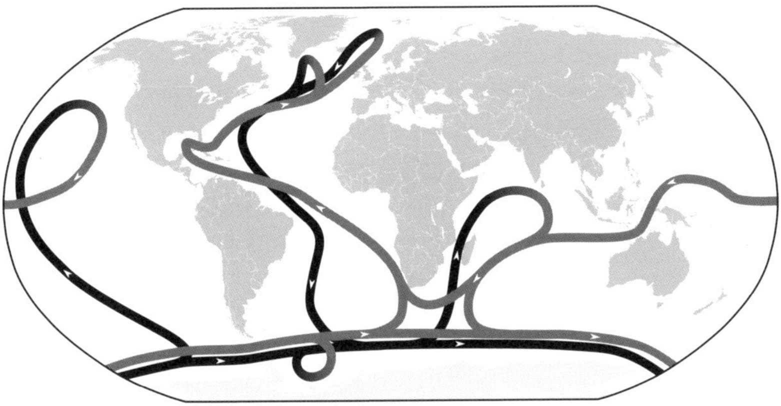

Die Karte zeigt in groben Zügen das Muster der Thermohalinen Zirkulation, dem Zusammenspiel der Meeresströmungen, die für den Austausch von Meerwasser auf der Erde und den Transport von Sauerstoff in Tiefseebereiche sorgen. Die dunklen Linien stellen kalte Tiefenströmungen dar, die hellen warme Oberflächenströmungen. Für den gesamtem Umlauf benötigt das Wasser etwa 2000 Jahre.

Besonders wichtig für uns ist die Entstehung der Tiefenströmung im Nordatlantik und dem Südpolarmeer, weil sie Sauerstoff in die Tiefen der Weltmeere befördert und somit auch dort das Leben von sauerstoffabhängigen Organismen ermöglicht. Damit sind wir bei der physikalischen Ozeanografie angelangt. Zu diesem Bereich der Meereskunde haben Norwegische Forscher wie Fridtjof Nansen wesentlich beigetragen. Einer von ihnen, Harald Sverdrup (1888–1957), ist in der Fachterminologie verewigt: Die Volumenströme des Meeres werden in Sverdrup, abgekürzt Sv., gemessen. Ein Sverdrup entspricht einer Million Kubikmeter Wasser pro Sekunde, also einer enormen Menge.[19] Berechnet wurde die Einheit nach der Menge von Wasser aus dem Pazifik, das durch die Beringstraße ins Arktische Meer fließt. Der gewaltige Antarktische Zirkumpolarstrom erreicht über 100 Sv., der Golfstrom im Mittel bei 30°N nur maximal 20 Sv[20].

Der Nordatlantikstrom – den wir meist auch als Golfstrom bezeichnen, obwohl er nur eine Verlängerung desselben ist – bringt das Wasser als Tiefenstrom zurück an seinen Ausgangspunkt, nach einer Reise, die insgesamt ca. 2000 Jahre gedauert hat. Bis dahin ist es gut vermischt, was ebenfalls lange dauert. Gemeinsam mit der Westwinddrift sorgt der Nordatlantikstrom in West- und Nordeuropa für ein milderes Klima, als die geografische Breite es erwarten ließe. Selbst in Norwegen gedeihen Obst und Beeren an den westlichen Fjorden, und in Finnland ist Heuwirtschaft möglich. Auf seinem Weg von der Karibik in die Arktis kühlt sich der Golfstrom um ca. 20 Grad ab, wobei er enorme Mengen Wärmeenergie (ein Hundertfaches des gesamten Energieverbrauchs auf der Erde!) an die nördliche Atmosphäre abgibt.

Wie ein Fluss im Meer

Ebenso wichtig wie der Golfstrom für die Länder rund um den Nordatlantik ist der indonesische Durchfluss für die südostasiatischen Inselgruppen.[21] Als Teil der globalen Zirkulation hat auch er weitreichende Auswirkungen auf das Klima „stromabwärts“. Mit einer Stärke von ungefähr 15 Sverdrup, also 15 Millionen Kubikmetern pro Sekunde, fließt er vom westlichen Pazifik zwischen den Inseln der Philippinen und Indonesien hindurch und transportiert warmes Oberflächenwasser in den Indischen Ozean. Weil der Wasserstand im Pazifik in der Regel etwas höher als im Indischen Ozean ist, fließt er gewissermaßen sogar bergab. Und weil der Salzgehalt dieses warmen Stroms niedriger als der des Indischen Ozeans ist, bleibt er an der Oberfläche und wird unter anderem durch Windeinwirkung (s. unten) an die Ostküste Afrikas geleitet. Seine Wärme trägt dazu bei, dass Südafrika in Durban subtropisches und in Kapstadt mediterranes Klima hat – und dass Weinliebhaber gute südafrikanische Weine genießen können.

Ich habe diesen warmen Strom selbst erlebt, und zwar zwischen den indonesischen Inseln Bali und Lombok. Dieser Sund ist 35 Kilometer breit und mit ca. 300 Metern ziemlich tief, die Strömung von Osten nach Westen ist mit 2,5 Sv. recht stark. Im Auslauf des Sunds liegt die kleine Insel Nusa

Lembongan, die ich 2007 besuchte. Auf der Überfahrt von Bali überquerten wir den beeindruckenden Strom in der Mitte des Sunds. Lange, weiße Wellenkämme markierten die Rinne, an deren Rändern das schnell fließende Wasser auf trägere, dunklere Wassermassen traf. Es sah aus wie ein Fluss mit vielen Strudeln im Meer, über den das Schnellboot sich hüpfend und spritzend quer zur Strömung durchkämpfen musste. Bei diesem Anblick war es leicht verständlich, warum genau dieser Sund die sogenannte *Wallace-Linie* markiert, die das Tierleben zweier Kontinente voneinander trennt.

Der Naturforscher Alfred Russel Wallace (1823–1913) war ein Zeitgenosse Darwins und Mitentdecker der Evolution.[22] Von 1854 bis 1862 studierte er auf mehreren Reisen das Tierleben der indonesischen Inseln. Dabei fiel ihm auf, dass Lombok und alle weiter östlich gelegenen Inseln fast die gleiche Fauna wie Australien aufwiesen, während die Tierwelt Balis und der westlichen Inseln dem asiatischen Kontinent entsprach. Der tiefe Sund mit der starken Strömung gilt als Trennlinie, die nach Wallace benannt wurde. Auf dem Höhepunkt der letzten Eiszeit war der Meeresspiegel dort bis zu 110 Meter niedriger. Die großen Inseln im Westen hingen mit Asien zusammen, Australien war noch mit Papua-Neuguinea verbunden, und dazwischen bildete der starke Meeresstrom eine Barriere für die Verbreitung der Arten. Häufig findet diese Verbreitung durch „Rafting“ auf natürlichen Gegenständen wie losgerissenen Bäumen oder Treibholz statt, bei der starken Strömung in dem Sund ist eine solche passive Querung aber so gut wie ausgeschlossen.

Unter Wasser hingegen ist die Kontaktzone zwischen Pazifik und Indischem Ozean ein Hotspot biologischer Artenvielfalt. Im sogenannten „Korallendreieck“ sind drei Viertel aller Riffkorallenarten der Welt beheimatet sowie über ein Drittel aller Fischarten, deren Habitat Korallenriffe sind.

Schicht für Schicht – wie eine Sahnetorte

Für große Teile des Meeres reicht es aus, von zwei Wasserschichten zu reden: einer wärmeren Oberflächenschicht mit etwas niedrigerem Salzgehalt und einer tiefen, kühleren Schicht mit höherem Salzgehalt. Weil die obere Schicht leichter ist, schwimmt sie auf der schwereren Schicht, und durch die unterschiedlichen Eigenschaften vermischen sich diese Schichten nicht einfach so, sondern können sogar in unterschiedliche Richtungen fließen. Den Übergang zwischen den Wasserschichten nennt man *Kline.* Bei Schichten mit unterschiedlichem Salzgehalt spricht man von einer *Halokline,* bei unterschiedlicher Temperatur von einer *Thermokline.* Kline kommt von Griechisch *klinein,* „neigen", und schaut man sich die grafische Darstellung des Salzgehalts oder der Wassertemperatur an, neigt oder beugt sich die Kurve genau an den Übergängen zwischen den Schichten. Tief im Norden oder Süden, wo die Unterschiede zwischen den Jahreszeiten größer sind, wird es komplizierter. Dort ist das Meerwasser im Sommer und Winter unterschiedlich geschichtet, denn im Winter werden die Schichten bis in Tiefen von mehreren Hundert Metern umgewälzt.[23] Diese Umwälzung geschieht durch die Abkühlung des Oberflächenwassers, das dabei so schwer wird, dass es nach unten sinkt und sich mit tieferen Wassermassen mischt. Die Schichten werden aufgebrochen, ähnlich wie bei der Bildung des Tiefseewassers.

In Küstengebieten und Fjorden mit ständigem Zufluss an Süßwasser entstehen oft mehr als zwei Schichten. Man kann sich das wie die Schichten einer Sahnetorte vorstellen: Obendrauf Creme, darunter abwechselnd Teig und Füllung oder Creme. Der Kuchenteller ist der Meeres- oder Fjordboden. Beginnen wir mit der „Creme", der Brackwasserschicht. Je nach Zufluss kann sie klar oder bräunlich sein, letzteres zum Beispiel bei Hochwasser. Sie schwimmt auf der nächsttieferen Schicht. Auf der nördlichen Halbkugel ist die Brackwasserschicht auf der rechten Seite fjordauswärts dicker, was an der Erdrotation und dem Effekt der *Coreoliskraft* liegt.[24]

In der ersten „Teigschicht" unter der Creme ist der Salzgehalt variabel, mit steigender Tendenz. Die sogenannte Mischschicht (engl. *Ocean Mixed Layer, OML*) kann ziemlich tief sein. Wenn Mikroalgen (pflanzliches Plankton) blühen, ist sie oft grünlich. Die nächste Schicht „Tortenfüllung" ist die eigentliche Halokline. An der Skagerrakküste liegt sie im Sommer auf 15–20 Metern Tiefe. Den raschen Übergang zwischen Schichten mit unterschiedlichen Eigenschaften nennt man Sprungschicht. Solche Sprungschichten sind für Taucher oft deutlich sichtbar. Unter der Halokline liegt eine weitere „Teigschicht", in der meist bessere Sicht herrscht. Sie ist oft bläulich, weist einen stabilen Salzgehalt auf und wird mit zunehmender Tiefe kälter. Am „Tortenboden“ folgen noch eine letzte Kline und die untere „Teigschicht“. Das Bodenwasser besteht aus dem schweren, kalten Wasser mit hohem Salzgehalt, das am Grund des Atlantiks langsam nach Süden fließt und Sauerstoff in die Tiefseeregionen der Weltmeere befördert. Der Übergang zu dieser Schicht heißt *Pyknokline* (von Griechisch *pyknós*, „dicht“), weil hier die unterschiedliche Wasserdichte die Schichten voneinander trennt. Der Sauerstoff im Bodenwasser ist kostbar. In einem tiefen Fjord oder anderen Meeresbereichen, in denen zwischen den Perioden der Umwälzung viel Zeit vergeht, kann er auch ausgehen. Viele Fjorde haben Vertiefungen mit einer sauerstofflosen Wasserschicht, manchmal sogar permanent.

Die unterschiedlichen Wasserschichten im Meer entstehen auf verschiedene Weise. Zum Beispiel führt die hohe Verdunstung in südlichen Regionen zu einer warmen Oberflächenschicht mit hohem Salzgehalt, die auf einer kühleren Schicht mit niedrigerem Salzgehalt schwimmt. Dies ist unter anderem im Golfstrom der Fall. Für uns ist der wichtigste Punkt, dass die Meeresströmungen von den unterschiedlichen Wasserschichten geprägt sind, die sich wenig vermischen und in unterschiedliche Richtungen fließen können.

Vom Winde verweht

Wer ein erfrischendes Morgenbad schätzt, erfährt die Bewegungen der Wasserschichten oft am eigenen Leib. So kann das Wasser schnell von angenehmen 20 Grad auf 15 Grad abkühlen.

Die Erklärung ist einfach. In Perioden mit ruhigem Wetter und auflandigem Wind bleibt das Oberflächenwasser lange Zeit in Fjorden oder zwischen den Schären entlang der Küste stehen, sodass die Sonne reichlich Gelegenheit bekommt, diese Schicht aufzuwärmen. Dann schlägt das Wetter um, und im Laufe einer Sommernacht dreht der Wind und weht nun von Südwesten die Küste hinauf oder ablandig von Norden. Der Effekt ist derselbe: Die warme Oberflächenschicht wird vom Land weggeschoben. Wir nennen dies die Schubkraft des Windes. Wind ist eine Luftschicht in Bewegung und wirkt durch Reibung auf die obere Wasserschicht ein. Auf der nördlichen Halbkugel bewirkt er einen Oberflächenstrom, der aufgrund der Erdrotation 45 Grad nach rechts von der Windrichtung abweicht.[25] Deshalb können sowohl West- als auch Nordwind das warme Badewasser ins offene Meer schieben.

Nicht nur die obere Wasserschicht wird vom Wind in Bewegung versetzt, denn der Oberflächenstrom hat denselben Effekt auf die nächsttiefere Schicht wie der Wind auf die Oberfläche: Er verursacht eine Strömung, die wiederum 45 Grad von *seiner* Richtung abweicht, wenn auch mit verminderter Kraft. So verpflanzt sich die Kraft durch alle Schichten hindurch, wird dabei aber immer weiter nach rechts abgelenkt und konstant schwächer. Diese Korkenzieherströmung wird nach ihrem Entdecker *Ekman-Spirale* genannt. Im Durchschnitt liegt die Richtung des Wassertransports durch alle betroffenen Schichten 90 Grad rechts von der Windrichtung. Auf der südlichen Halbkugel ist es umgekehrt, dort verläuft der sogenannte *Ekman-Transport* des Wassers nach 90 Grad links von der Windrichtung. Bereits 1893 hatte Fridtjof Nansen bei seiner Polarexpedition mit der Fram beobachtet, dass Eisberge in der Arktis nicht mit dem Wind treiben, sondern einen deutlichen Winkel nach rechts einschlagen. Der schwedische Ozeanograf Vagn Walfrid Ekman untersuchte das Phänomen genauer und machte es 1902 zum Thema seiner Doktorarbeit.

Ob es unseren Badenden tröstet, die Mechanismen der Strömungen zu verstehen? Die Schubkraft des Windes hat das warme Wasser aus den Fjorden und Buchten transportiert und kühles Wasser aus einer tieferen Schicht an die Oberfläche gebracht. Meereskundler nennen dies *Auftrieb*. In unserem Beispiel ist es nur ein lokaler Auftrieb in kleinem Maßstab, aber global betrachtet ist dieser Prozess von großer Bedeutung für die biologische Produktion im Meer. Ein Großteil der Meeresoberfläche ist fast „Wüste", weil die obere Wasserschicht sehr nährstoffarm ist. Das Problem liegt in der oben beschriebenen Schichtung des Meerwassers. Die Nährstoffe in der oberen Schicht werden schnell aufgebraucht, und ein Nachschub ist fast unmöglich. Deswegen sind die Auftriebsgebiete der Weltmeere, in denen nährstoffreiches Tiefenwasser nach oben strömt, von großer Bedeutung. Die produktivsten Meeresgebiete der Erde liegen an den Westküsten der Kontinente, weil dort Auftrieb in großem Maß stattfindet. Die dominierenden Windrichtungen auf der nördlichen und südlichen Halbkugel führen dazu, dass die Oberflächenschicht regelmäßig vom Land weggeschoben und durch kühles, nährstoffreiches Wasser aus tieferen Schichten ersetzt wird.

Bevor wir das spannende Zusammenspiel von Meer und Atmosphäre verlassen, müssen wir noch einmal auf die Schubkraft des Windes eingehen, denn was geschieht mit der Oberflächenschicht, die der Wind aufs offene Meer schiebt? Wird sie verdünnt und verschwindet oder bleibt sie gesammelt und widersteht der Vermischung? Auf kurze Sicht ist Letzteres der Fall, jedoch liegt sie nicht als großer „Teppich" auf dem Meer. Stattdessen wird sie aufgebrochen und bildet einzelne Wirbelströme. Diese sogenannten *Eddys* weisen Durchmesser von einem bis 500 Kilometern auf. Sie bleiben oft lange an einem Ort, bis sie von Meeresströmungen weitergetrieben werden.

Einige dieser rotierenden Ströme (auch *Gyre* genannt) haben in den letzten Jahrzehnten traurige Berühmtheit erlangt, allen voran das *Great Pacific Garbage Patch,* eine riesige Fläche im Nordpazifik, auf der Zehntausende Tonnen Plastikmüll kreisen. Eine Studie zur Herkunft der Plastikteile hat ergeben, dass 75 bis 89 Prozent aller Plastikteile ab 5 cm Größe aus der Fischerei stammen, vor allem von Netzen, Kisten und Plastikkugeln.[26] Ähnliche Zahlen wurden auch für den Atlantik und die Barentssee errechnet.[27] Dies liegt nicht nur an fahrlässigem Umgang mit den Materialien an Bord der Schiffe, sondern generell an unseren Fischfangmethoden. Die Netze und Taue sind aus Nylon und werden auf dem Meeresboden abgenutzt. Unter Grundschleppnetzen wird oft eine Matte befestigt, die das Netz vor Abnutzung schützen soll. Viele Leser werden schon orange oder blaue Fetzen solcher Matten an Stränden gefunden haben. Auch in den Nestern vieler Meeresvögel findet sich viel Tauwerk und anderes Plastik wieder. Jede Abnutzung der Netze und anderer Fischereiausrüstung trägt zur Verschmutzung der Meere durch Mikroplastik (Plastikteile kleiner als 5 Millimeter) bei. Allein für die norwegische Fischerei mit Schleppnetzen und Ringwaden wurde eine Emission von über 140 Tonnen Mikroplastik pro Jahr berechnet. Mindestens noch einmal so viel stammt von der Abnutzung der Plastikrohre, die Fischfutter in die Netzgehege der Lachszuchten leiten. Doch der allergrößte Anteil stammt wahrscheinlich von der Abnutzung von Autoreifen!

Wo Wassermassen mit unterschiedlichen Eigenschaften aufeinandertreffen, ohne sich zu vermischen, entstehen vertikale Übergangszonen, die man *Fronten* nennt. Im Skagerrak haben wir eine markante Strömung von Osten nach Westen entlang der Küste Südnorwegens. Sie entsteht im Inneren des Skagerrak, umrundet die Südspitze Norwegens bei Lindesnes und folgt der Küste bis in die Barentssee. Ich habe ein Satellitenbild des Skagerraks vom Februar 2010, als es viel Treibeis dort gab. Darauf erkennt man deutlich, wie das Eis sich an den Fronten mehrerer rotierender Zellen in der Küstenströmung sammelt. Dank genauer Windbeobachtungen und moderner Computertechnik können Ozeanografen heute realistische Modelle der Meeresströmungen aufstellen. Wenn das Modell langsam auf dem Bildschirm abläuft, erkennt man, wie solche rotierenden Zellen entstehen und zunächst an Ort und Stelle bleiben, ehe sie allmählich wie ein loses Rad mit dem Küstenstrom weitertreiben und sich schließlich auflösen. Sie sind wichtige physische Pumpen, die sich in tiefere Wasserschichten bohren und absinkende Partikel rascher in die Tiefe befördern.[28] Was geschieht mit kleinen Tieren, die in eine solche Zelle geraten? Oder mit Fischeiern und -larven? Haben Meerestiere Strategien entwickelt, um die physikalischen Bedingungen im Meer auszunutzen? Mit diesen Fragen beschäftigen wir uns im nächsten Kapitel. Zunächst ist es wichtig zu wissen, dass das Phänomen, das uns angenehme Badetemperaturen verschafft (langer Aufenthalt von Wassermassen in Küstennähe), auch dazu beiträgt, Eier und Larven in dieser sehr verletzlichen Lebensphase in Gebieten mit günstigen Bedingungen zu halten. Aus demselben Grund kann nährstoffreiches Wasser oder trübes Flusswasser längere Zeit in Küstennähe bleiben und spezielle, lokale Lebensbedingungen schaffen.

Auf dem Wrack im Rystraumen halten wir uns am Geländer der Brücke fest und spüren, wie die Strömung langsam, aber sicher zunimmt. Die Tangblätter wehen wie Kleider auf der Wäscheleine, und man hört ein tiefes Rauschen. Enorme Wassermassen werden nun durch den Sund geschoben, und man kann sich gut vorstellen, wie die DS Flint von diesen Kräften erfasst wurde und zerschellte. Das Wasser ist klar, was bedeutet, dass man die Strömung kaum direkt sieht, aber eine Kammqualle treibt rasch an uns vorbei. Auch ein Köhler schießt wie ein Pfeil vorüber. Unsere Luftblasen steigen nicht mehr senkrecht auf, sondern werden fortgetrieben. Lange können wir uns nicht mehr stehend halten. Wir lassen fast alle Luft aus unseren Trockenanzügen, um Auftrieb zu verlieren und legen uns so dicht wie möglich an das Wrack. Tang und andere Unebenheiten bremsen die Strömung ab und schaffen Turbulenzen. Unsere abgesprochene Tauchzeit ist gleich vorüber, das erste Paar befindet sich schon im Aufstieg am Tau der Boje, die das Wrack markiert. Als wir das Tau später loslassen und die letzten Meter an die Oberfläche steigen, treiben wir rasch mit der Strömung ab.

KAPITEL 3

DAS MEER IST EINE „BIOLOGISCHE PUMPE“

Ich tauche gemütlich direkt unter der Wasseroberfläche. Im hell erleuchteten Wasser schweben klitzekleine Partikel, die ich genauer untersuchen möchte. Insbesondere suche ich nach Ruderfußkrebsen, eine Gruppe mit zahlreichen Arten, die einen Großteil des tierischen Planktons (Zooplankton) ausmacht. Sie werden bis zu drei Millimeter lang, und bei guten Verhältnissen kann man sie mit bloßem Auge erkennen, besonders, wenn ihre dünnen, durchsichtigen Schalen das Sonnenlicht reflektieren. Am meisten interessiert mich die Art *Calanus finmarchicus,* ein verhältnismäßig großer Ruderfußkrebs mit einem auffälligen, rot-orangen Öltropfen im Körper, dem er seinen norwegischen Namen *rødåte* (wörtlich „roter Köder“) verdankt. Er ist leicht zu erkennen, aber hier im Tvedestrandfjord sehr selten.

Seit 2012 gibt es bei Tvedestrand ein Schutzgebiet, in dem Fischen verboten ist, was dem dortigen Meeresforschungsinstitut spezielle Studien ermöglicht. Meine Kollegen und ich erforschen, welche Bedeutung lokale Schutzzonen für die im Fjord vorkommenden Fischarten haben. Wir haben etliche Individuen markiert und ihren Weg verfolgt, und manch alter Bekannter ist uns im Lauf der Jahre wiederbegegnet. Ohne den Druck der Fischerei ist die Wahrscheinlichkeit größer, dass die Fische älter und größer werden.

In Fjorden erstrecken sich maritime Ökosysteme bis tief ins Landesinnere. Manche haben eine Art Schwelle an der Fjordmündung, die tiefere Bereiche innen und außen voneinander trennt, und weisen deshalb ganz andere Lebensbedingungen als das offene Meer auf. Nach einem größeren Wasseraustausch können sie die reinsten Paradiese sein, doch wenn das Wasser am Fjordboden längere Zeit nicht ausgetauscht wird, kann sein Sauerstoffgehalt auch so weit sinken, dass ab einer bestimmten Tiefe kein Leben mehr möglich ist. Arten, die ihr Habitat in Fjorden haben, müssen mit solchen natürlichen Schwankungen leben können. Dass wir Menschen schlecht geklärtes Abwasser und andere nährstoffreiche Emissionen in die Fjorde leiten, macht die Sache nicht besser. Gezeitenströme spülen das Wasser fast nur hin und zurück, wie wir gesehen haben, und tragen wenig zur Verteilung unserer Emissionen bei. Trotz der unterschiedlichen Milieus sind die Fjorde wertvoll für das Ökosystem der gesamten Küste. Dort laichen die Fische, und Fischlarven können in relativ ruhigen Wassermassen aufwachsen.

Der *Calanus finmarchicus* ist eine erstklassige Nahrungsquelle für viele andere Organismen und deshalb eine Schlüsselart im Ökosystem. Kommt er zahlreich vor, hat dies positive Auswirkungen auf die gesamte Nahrungskette. Seine Larven sind lebenswichtige Nahrung für Fischlarven, und Fische schätzen den vergleichsweise großen Ruderfußkrebs aufgrund des nahrhaften Öltropfens, den er aus den Fettsäuren der Mikroalgen produziert, von denen er sich ernährt. Auf Norwegisch heißen Ruderfußkrebse *hoppekreps,* was „Hüpfkrebse“ bedeutet, und tatsächlich bewegen sie sich springend im Wasser fort. Für kleine Organismen ist Wasser wie dicker Sirup, und es verlangt große Anstrengung, sich darin fortzubewegen.[29] Mit zwei langen Antennen, die sie auch als Ruder benutzen, machen die Krebse kräftige Schwimmzüge, die wie Sprünge aussehen – eine gute Strategie für ein derart beliebtes Beutetier. Wenn sie ruhen, strecken sie die Antennen seitwärts aus, was wie ein Treibanker wirkt. Die kleinen Krebstiere können sich ohne große Anstrengung in etwa derselben Tiefe halten, wo sie pflanzliches Plankton „weiden“. Für mich sieht es eher wie eine Jagd in Zeitlupe aus.

Unter dem Stereomikroskop sieht man, wie mühsam die Fortbewegung der Mikroorganismen ist. Sie müssen die Viskosität des Wassers überwinden. Manche paddeln mit winzigen Härchen rundum *(Zilien),* die sie rasch bewegen. Einige Mikroalgen haben nur ein Flagellum, eine Art Haar, das sie wie einen Propeller benutzen. Andere Kleinorganismen hängen nur im Wasser, den physischen Kräften ausgesetzt. Als untere Glieder in der Nahrungskette beschützen sie sich so gut wie möglich, zum Beispiel durch bizarr geformte Schalen mit scharfen Spitzen oder einen speerähnlichen Stachel, der Angreifer abschrecken soll. Natürlich landen sehr viele trotzdem in den Bäuchen ihrer Fressfeinde.

Wenn Ruderfußkrebse und anderes Zooplankton Mikroalgen weiden, wird ein wichtiger Prozess für das Meer in Gang gesetzt. Nährstoffe werden von einer Stufe der Nahrungskette auf die nächste übertragen *(Trophische Kaskade).*[30] Dabei entsteht auch Abfall. Kleine Mengen Schleim und Stücke von Zellwänden landen im Wasser, ebenso die verdaute Nahrung in Form von Exkrementen, in der Fachsprache Fäkalpellets genannt. Diese enthalten noch immer Nährsalze für andere Organismen. Außerdem wird das schwefelhaltige Gas Dimethylsulfid freigesetzt, wenn Mikroalgen von tierischem Plankton gefressen werden. Es steigt in die Atmosphäre, und je mehr unter Wasser gefressen wird, desto höher wird seine Konzentration in der Luft.[31] Manche Seevogelarten haben einen besonderen Geruchssinn für Dimethylsulfid entwickelt, denn wo dessen Konzentration hoch ist, gibt es wahrscheinlich reichlich Krill! Auch Bartenwale spüren ihre Hauptnahrungsquelle auf diese Weise auf.[32]

Leider riechen auch Plastikteilchen, die lange im Meer gelegen haben, nach Dimethylsulfid. Möglicherweise ist dies der Grund, warum sich oft Plastik in den Mägen von Seevögeln findet, was zum noch größeren Problem wird, wenn sie ihren Mageninhalt heraufwürgen, um damit ihre Jungen zu füttern.[33]

Die Lungen des Planeten: Sauerstoff und Fettsäuren für alle

Neben vielen anderen Nährstoffen haben es Ruderfußkrebse und anderes tierisches Plankton auf einen besonders energiehaltigen Stoff in den einzelligen „Körpern“ der Mikroalgen abgesehen, nämlich Fett. Nicht irgendein Fett, sondern Omega-3-Fettsäuren.[34] Sie sind der Hauptgrund dafür, dass Gesundheitsexperten uns raten, fettreichen Fisch zu essen.

In Zukunft müssen wir vielleicht nicht mehr den Umweg über den Fisch gehen, um diese wertvollen Nährstoffe zu erhalten, sondern können die Arbeit in großen Bioreaktoren den Mikroalgen überlassen.[35] Damit sparen wir jede Menge Energie und vermeiden Überfischung. Es gibt bereits viele Gesundheitsprodukte auf dem Markt, die aus Algen gewonnenes Omega-3 enthalten (Algenöle).[36] Der Fischbestand, der dadurch geschont wird, kann als Nahrung für Wale und Seevögel besser zum ökologischen Gleichgewicht im Meer beitragen.

So nützlich die Produktion von Omega-3 und anderen Fettsäuren durch Mikroalgen auch ist, im Grunde sind diese Stoffe nur Nebenprodukte eines noch wichtigeren Prozesses, bei dem die Algen Karbon und Sauerstoff produzieren. Oft werden die Regenwälder als „Lungen der Erde" bezeichnet. Die Metapher passt, doch was die Versorgung des gesamten „Organismus" mit dem lebenswichtigen Gas Sauerstoff angeht, hat das Meer einen wesentlich größeren Anteil. Vereinfacht gesagt wird Sauerstoff dadurch gebildet, dass Pflanzen Kohlendioxid und Wasser verbrauchen, um Sauerstoff und Kohlenstoff zu produzieren. Wir kennen diesen Prozess als Fotosynthese, und weil wir ihn so stark mit Bäumen und anderen Landpflanzen assoziieren, vergessen wir schnell, dass auch die Fotosynthese im Meer „erfunden" wurde. Dort entstand das Leben, und dort hat die Natur die meisten Lebensformen und Überlebensstrategien über sehr lange Zeit hinweg erprobt, weiterentwickelt und perfektioniert. Während pflanzliches Plankton und fotosynthetisierende Mikroalgen[37] schon lange bekannt sind, ist es erst vierzig Jahre her (ca. 1985), dass Wissenschaftler die eigentlichen „Mütter des Sauerstoffs" entdeckten – klitzekleine Blaugrün- oder Cyanobakterien.[38] Sie sind so klein, dass sie sich in den Kolben und unter den Mikroskopen der Forscher versteckten – aber so alt, zahlreich und anpassungsfähig, dass sie seit zwei Milliarden Jahren wesentlich dazu beitragen, Kohlendioxid aufzufangen und das Meer sowie die Atmosphäre mit Sauerstoff anzureichern.[39] Gleichzeitig sind sie Nahrung auf der unteren Stufe der Nahrungskette. Zusammen mit pflanzlichem Plankton und Tangwäldern produzieren die Blaugrünbakterien fast den gesamten Sauerstoff im Meer und ungefähr die Hälfte des Sauerstoffs in der Atmosphäre. Letztendlich verdanken wir jeden zweiten Atemzug diesen Meeresorganismen!

Bekanntlich war die Zufuhr von Sauerstoff in den Meeren und der Atmosphäre verantwortlich für die Entwicklung des Lebens auf der Erde. Durch die Fotosynthese der Blaugrünbakterien wurden zunächst niedrige Meere und die Atmosphäre angereichert, doch dies war ein langsamer Prozess. Man nimmt an, dass es rund hundert Millionen Jahre dauerte, bis der Sauerstoffgehalt der Atmosphäre von einem auf zehn Prozent des heutigen Niveaus gestiegen war. Der Sauerstoffgehalt des Meerwassers wird in Milligramm pro Liter (mg/L) gemessen. Heute liegt er in gut angereicherten Wasserschichten bei 7–8 mg/L. In der Atmosphäre misst man ihn in *parts per million by volume* (1 ppmv = 1 Millionstel oder 0,0001 Volumenprozent). Heute enthält unsere Atmosphäre 209460 ppmv oder ungefähr 21 Prozent Sauerstoff.

Der langwierige Prozess der Anreicherung war wie eine langsam brennende Zündschnur für die Explosion des Lebens, die vor 541 Millionen Jahren im Meer begann. Nach der erdgeschichtlichen Periode (Kambrium) wird sie auch die „Kambrische Explosion" genannt, obwohl sie auch die darauffolgenden Perioden des Ordovizium und Silur (bis vor ca. 419 Millionen Jahren) umfasst. Zu dieser Zeit entstand eine enorme biologische Vielfalt mit vielen neuen Ordnungen, Familien, Gattungen und Arten. Davor, vor ca. 635 Millionen Jahren, gab es im Meer gerade genug Sauerstoff für kleine Pilze. Vor ca. 580 Millionen Jahren lebten zarte Geschöpfe – dünner als Pfannkuchen – auf dem spärlich mit Sauerstoff versehenen Meeresboden. 100 Millionen Jahre später war der Sauerstoffgehalt des Meerwassers hoch genug für die ersten Wirbeltiere, die vom Meeresgrund aufstiegen und durch das sauerstoffreiche Wasser schwammen.

Pokémon-Jagd in der Wassersäule

Langsam tauche ich tiefer in das lebensspendende Element und halte Ausschau nach frühen Lebensstadien. Dies ist meine Art der Pokémon-Jagd. Im Frühling suche ich immer nach Fischlarven. Im Frühstadium, den ersten Wochen nach dem Schlüpfen, sind sie sehr klein, man glaubt kaum, dass sie schon alle Körperteile eines Fisches haben. Die meisten sind durchsichtig und schwer zu erblicken, aber sobald sie die ersten Pigmentflecken auf der Fischhaut bekommen, wird es einfacher. Bei Sonnenschein sieht man auch die Lichtreflexion in ihren kleinen Augen. Wie alle sehr kleinen Meerestiere müssen sie das Wasser als dickflüssig empfinden. Das kann man nachvollziehen, wenn sie schnell mit der Flosse schlagen und trotzdem kaum vorwärts kommen. Oft „hängen" sie bewegungslos im Wasser.

Hering und Sprotte sind meine Lieblingslarven. Sie sind lang und schmal und schlängeln sich geradezu durchs Wasser. Ihr ganzer Körper spannt sich s-förmig an, dann schnellen sie sprunghaft nach vorn. Mein Blick folgt einer solchen Larve, und plötzlich kommt ein kleines, fischähnliches Tier ins Sichtfeld der Taucherbrille. Es ist nur 2–3 Zentimeter lang. Ein Pfeilwurm! Pfeilwürmer sind im Tierreich ein eigener Stamm[40] mit vielen Arten: steif und länglich, mit umlaufender Schwanzflosse und einem oder zwei Paar Seitenflossen. Die fast ganz durchsichtigen Tierchen sind Lauerjäger, auf deren Speiseplan sowohl Ruderfußkrebse als auch Fischlarven stehen. Für Letztere müssen sie so etwas wie der schlimmste Albtraum sein. Wie ein lebendiger Torpedo richten sie sich im Wasser aus und schweben steif umher. Wenn sie ein Beutetier erblicken, schießen sie blitzschnell nach vorn. Am Mund haben sie hakenförmige Greifborsten, denen der Stamm seinen Namen *Chaetognatha* (Borstenkiefer) verdankt. Gerät eine Larve oder ein Ruderfußkrebs in Reichweite dieser effektiven Gerätschaften, gibt es kein Entkommen. Auch als Jungfisch bleibt das Leben im offenen Meer gefährlich, doch die Natur bietet Lösungen, um die Gefahr zu vermindern. Die Brut von Dorsch, Schellfisch, Köhler und Wittling kann eine Schleimschicht produzieren, die es den Jungfischen ermöglicht, sich zwischen den Tentakeln von Feuerquallen zu verbergen, ohne selbst verbrannt zu werden.[41]

Wenn meine Tauchgänge zur ungefähren Bestandsaufnahme besonders erfolgreich sind, erblicke ich auch den Helgoländer Paddelwurm *(Tomopteris helgolandica).* Das außerirdische Aussehen dieses Vielborsters und seine Fortbewegungsmethode erfreuen mich jedes Mal. Er ist ein maritimer Verwandter des Regenwurms, 3–4 Zentimeter lang, mit langen, nach hinten gebogenen Antennen am Kopf und fransigen Schwimmfüßen an allen Gliedern, die den schönen Namen *Parapodien* tragen – beinähnliche Fortsätze, die sich nicht eigenständig, sondern nur mit den Gliedern der Ringelwürmer bewegen, daher die wellenartige Fortbewegung. Auch der Paddelwurm ist fast ganz durchsichtig und auf der Jagd nach kleineren Arten.

Es schneit Kohlenstoff

Nachdem ich das tierische Plankton und die Fischlarven im lichtdurchfluteten Oberflächenwasser studiert habe, lasse ich mich in die Sprungschicht hinabsinken, die oft mit der Thermokline zusammenfällt. Hier gibt es einen jähen Wechsel von Salzgehalt und Temperatur. Die dünne Sprungschicht erstreckt sich deutlich horizontal, so weit ich unter Wasser sehen kann. Über ihr ist die Sicht heute gut, darunter erblicke ich eine Szenerie, die bekannt, aber irgendwie fehlplatziert aussieht. Längliche, schleimige Fäden hängen wie dichtes Schneetreiben im Wasser. Woher kommen sie?

In der oberen Wasserschicht gibt es am meisten Plankton. Dort ernähren sich Fischlarven von tierischem Plankton, das sich wiederum von pflanzlichem Plankton ernährt. Solange es ausreichend Licht und Nährsalze gibt, werden dort große Mengen von Mikroalgen durch Zellteilung produziert. In nördlichen Breiten spricht man von der wichtigen Frühjahrsblüte der Algen.[42] Ihr Zeitpunkt variiert, hängt jedoch mit dem Ende der im vorigen Kapitel beschriebenen winterlichen Umwälzung der Wassermassen zusammen und tritt ein, wenn die Wasserschichten wieder stabiler sind. Wenn die Sonneneinstrahlung die Fotosynthese begünstigt, wird die Vermehrung der Mikroalgen durch Zellteilung beschleunigt.[43]

In Küstennähe gibt es viele Nährstoffe für pflanzliches Plankton, besonders, wenn die Zuflüsse im Winter und Frühjahr Hochwasser tragen. Frühlingshaft grünes Oberflächenwasser kommt von der Vermehrung einer Gruppe Mikroalgen namens Kalkflagellaten. Die *Gephyrocapsa huxleyi* (früher *Emiliania huxleyi*) hat eine Hülle aus mikroskopischen Kalkscheibchen. Wenn das Sonnenlicht von diesen reflektiert wird, bekommt das Meer seine charakteristische türkise Farbe. Ein großer Teil dieser raschen Produktion endet als totes Pflanzenplankton, das heißt sich auflösende Mikroalgen oder Teile von Zellen, die langsam zu Boden sinken. Damit sind wir den mysteriösen Schneefäden auf der Spur, die hauptsächlich aus solchen kohlenstoffhaltigen Algenresten bestehen, zusammengeklebt von einem Schleim namens TEP *(transparent exopolymer particles)*. Der Schleim stammt ebenfalls aus den Mikroalgen, er entsteht an den Zellwänden, wenn die Einzeller wachsen und sich teilen, und wird freigesetzt, wenn sie absterben.[44] Das gesamte Phänomen wird Meeresschnee genannt und ist ein wichtiger Teil des Kohlenstoffkreislaufs unseres Planeten. Das Meer fungiert darin als „biologische Pumpe“, die Kohlenstoff aus der Atmosphäre und aus unseren Abwässern zum Meeresgrund befördert. Der Meeresschnee ist gewissermaßen das Transportmedium, mit dem der Kohlenstoff langsam durch die Wasserschichten sinkt oder „schneit“, bis er in Sedimenten am Meeresgrund eingelagert wird. Die Sedimentschichten sind vielerorts sehr dick und bestehen aus Feinschlamm, der sich aus Wasser, abgesunkenem organischem Material und Schluff (Korngröße 0,06 Millimeter und kleiner) zusammensetzt.

Durch diese biologische Pumpe konnten die Blaugrünbakterien schon vor mehreren Hundert Millionen Jahren unsere Atmosphäre verändern. Langsam, aber sicher entfernten sie Kohlendioxid aus den niedrigen Meeresgebieten, weil carbonhaltige Stoffe, die sie bei der Fotosynthese produzierten, als „organisches Carbon“ (Kohlenstoff in Partikeln, die Teil von lebendigen Organismen waren) auf den Meeresgrund sanken und dort eingelagert wurden. Keine natürlichen Kräfte konnten dieses Carbon wieder an die Oberfläche holen – vergessen wir nicht, dass das Meerwasser in Schichten geteilt ist, und der Wasseraustausch zwischen Boden und Oberfläche sehr lange Zeit braucht. Weil zwischen der Oberflächenschicht und der Atmosphäre ein ausgewogener Gasaustausch stattfindet, hat dies den CO_2-Gehalt in beiden reduziert, während der Sauerstoffanteil angestiegen ist. Viele Millionen Jahre „schneite“ carbonhaltiger Schleim auf einen Meeresboden, der überhaupt keinen Sauerstoff enthielt. Über die Zeit führten die anaerobe Zersetzung (ohne Sauerstoff) und Reifung unter einer wachsenden Sedimentschicht zur Bildung von Kohlenwasserstoffen.[45] Einfacher ausgedrückt: Es entstand Erdöl und Erdgas. Schließlich und endlich wurde als Folge der globalen Meeresströmungen auch der Tiefsee Sauerstoff zugeführt. Wir Menschen haben es zu einer großen Industrie gemacht, die natürlichen Langzeitlager der Kohlenwasserstoffe unter dem Meeresgrund anzubohren und die fossilen Brennstoffe wieder ans Tageslicht zu befördern.

Derselbe Prozess, der zur Bildung von Öl und Gas unter dem Meeresgrund geführt hat, hat auch die übermäßige Anhäufung von CO_2 in der Atmosphäre verhindert. Die Fotosynthese in der *euphotischen Zone* (dem Tiefenbereich, in dem genug Licht für die Fotosynthese vorhanden ist) hat seit Beginn der industriellen Revolution ungefähr ein Viertel der

CO_2-Emissionen aus der Atmosphäre gefiltert, und die biologische Pumpe hat den daraus entstandenen Kohlenstoff zur Einlagerung an den Meeresgrund befördert. Viele werden dies aus populärwissenschaftlichen Artikeln mit Überschriften wie „Das Meer rettet uns vor den schlimmsten Auswirkungen des Klimawandels" kennen. Diese beschreiben oft einen weiteren Effekt der physischen Prozesse im Meer: Ungefähr 90 Prozent der Erderwärmung – oder die „Überschusswärme" des CO_2-Anstiegs seit 1970 – haben dazu beigetragen, dass auch die Temperatur des Meerwassers anstieg.

Tang, Seegras und Mangrovenwälder binden ebenfalls Carbon, wie alle Pflanzen. Die obere Sedimentschicht des Meeresbodens in Küstennähe ist oft hellbraun und nur etwa einen Zentimeter dick. Es ist die frischeste Ablagerung von Meeresschnee. Auch Seetang betreibt Fotosynthese und bindet große Mengen Carbon, während die Pflanzen wachsen. Wenn ihre Blätter abfallen oder von Stürmen losgerissen werden, wird ein Teil davon an die Küste gespült, aber ein großer Teil sinkt zum Meeresboden. Was geschieht dann mit dem eingelagerten Carbon? Genau wie abgestorbenes Phytoplankton zersetzen sich die Pflanzenreste auf dem Weg in die Tiefe.[46] Die zerfallende organische Substanz im Boden nennt man *Detritus* (lat. „Abrieb"). In kaltem Wasser dauert die Zersetzung länger, weshalb der Detritus in arktischen und antarktischen Gewässern auch in großen Tiefen den Meeresboden erreicht und dort in Sedimenten eingelagert wird. Die Norwegische Rinne ist ein tiefer, unterseeischer Fjord, der sich wie eine Banane um die Süd- und Westküste des Landes zieht, von Langesund bis Ålesund. Das innere Becken der Norwegischen Rinne ist wahrscheinlich Nordeuropas größtes und wichtigstes Carbonlager.[47] Die Fischerei mit Grundschleppnetzen und das daraus resultierende Aufwirbeln der Sedimente beeinträchtigen dieses natürliche Langzeitlager.[48]

Die größte Tierwanderung der Welt

Phytoplankton und Algen gedeihen am besten in der euphotischen Zone unter der Meeresoberfläche. In unseren Fahrwassern gelangt das Sonnenlicht bis zu einer Tiefe von 50–200 Metern, je nachdem, wie klar das Wasser ist. In diesem Bereich wird die Stärke des Tageslichts von 100 auf ein Prozent reduziert. Die euphotische Zone ist ein wichtiger Bereich der biologischen Pumpe, weil die aus ihr absinkenden Partikel einen Großteil des Kohlenstoffkreislaufs ausmachen. Doch es gibt noch weitere Mechanismen, die zum Transport des Kohlenstoffs zwischen den Wasserschichten beitragen. Hierzu gehören die Bewegungen großer und kleiner Tiere in der Wassersäule. Zum Beispiel können große Fischschwärme auf dem Weg in ihre Laichgebiete Wassermassen so sehr aufwirbeln, dass sich die Schichten vermischen.[49]

Bei dem Begriff „Tierwanderung" denkt man eher an riesige Herden von Gnus oder Zebras, die durch die afrikanische Savanne ziehen und vor der tief stehenden Sonne jede Menge Staub aufwirbeln. Doch die größte Tierwanderung findet im Meer statt. Nicht unbedingt, was die Distanz angeht, aber definitiv bezüglich der Biomasse, also dem gesammelten Gewicht der Tiere. Jeden Tag, wenn die Sonne untergeht und die Dämmerung einsetzt, setzen in der erleuchteten oberen Wasserschicht große Bewegungen ein. Ein unterseeischer Schwarm von Organismen kommt aus seinen Verstecken in der Tiefe, um nahrhaftes pflanzliches und tierisches Plankton in der oberen Wasserschicht zu verzehren. Man könnte es die tägliche Vertikalwanderung von tierischem Plankton nennen, vor allem von Krill.

Der wissenschaftliche Name für Krill lautet *Euphausiacea* („Leuchtgarnelen") und bezeichnet eine Ordnung der Krebse, die weltweit 86 Arten umfasst. Es sind ein bis zwei Zentimeter lange, pelagisch (d. h. frei schwimmend) lebende Kleinkrebse. Zwar sehen sie wie kleine Garnelen aus, doch Letztere gehören zur Ordnung der Zehnfußkrebse *(Decapoda),* die auch größere Arten wie Krabbe, Hummer und Hummerkrabbe angehören. Während die meisten Arten der Zehnfußkrebse eher am Meeresboden leben, steigen Massen von Krill jeden Abend durch etliche Schichten die Wassersäule hinauf. Dieses Verhalten ist eine kluge evolutionäre Anpassung. Tagsüber verstecken sich die Tiere vor Jägern, nachts gehen sie selbst auf Jagd. Ihre Verstecke liegen in der sogenannten Dämmerzone, der Übergangszone zwischen Licht und Dunkelheit. Sie beginnt, wo nur noch ein Prozent des Tageslichts durchdringt und endet, wo es ganz dunkel wird. In der Dämmerzone sind viele Fisch- und Tintenfischarten rot. Rotes Licht hat eine Wellenlänge, die bereits in geringer Wassertiefe absorbiert wird, weshalb rote Tiere in der Tiefe grau oder schwarz aussehen und somit getarnt sind. Unter der Dämmerzone beginnt die eigentliche Tiefsee, in die kein Tageslicht mehr gelangt, und die noch einmal in drei Zonen aufgeteilt wird.

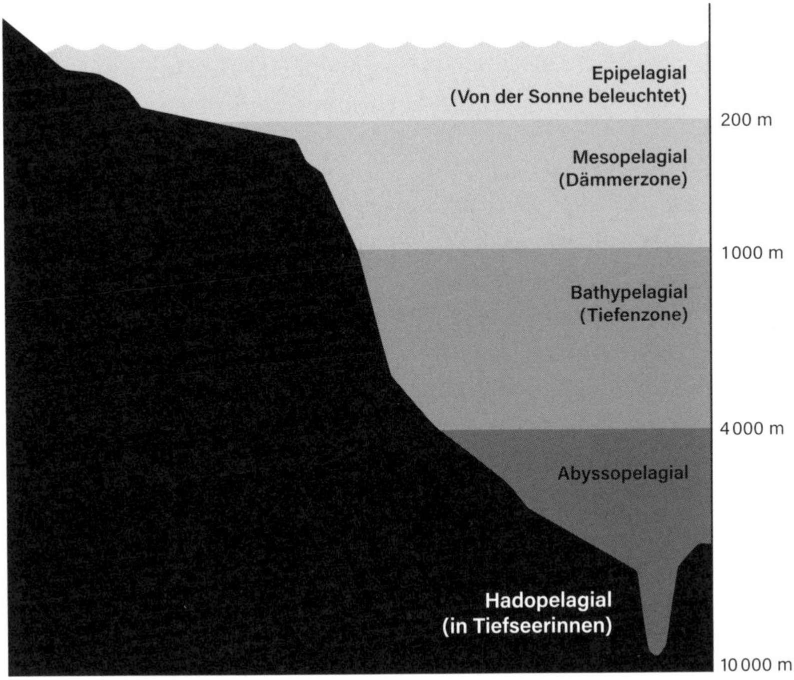

Die Wassersäule im offenen Meer wird horizontal in pelagische Zonen aufgeteilt. Das Epipelagial deckt sich je nach Wasserklarheit mit der euphotischen Zone, in der das durchdringende Tageslicht noch für die Fotosynthese ausreicht. Alles unter der Dämmerzone wird auch als aphotische Zone (ohne Licht) zusammengefasst.

Viele in der Tiefe lebende Arten sind farblos, das heißt ohne Pigmente, aber einige sind mit Leuchtorganen ausgestattet *(Biolumineszenz)*. So können sie einander sehen und Artgenossen erkennen, was unter anderem für die Paarung von Vorteil ist. Manche Arten produzieren das Licht selbst, andere leben in einer Symbiose mit leuchtenden Bakterien. Biologisches Licht ist wahrscheinlich die meistverbreitete Art der Kommunikation in der Natur. Außerdem dient die Biolumiszenz zum Anlocken von Beutetieren und sogar zur Tarnung in einer Umgebung ohne natürliche Verstecke. Mit

Leuchtorganen am Bauch setzt sich die Unterseite eines Fisches nämlich weniger von dem schwachen Licht ab, das von oben eindringt. Jäger, die von unten kommen, können die Beute schlechter erkennen.

Andere Arten benutzen Licht, ohne dass wir genau wissen, warum. Das sagenumwobene Meeresleuchten ist eine von Mikroorganismen ausgehende Variante der Biolumineszenz. Einige Arten von Phytoplankton aus der Gruppe der Dinoflagellaten erzeugen bei mechanischer Stimulation ein helles, bläuliches Licht. Im Spätsommer und Herbst sieht man die „Schimmernden Nachtlichter“ *(Noctiluca scintillans)* oft bei nächtlichen Bädern oder im Kielwasser eines Bootes. Die Ursache ihres Leuchtens ist nicht ganz geklärt, aber man weiß, dass es den sogenannten Weidegang von tierischem Plankton vermindert. Vielleicht, weil das Licht Ruderfußkrebse direkt abschreckt, oder weil es ein Signal größerer Organismen ist, die nicht in ihr Beuteschema passen. Die abenteuerlichste Erklärung lautet, dass es eine Art Einbruchsalarm darstellt: Die Fressfeinde des Ruderfußkrebses bekommen Bescheid, wo sich der „Einbrecher“ befindet, und eilen herbei.[50]

Der Tiefenbereich der Dämmerzone hängt vom Standort auf der Erde ab. In klaren tropischen Gewässern mit direkter Sonneneinstrahlung kann sie sich von 200 bis 2000 Metern Tiefe erstrecken, während es in arktischen oder antarktischen Wintern gar keine nennenswerte Sonneneinstrahlung gibt. Viele Arten können jedoch schon kleinste Lichtmengen wahrnehmen, selbst unter einer dicken Schicht Eis und Schnee. Dort reicht die Dämmerungszone von ca. 50 bis 1000 Metern Tiefe. Unter schmutzigem Eis oder in trüben Küstengewässern kann sie noch höher liegen.[51]

Aus dieser Dämmerzone steigen also der Krill und andere große Zooplanktonarten auf, um sich den Bauch vollzuschlagen. Carbonhaltiges Phytoplankton und kleineres Zooplankton wird auf der nächtlichen Visite in der euphotischen Zone verspeist, und ehe die Sonne aufgeht, sind die Schwärme wieder in der schützenden Dämmerung der Tiefe verschwunden. Ihre Mägen sind voll mit Nahrung, die zum größten Teil aus Carbon besteht. Angesichts der enormen Menge von Krill, Ruderfußkrebsen und ähnlichen Arten tragen sie somit aktiv Carbon aus der beleuchteten Zone hinab in die Dämmerungszone, durch die Halokline und Thermokline, und sicher passieren sie sogar eine Pyknokline auf ihrem Weg.

Was gefressen wird, wird auch in Form von Exkrementen ausgestoßen und sinkt weiter bis zum Meeresgrund. So bekommt ein Teil des Kohlenstoffs einen ordentlichen Vorsprung auf dem Weg in die Langzeitlagerung in Sedimenten. Ein weiterer Teil trägt zum Wachstum und Erhalt des Krill bei, der – sofern er nicht selbst gefressen wird – fünf oder sechs (vielleicht sogar bis zu elf) Jahre lebt und dann ebenfalls mit all seinem aufgesparten Carbon zu Boden sinkt.[52]

Nachdem sie sich im Sommerhalbjahr mit Phytoplankton vollgefressen haben, überwintern große Mengen Ruderfußkrebse in der Tiefe (600–1400 Meter). *Calanus finmarchicus* und andere Arten überleben den nördlichen Winter in einer Art Winterstarre, während der sie von der Ölreserve zehren, die sie sich beim Weiden der Mikroalgen angefressen haben. Die Verbrennung und Atmung während dieser Starre nennt sich Lipidpumpe und ist ein weiterer Mechanismus, der Carbon aus oberen Wasserschichten in die Tiefe befördert. Mehrere aktuelle Forschungsprojekte befassen sich mit der Bedeutung dieses Vorgangs für den Kohlenstoffkreislauf unseres Planeten.[53]

Vielleicht das wichtigste Essen der Welt?

Ob unser Krill sein volles Lebensalter erreicht, ist keineswegs sicher. Die Krillarten sind Nahrung für viele andere Meerestiere und somit ein wichtiges Glied in der Weitergabe von Energie. Wer wen frisst, lässt sich in der Nahrungskette darstellen, der alle Organismen im Ozean inklusive Phytoplankton angehören. Manche haben nur noch einen oder ganz wenige Pfeile hinter oder über sich, aber einige sind mit vielen Gliedern der Kette verbunden, insbesondere der Krill. Vor oder unter ihm steht nur noch pflanzliches Plankton, aber seine Fressfeinde kommen von allen Stufen der Hierarchie: Fische, Pinguine, Wale und in letzter Instanz auch die Menschen. Ein weiteres, ähnliches Beispiel sind Garnelen und – etwas weiter oben – Tobiasfische, Sprotten, Heringe und Lodden. Diese Schwarmfische leben im offenen Wasser und überführen die Energie aus Plankton (inklusive Krill) an eine lange Reihe größerer Jäger, darunter Dorsche und Wale.

Der letzte Teil der biologischen Pumpe ist schlichtweg Kohlenstoff in Tieren, die lange leben, aber letztendlich auch am Meeresgrund enden.[54]

Unter „Fischpumpe" verstehen wir, dass Fische, die Krill und anderes Zooplankton fressen, Carbon in ihren Körpern lagern. Solange sie aktiv im Meer schwimmen, sind sie lebendige Carbonlager. Sterben sie ab, sinken sie ebenfalls durch alle Wasserschichten auf den Meeresgrund, und wenn sie von größeren Fischen, Haien, Seevögeln, Walen oder anderen Meeressäugern gefressen werden, gehen sie in ein neues lebendiges Carbonlager über. Diese Spitzenprädatoren können mehrere Jahrzehnte alt werden, und lagern ihr Leben lang durch die Nahrungsaufnahme weiteres Carbon in ihren Körpern ein. Damit sind wir bei einem der Gründe, warum die Vereinten Nationen 2015 das Leben unter Wasser zu einem der 17 Ziele für nachhaltige Entwicklung machten. Damit die biologische Pumpe funktioniert, muss sie reichlich mit Leben bestückt sein!

Die oben beschriebene Nahrungskette stelle ich mir nicht als zweidimensionales Diagramm, sondern als lauten 3D-Film mit viel Platschen vor. Rasche Jäger zischen ins Bild und greifen einen Schwarm Fische an, die dicht in eine Richtung schwimmen und plötzlich alle auf einmal wenden. Basstölpel stürzen sich aus großer Höhe wie Pfeile auf denselben Schwarm, und einigen gelingt es, mit dem Schnabel einen Fisch zu packen, ehe sie umdrehen und mit Füßen und Flügeln wieder an die Oberfläche paddeln. Phytoplankton funkelt wie Gold und Diamanten, doch mit einem Mal kommt Bewegung ins Wasser: Ein großer Bartenwal taucht in hohem Tempo aus der Tiefe auf und schwimmt mit geöffnetem Maul mitten durch den Fischschwarm. Die Barten an seinem Oberkiefer halten Plankton, Kleintiere und Fische im Maul des Wals und wirken wie ein Sieb, wenn er das Wasser wieder ausstößt.[55] Auch die riesigen Meeressäuger spielen eine wichtige Rolle in der Nahrungskette und in der biologischen Pumpe.

Die Dungverbreiter der Meere

Als Teil der biologischen Pumpe sind Wale etwas komplizierter. Zum Einen können sie so lange leben, dass man sie schon selbst als Langzeitlager für Carbon bezeichnen könnte. Wenn sie schließlich sterben und in große Tiefen (über 1000 Meter) absinken, bilden sie die Grundlage für eigene Ökosysteme, die man als Walsturz oder Walfall bezeichnet. Es dauert nicht lang, bis spezialisierte Aasfresser riechen, dass ein Walkadaver in ihrem

Revier liegt, und innerhalb weniger Monate ist nur noch das Skelett übrig. Selbst dieses wird langsam von bohrenden Tieren aufgefressen. Die meisten großen Wale sind Bartenwale, die Schwarmfische wie Heringe, Sardinen und Lodden fressen, aber auch große Mengen Krill. Manche Arten haben einen abwechslungsreichen Speiseplan, andere halten sich streng an Krill. Ich fand es schon immer faszinierend, dass der Blauwal – das größte Tier der Erde – sich fast nur von Krill – einem der kleinsten Tiere – ernährt.

Unabhängig vom Speiseplan führt jede Nahrungsaufnahme zu einer entsprechenden Menge Exkremente, wodurch die Wale eine weitere wichtige Funktion in der Pumpe erhalten. Phytoplankton verbraucht CO_2 bei der Fotosynthese und bildet damit die Hauptgrundlage der Carbonpumpe. Kohlendioxid ist stets reichlich vorhanden, aber es ist nicht die einzige Grundlage der „Primärproduktion“, denn das Phytoplankton braucht auch noch Nährsalze wie Stickstoff und Phosphor. Wenn diese im Wasser aufgebraucht sind, stagniert die Zellteilung, wodurch auch die Aufnahme von CO_2 und die Sauerstoffproduktion gebremst werden. Hier kommen die Wale (und andere) ins Spiel, denn sie düngen das Meer mit rezirkulierten Nährsalzen aus ihren Exkrementen. Kollegen haben berechnet, dass die 15000 Zwergwale, die im Umkreis von Spitzbergen leben und sich hauptsächlich von Lodden ernähren, täglich ca. 600 Tonnen Exkremente ausstoßen. Damit düngen sie das Meer mit zehn Tonnen Phosphor und sieben Tonnen Stickstoff, und das jeden Tag.[56] Darüber hinaus scheiden sie wahrscheinlich noch mehr Stickstoff über den Urin aus. Andere Walarten leisten einen wahrscheinlich ähnlichen Beitrag.

Im Meer gibt es vielerorts nur wenig Nährsalze in der euphotischen Zone. Dementsprechend niedrig ist dort auch die Produktion pflanzlichen Planktons in der Oberflächenschicht. Solche Gebiete sind mit Wüsten an Land vergleichbar, weshalb der Dünger der Wale dort besonders wichtig ist, damit Phytoplankton wenigstens in kleineren Mengen entsteht.

Pottwale sind große Zahnwale, die tief tauchen und in der Dämmerungszone, ja sogar der Dunkelzone jagen. Dort finden sie viele Arten Tintenfisch, die einen großen Teil ihres Speiseplans ausmachen. Die preisgekrönte norwegische Meeresbiologin Helen Rost Martins (geboren 1932 in Tromsø) hat größtenteils auf den Azoren gearbeitet. Die Inselgruppe liegt auf dem mittelatlantischen Rücken und ist als Hotspot für Haie, Meeresschildkröten und nicht zuletzt auch Wale bekannt. Von 1981 bis 1984 untersuchten Martins und ihre Kollegen den Mageninhalt von 17 Pottwalen, die beim kommerziellen Walfang harpuniert wurden. (Pottwale wurden erst 1986 weltweit unter Schutz gestellt.) In den riesigen Magensäcken fanden sie Überreste von über 50 Tintenfischarten, die meisten davon kleine Arten, die lebendig ungefähr ein halbes Kilo wiegen. Besonders interessant war, dass über drei Viertel davon Arten mit Leuchtorganen und neutralem Auftrieb im Wasser waren.[57] Dies deutet darauf hin, dass Pottwale so tief tauchen, bis sie die Zone erreichen, in der leuchtende und langsam schwimmende Tintenfische leben. Mit ihren langen, schmalen Unterkiefern „weiden" die Pottwale dort. Sie können aber auch große, schnell schwimmende Tintenfische fangen. Oft haben sie große, runde Narben von den Saugnäpfen der Riesenkraken auf der Haut. Obwohl sie so gute Taucher sind, verbringen sie viel Zeit an der Oberfläche, wo sie atmen, sozialisieren, sich zwischen den Tauchgängen entspannen – und koten. Mit anderen Worten sind sie ein lebendiges Beispiel für aktives Pumpen und das Rezirkulieren von Nährsalzen, die sie tief aus der Dämmerungs- und Dunkelzone an die Oberfläche holen.

Es ist faszinierend, wie einzellige Organismen in der oberen Schicht des Meerwassers in großem Stil Kohlendioxid binden und Sauerstoff produzieren, und dass tote Organismen und Partikel, die durch tiefere Wasserschichten bis auf den Meeresgrund sinken, der eigene Mechanismus unseres Planeten zur Bindung und Einlagerung von Carbon sind. Dies ist ein entscheidender Prozess in unserem Klimasystem, durch den die Atmosphäre bereits früh in der Erdgeschichte „entcarbonisiert" wurde, und der durch die allmähliche Erhöhung des Sauerstoffgehalts im Meer und in der Atmosphäre eine Explosion des Lebens ermöglichte. Das Leben im Meer trägt ebenfalls aktiv zu dieser Pumpe bei, genauer gesagt zum Transport von Stoffen zwischen horizontalen Wasserschichten, die sich kaum vermischen. Für das Phytoplankton ist es nämlich eine große Herausforderung, dass die Nährsalze in der oberen Wasserschicht knapp sind, was die Fotosynthese begrenzen kann.

In der Tiefe hingegen gibt es massenweise Nahrung, die in den sogenannten Auftriebsgebieten zugänglich gemacht wird, wo der dominierende Wind die obere Wasserschicht vom Land wegschiebt, Tiefenwasser nachströmt und neue Nahrung an die Oberfläche bringt. Außerhalb dieser Auftriebsgebiete ist das aktive Pumpen durch Lebewesen besonders wichtig für den Nährstoffkreislauf. Die Idee, dass das Leben unter Wasser zu einem großen, gemeinsamen Mechanismus beiträgt, ist noch relativ neu. Meeresforscher haben lange nur ausgerechnet, welche Mengen Wale und andere Tiere im Ökosystem verspeisen, und wie viel mehr wir ohne deren „Konkurrenz“ hätten fischen können. Heute jedoch ist Eines deutlich geworden: Wenn wir weiterhin die Ressourcen des Meeres nutzen und gleichzeitig das Klima auf der Erde wieder ins Gleichgewicht bringen wollen, müssen wir die gesamte Meeresnatur intakt halten, damit die Pumpe im Meer optimal funktioniert. Wir brauchen die gesamte biologische Vielfalt, denn sie stellt die Motoren, Rohre, Dichtungen, Schrauben und Muttern dieser Pumpe dar und muss unbedingt instand gehalten werden.

KAPITEL 4

WIE MAN ALS TIER IM MEER ÜBERLEBT

Als frisch ausgebildeter Berufstaucher sollte ich einmal eine Fischzuchtanlage in einem Fjord in Westnorwegen inspizieren. Die Anlage beherbergte Zuchtlachse und Regenbogenforellen in eckigen, durch Bojen aufgespannten Netzbecken. Mein Auftrag bestand darin, die Netzwände zu inspizieren und allenfalls zu reparieren, damit die Fische nicht entkommen konnten. Desweiteren sollte ich die Ankertaue überprüfen und gegebenenfalls in den Netzen verfangenes Treibholz entfernen. Die Instruktionen kamen von meinem Chef, der die Anlage jahrelang selbst inspiziert hatte. Auf dem Rückweg vom Tauchgang solle ich dem Blauen Seewolf, der unter dem Felsen bei der Gangway lebte, schöne Grüße ausrichten, sagte er. Ich dachte mir meinen Teil. Wie konnte er über einen Seewolf wie über einen alten Freund reden? Und wieso war er sich so sicher, dass der Fisch noch immer dort sein würde? Seewölfe sind Fische und schwimmen doch wohl wie ihre Artgenossen im Meer herum, sodass niemand vorhersagen konnte, wo sie gerade sind?

Nachdem ich die flachen Teile der inneren Netze kontrolliert hatte, schwamm ich nach unten zum Grund und folgte von dort aus dem Meeresboden in Richtung Land. Und wirklich: Unter der langen Gangway, die zur Anlage führte, war ein Seewolf. Der hellgraue Fisch lag auffällig etwas auf der Seite auf dem Muschelsandboden, und ganz richtig war dicht bei ihm der einzige Felsbrocken weit und breit. Ich schwamm näher heran und sah, wie mich der große, alte Fisch beobachtete und sich schließlich selbstsicher aufrichtete, sodass er mit dem Bauch am Boden lag. Er betrachtete mich mit majestätischer Ruhe, und in diesem Moment wurde mir bewusst, dass dieser Fisch hier kaum natürliche Feinde hatte.

Es stimmte also, dass der Fisch standorttreu war! Der Felsen war vermutlich schon sein Zuhause, als er noch klein gewesen war, vielleicht hatte er sich damals darunter eine Höhle gegraben. Mittlerweile war er zu groß, um unter dem Stein Schutz zu finden. Trotzdem war dieser zu einer Art Fixpunkt für ihn geworden, zum Zentrum seiner Heimat. In jenem Sommer und Herbst schwamm ich noch mehrmals zu dem Seewolf. Es war etwas wirklich Besonderes, den immer selben Fisch am Meeresgrund besuchen zu können.

Die Erfahrung mit dem Blauen Seewolf sollte meine eigene Forschung und meine Beiträge zum räumlichen Verhalten der Meerestiere beeinflussen. Mit der Zeit erkannte ich, dass auch Fische und andere Meerestiere an bestimmte Orte gebunden sind, genau wie die Tiere an Land. Ortssinn, Erfahrungen in der näheren Umgebung und die Kenntnis der Routen zwischen bestimmten Orten sind in der Tierwelt fundamentale Eigenschaften – auch unter Wasser. Die Erkenntnis, dass auch Fische ortsgebunden sein können, sei es vorübergehend oder permanent, teile ich mittlerweile mit vielen Taucherkollegen aus aller Welt. Besonders diejenigen, die mit Kameras auf Unterwasserjagd gehen oder als Guide Touristen zu den immer gleichen Orten bringen, wissen darüber Bescheid.

Hier, in unseren Meeresgefilden, zählt der Blaue Seewolf zu den standorttreuen Arten. Taucher und Unterwasserjäger, die regelmäßig den bekannten Saltstraumen südlich von Bodø besuchen, haben sich deshalb für den Schutz der dortigen Bestände eingesetzt, und seit dem 26. August 2024 besteht in diesem Meeresschutzgebiet nun ein Fangverbot für Seewölfe. Unterwasserfotografen haben die Standorte der Fische wieder und wieder besucht und Bilder und Filme davon im Netz gepostet. Besondere Berühmtheit erlangte dabei ein Seewolfmännchen, das bei der Bewachung seines Eiballens gefilmt wurde[58]. Seewolfmännchen betreiben Brutpflege und haben eine Strategie entwickelt, dank der die Eier nicht einfach mit der Strömung fortgespült werden. Ihr Verhalten ist ein Beispiel für die Vielfalt der Anpassungsmöglichkeiten an das Leben im Meer.

Man muss gut angepasst sein – aber an was?

Die Meerestiere haben ihre Anpassung an den Lebensraum über lange Zeit entwickelt und perfektioniert. Das Meer war ein „Laboratorium", in dem Lebewesen eine Vielzahl guter Lösungen entwickelten, die sie später mit an Land nahmen. Ein gutes Beispiel dafür sind die überaus guten Augen der meisten Wirbeltiere, die uns Menschen befähigen, Bücher zu lesen. Das Erfolgsrezept, das wir von den Fischen vererbt bekommen haben, besteht aus Hornhaut, Iris (mit Pupille), einer justierbaren Linse – und ganz hinten einer Netzhaut, die das optische Bild in ein elektronisches Signal umwandelt, das über das Nervensystem ans Gehirn weitergeleitet wird[59]. Die meisten Fische sind überdies in der Lage, Farben zu sehen.

Die heute bekannten Fischarten sind, verglichen mit uns, sehr alt und unterscheiden sich nur wenig von ihren urzeitlichen Vorfahren. Das belegt eine Reihe gut erhaltener Fossilien aus dem Gebiet Monte Bolca in Italien, das für seinen Reichtum an Fischfossilien aus dem Eozän (56–34 Millionen Jahre vor heute) bekannt ist. Das Naturhistorische Museum in Venedig verfügt über eine beeindruckende Sammlung an Fischfossilien. Die Versteinerungen heben sich derart perfekt von dem gelben und rosa Sandstein ab, dass sie beinahe wie anatomische Schautafeln wirken. Auf den am besten bewahrten Abdrücken ist jedes Detail zu erkennen, bei einigen gibt es sogar noch Schattierungen, die Hinweise auf ein Farbmuster geben. Unter den Fischfossilien finden wir nahe Verwandte heute noch existierender Arten aus insgesamt 90 Familien. Die Monte Bolca-Fossilien sind der älteste Beleg für die Fischpopulation eines Korallenriffs[60]. Desweiteren finden sich unter den Fossilien Hering, Seeteufel, Barrakuda, Schwertfisch und Thunfisch. Diese Arten konnten sich durchsetzen, sodass es ihre Nachfahren auch noch 50 Millionen Jahre später gibt.

Das Meer ist ein ziemlich chaotischer Lebensraum, mit dem die Evolution durch die natürliche Auslese von Eigenschaften (Selektion) einen perfekten „Spielplatz" hat, auf dem unzählige Strategien der Anpassung entstehen und getestet werden. Innerhalb einer Klasse[61] von Fischen, den Strahlenflossern, finden wir zum Beispiel Arten wie die Lodde, die nur 30 Zentimeter lang wird und schon zwei oder drei Jahre nach dem ersten Ablaichen stirbt. Zu derselben Klasse gehören aber auch die gewaltigen Schwertfische, die mehr als zehnmal so groß werden und mindestens fünfmal so lange leben. Dennoch haben beide Arten auch Gemeinsamkeiten: Sie leben pelagisch, das heißt im Freiwasser, und wandern in küstennahe Laichgebiete, um ihre Eier abzulegen. Man kann das wie folgt zusammenfassen: Arten, die sich durchgesetzt haben, haben ähnliche Lösungen für dieselbe Herausforderung gefunden. Auf lange Sicht haben sie gute Chancen, für sie passende, günstige Umweltbedingungen zu finden. Weniger gut angepasst sind sie hingegen in Bezug auf kurzfristig auftretende Veränderungen. Die Anpassungen müssen sich auf lange Sicht lohnen, gleichzeitig müssen die Fische aber auch robust genug sein, um kurzfristige Variationen der Lebensbedingungen zu überstehen. Die Notwendigkeit, sich einer solchen Wirklichkeit anzupassen, gilt insbesondere für die Fortpflanzungsstrategien.

Die meisten Fischlarven sind nach dem Schlupf abhängig von einem ausreichenden Nahrungsangebot an tierischem Plankton im Wasser. Das bloße Vorhandensein von Zooplankton wie Ruderfußkrebsen reicht jedoch noch nicht aus. Die Mäuler der kleinsten Fischlarven sind so winzig, dass sie auch nur die Larven des Zooplanktons, genannt „Nauplius", fressen können. Ohne Nauplien überleben sie die kritische Phase als Larve nicht.[62] Man darf nicht vergessen, dass manche Fischlarven die Größe von Mücken haben und in einem Medium schwimmen, das für sie zäh wie Sirup ist. Ausgerechnet in dieser dicken Suppe müssen sie gleich nach dem Schlüpfen ihre erste Beute machen.

Wie können die Fische sich sicher sein, dass das Nahrungsangebot an den Laichplätzen für ihre Nachkommen reicht? Die Antwort lautet: Sie wissen es nicht. Die Chancen sind aber groß, dass es ein oder mehrere Male im Lauf ihres reproduktiven Lebens klappt, denn das würde schon reichen. Dies ist eine wichtige Voraussetzung für die Strategien, die viele Meerestiere und die meisten Fische „gewählt" haben. Wobei das natürlich keine bewusste Entscheidung war. Verantwortlich ist die Evolution, die durch Selektion bestimmte, nützliche Merkmale gefördert hat.

Die Evolutionsbiologie beschäftigt sich mit der Frage, wie Organismen an ihren Lebensraum angepasst sind. Sie ist eines meiner liebsten Fachgebiete als Biologe und Meeresforscher. Wie viele Kollegen stütze ich die Aussage: „Nichts in der Biologie macht Sinn, außer im Licht der Evolution", wie der Titel eines Essays von Theodosius Dobzhansky (1900–1975)[63] lautet, einem Pionier dieses Fachgebiets. Die Evolutionsbiologie hat wichtige Begriffe geliefert, mittels derer wir uns die Überlebensstrategien einiger Meerestiere näher anschauen können.

Unterschiedliche Wege führen im Tierreich zum Ziel

Manche Arten setzen auf schnelles Wachstum, relativ kurze Lebensdauer, geringe Körpergröße und die Fähigkeit, eine große Anzahl von Nachkommen ohne sonderlich großen Aufwand zu produzieren. Diese Arten folgen der sogenannten r-Strategie oder r-Selektion, und es ist durchaus passend, sie als risiko-selektioniert zu bezeichnen[64]. Viele Fischarten gehören zu den r-Strategen. Man muss nur an das Risiko denken, dass die Larven nur überleben und wachsen können, wenn sie ein größenmäßig passendes und ausreichendes Nahrungsangebot haben. Sollte das bei einer Fischlarven-Generation oder „Kohorte[65]" nicht klappen, bietet sich mit der nächsten Laichzeit eine neue Chance für die tausende bis hunderttausende Larven, abhängig von Größe und Alter des Weibchens.

Fische können sich einen derart großzügigen Umgang mit ihrem Laich leisten. Die „Gonaden", die den Eierstöcken und Hoden der Säugetiere entsprechen, sind in der Lage, immer wieder Eier oder Spermien (bei Fischen „Milch" genannt) zu produzieren, sodass sich im neuen Jahr eine neue Chance bietet. Einige Arten laichen auch über einen längeren Zeitraum hinweg, wobei sie dann jeweils kleinere Eiermengen ablegen. Man spricht hierbei von Portionslaichern. Ein solches Laichverhalten bringt einige Vorteile. Auch wenn der Laich der ersten Schübe sich nicht entwickelt hat, können die Fischlarven des nächsten Schubes perfekte Nahrungsbedingungen finden, sollte der Zeitpunkt zum Beispiel mit dem Schlupf der Ruderfußkrebse in den gleichen Wassermassen desselben Meeresgebietes übereinstimmen.

Fisch- und Zooplanktonlarven sind in derselben Zelle rotierenden Meerwassers – auch eddy genannt – gefangen. Diese Zellenstruktur ist für viele Meeresgebiete typisch. Eine solche Zelle kann lange existieren, manchmal so lange, dass die Fischlarven, die das Glück hatten, gemeinsam mit Ruderfußkrebsen in derselben Zelle zu landen, die erste, schwierige Lebensphase problemlos überstehen. Experimente haben ergeben, dass

Dorschlarven Nahrung in Form von Zooplankton riechen können und das aktive Schwimmen einstellen oder langsamer schwimmen, wenn sie eine Möglichkeit spüren, passende Beutetiere zu finden[66].

Sollte die Zelle am etwa gleichen Ort im Meer rotieren, kommt ein weiteres positives Phänomen hinzu, nämlich die Rückhaltung der Fischlarven in der Region, wo die Elterntiere abgelaicht haben. Dieser Rückhaltemechanismus wird Retention genannt. Da diese ozeanografischen Phänomene ziemlich vorhersehbar sein können, haben Fische lokale Anpassungen entwickelt, um die bestmöglichen Laichgebiete zu erkennen und zu nutzen.

Ruderfußkrebse sowie ihre Eier und Nauplius-Stadien sind nicht gleichmäßig im Meer verteilt. Treffen diese Arten auf gute Verhältnisse, vermehren sie sich schnell, was zur Ausbildung dichter Schwärme, sogenannter „patches“ führt[67]. Legen Fischarten ihre Eier in diese Zellen, landen sie einen Volltreffer.

Sollten auch die weiteren Entwicklungsstadien erfolgreich durchlaufen werden, wird der Bestand durch einen starken Jahrgang gefördert. Gehen wir einmal davon aus, dass es eine solch positive Entwicklung beim Hering gibt. Der Atlantische Hering ist eine Schlüsselart des Nahrungsnetzes, da es über diese Art eine direkte Kopplung zwischen dem Zooplankton und einer ganzen Reihe von anderen Arten gibt. Heringe legen ihre klebrigen Eier auf dem Meeresboden ab, meist auf hartem Substrat in der Nähe der Küste und in Fjorden. Ein einzelnes Heringsweibchen kann im Laufe einer Laichsaison fünfzigtausend Eier ablegen, sollten viele Heringe laichen, wird die Laichbiomasse folglich riesig[68]. Die Eier liegen dann in dicken Schichten auf dem Meeresboden und bilden Nahrung für Fische, Krebse und andere Tiere. Der Energieeintrag ins Ökosystem ist gewaltig. Wenn die Larven nach etwa drei Wochen schlüpfen, beginnt für die 7–9 Millimeter langen Heringslarven eine extrem unsichere Wachstumsphase[69].

Wir Menschen fischen enorme Mengen Hering im Nord-Atlantik, wobei die norwegische Heringsfischerei zu den größten der Welt gehört. Damit dies auch in Zukunft so bleiben kann, sind wir vollkommen davon abhängig, dass es den älteren Fischen des Bestandes gelingt, mindestens einen starken Nachwuchsjahrgang zu erbringen, der den Bestand stützt, bevor die Elterngeneration weggefischt wird. Im Meer und in der Luft darüber gibt es aber zahlreiche Arten, die viel abhängiger als wir von der Reproduktion der Heringe sind. Ein starker Reproduktionsjahrgang schiebt sich wie eine Welle durch das gesamte Nahrungsnetz des Meeresökosystems. Auch Buckelwale, Orcas und Seevögel ernähren sich von Heringen. Sie alle profitieren davon, dass es hin und wieder diesen perfekten „match" zwischen Nahrungsangebot und Fischlarvenschlupf gibt.

Mit einer Größe von 5–6 Zentimeter sichern die jungen Heringe dann das Überleben der Papageientaucher an der norwegischen Küste. Gegen Mittsommer führt die Küstenströmung die Jungfische an der norwegischen Westküste entlang, zum Beispiel zu den Inseln Runde in Sunnmøre und Røst auf den Lofoten. Nicht so in den letzten Jahren, da die Heringsbestände ihre traditionellen Laichgebiete vergessen haben und weiter nach Norden gezogen sind, weshalb die Reproduktion der Papageientaucher fehlgeschlagen ist.[70]

Was machen die Vögel dann? Wie lautet ihre Strategie? Papageientaucher werden bis zu vierzig Jahre alt und versuchen es jeden Sommer mit einem neuen Ei. Zwischen ihren Versuchen, sich an den Brutplätzen von Großbritannien bis Spitzbergen zu reproduzieren, überwintern die Vögel weit draußen in der Barentssee, dem Europäischen Nordmeer und dem Nord-Atlantik. Die kleinen Vögel sind ziemlich hart im Nehmen, die historische Jagd auf ihr Fleisch und ihre Federn, der Klimawandel und die Überfischung haben aber auch zu einem Rückgang dieser Art geführt. In der Nordsee sind die Jungfische der Sandaale die wichtigste Nahrung für die Papageientaucher. Im Frühjahr 2024 verbot Großbritannien die industrielle Fischerei auf Sandaale in seinem Hoheitsgebiet. Das Land will damit den Bestand der Papageientaucher und anderer bedrohter Seevögel sichern. Nach vielen fehlgeschlagenen Bruten in den letzten Jahren gilt der Papageientaucher auf der Roten Liste der bedrohten Tierarten entlang der norwegischen Küste als stark bedroht[71].

Der größte und wichtigste Heringsbestand im Europäischen Nordmeer ist der sogenannte Norwegische Frühjahrslaicher. Dieser Bestand wurde Ende der 1960er-Jahre durch Überfischung derart stark dezimiert, dass er kollabierte. Plötzlich gab es im gesamten Europäischen Nordmeer keine nennenswerten Heringsbestände mehr. Bessere Boote und Motoren, die Modernisierung der Fanggeräte und die Einführung von Umschließungsnetzen, mechanischen und hydraulischen Winden sowie Echoloten für die Suche nach den Fischschwärmen haben die Effektivität der Fischerei gewaltig verbessert. Die Meeresforschung konnte die Heringsbestände in dieser Zeit noch nicht gut genug einschätzen, und es gab auch keine Fischereiverwaltung, die vernünftige Fangquoten[72] ausgegeben hätte. Nach einer beinahe zwanzig Jahre andauernden Erholungsphase, in der der Hering nicht befischt worden ist, hat sich der Bestand wieder so weit regeneriert, dass er jetzt wieder befischt wird und vor allem wieder zum Ökosystem beiträgt. Trotzdem ist nicht alles wie früher. So ist die Wissenschaft erst neulich zu dem Schluss gekommen, dass sich der ursprüngliche Heringsbestand in viele kleinere Bestände aufgeteilt hat[73]. Eine äußerst wichtige Reaktion im Hinblick auf die Verwundbarkeit durch Überfischung. Dies bedeutet auch, dass lokale Heringsbestände, die wichtig für das Ökosystem vor Ort sind, stark geschwächt sein oder vollkommen fehlen können. Zum Beispiel ist der lokale Fischbestand eng mit dem Erfolg der Seevogelkolonien verknüpft. Die meisten Seevogelarten finden die Nahrung für ihre Jungen im näheren Umfeld[74]. Wenn wir Quoten anhand der Fischbestände berechnen, sollten wir deshalb einen gehörigen Anteil für Wale und Seevögel reservieren. „One-third for the birds" ist ein guter Vorschlag für die Bemessung, denn nur dann wird ein Drittel der Bestände auch wirklich für die Vögel reserviert[75]. Berechnungen zeigen, dass die Produktivität der Seevögelbestände auf lange Sicht nur so gesichert werden kann.

Alle Eier in einem Korb?

Papageientaucher legen pro Brut nur ein Ei und wenden viel Energie auf, um Nahrung für ihren Nachwuchs herbeizuschaffen. Ähnlich wie andere Vögel (der Kuckuck einmal ausgenommen) betreiben sie in der hektischen Brutzeit, bis der Jungvogel flugfähig ist, intensive Brutpflege. Andere Meerestiere haben ähnliche Strategien entwickelt: weniger und größere Nachkommen, die von den Elterntieren nicht selten gepflegt werden, späte Geschlechtsreife und ein langes Leben mit vielen Reproduktionen. Diese Fortpflanzungsstrategie nennt man k-Strategie.

Auch Haie sind sehr alte Arten. Sie aber folgen anderen Strategien, um ihren Nachkommen bestmögliche Überlebenschancen zu sichern. Nehmen wir das Beispiel Dornhai. Diese Haiart wird nicht selten erst mit mehr als zehn Jahren geschlechtsreif[76]. Wie viele andere Haiarten gebären sie lebende Junge – also voll entwickelte kleine Haie. Die Tragezeit beträgt allerdings bis zu zwei Jahre — eine der längsten bekannten Tragezeiten im Tierreich. Nur Elefanten kommen ihnen mit 22 Monaten ziemlich nahe. Ein Dornhaiweibchen kann jedes zweite Jahr zwischen zwei und zwanzig Nachkommen gebären. Nach der Geburt gibt es keine wirkliche Brutpflege, aber allein die Tatsache, dass das Weibchen die Jungen in ihrem Bauch zu ziemlich robusten Junghaien heranreifen lässt, ist evolutionär betrachtet eine Form der Brutpflege. Der Unterschied zwischen den 30 Zentimeter langen, vollständig ausgebildeten Haijungen und den 7–9 Millimeter großen Heringslarven könnte größer kaum sein. Während die Heringslarven mit der Strömung treiben und zu hundert Prozent davon abhängig sind, rechtzeitig auf Nauplius-Stadien des Zooplanktons zu treffen, beginnen die Haijungen vom ersten Tag an ein Leben als starkes Individuum mit großem Appetit auf eine Vielzahl von Beutetieren.

Der Dornhai ist ein echter Kosmopolit unter den Meerestieren, er kommt in allen Weltmeeren vor. So findet man ihn in der Drake Straße an der Südspitze Südamerikas, auf beiden Seiten des Nord-Atlantiks bis hinab nach Florida im Westen und den Kanarischen Inseln im Osten, im Mittelmeer, im Stillen Ozean rund um Neuseeland und Südaustralien und um die Südspitze von Südafrika. In europäischen Gewässern kann der Dornhai mindestens ebenso alt werden wie der Papageientaucher[77] – also vierzig Jahre[78] – , während in anderen Weltmeeren bis zu achtzig Jahre Lebensdauer nachgewiesen wurden[79]. Seine Strategie basiert auf der Geschlechtsreife in den Teenagerjahren, gefolgt von einem langen, reproduktiven Leben, bei dem jedes zweite Jahr mehrere fertig entwickelte Junge geboren werden. Der Dornhai setzt damit auf Qualität anstelle von Quantität. Diese Strategie hat ihm über lange Zeit hinweg großen Erfolg beschert und dazu geführt, dass sich die Art an sehr unterschiedliche Meereslebensräume anpassen konnte.

Dies ging so lange gut, bis ein extrem erfindungsreicher Predator auf der Bildfläche erschien. Eine intelligente Art mit zwei Armen, schnellen Händen und mittlerweile einem ganzen Arsenal an Fischereiwerkzeugen. Der Mensch hat den Dornhaien und vielen anderen Arten eine viel höhere Sterblichkeit zugeführt, als sie mit ihrer Fortpflanzungsstrategie kompensieren können. Seit dem Ende des 19. Jahrhunderts gibt es Daten über die Dornhaifänge. Im 20. Jahrhundert wurden große Mengen Haie gezielt befischt oder als Beifang entnommen, wodurch die Bestände der Art im Nordost-Atlantik um mehr als 90 Prozent reduziert wurden. Um die Jahrtausendwende waren folglich nur noch zehn Prozent des ursprünglichen Bestandes vorhanden. 2006 tauchte der Dornhai zum ersten Mal als vom Aussterben bedroht auf der Roten Liste der bedrohten Tierarten auf. In Norwegen wurde die Art 2010 unter Schutz gestellt. Das Fangverbot hatte Erfolg, der negative Trend konnte gestoppt werden. Die Art galt deshalb 2021 nur noch als stark gefährdet. Die Fischereiverwaltung hat daraufhin 2022 den Schutzstatus wieder aufgehoben und den Fang erneut zugelassen. Ein Fehler, aber der Gedanke hinter der Entscheidung ist nachvollziehbar. Die Fischer sollten die Möglichkeit haben, unterschiedliche Techniken anzuwenden, also auch solche, bei denen Dornhaie als Beifang gefangen werden. Dieser Beifang sollte der erlaubten Quote entsprechen, sodass die Fische legal in den Handel gelangen konnten. Leider haben einige Fischer das Ende des Fangverbotes als Einladung verstanden, die Art wieder gezielt zu befischen, und in Gebieten, wo die Tiere sich in großen Schwärmen sammeln, ist es bereits wieder zu Massenentnahmen gekommen. Dabei wissen wir genau, dass die Bestände von Dornhaien wie auch von anderen Haien derart massive Entnahmen nicht überstehen.

An dieser Stelle müssen wir ein wenig genauer auf eine andere Haiart eingehen. Der Heringshai war in unseren Meeren und an unserer Küste weit verbreitet[80]. Er folgte nicht selten den Heringsschwärmen in die Fjorde. Als Schnellschwimmer mit ähnlichen physiologischen Anpassungen wie der Thunfisch und einer vergleichbaren Nahrungspalette hat der Hai ein sehr wohlschmeckendes Fleisch. Er ist deshalb besonders auf den Märkten in Italien sehr beliebt, wo er Smeriglio genannt wird. Die Flossen sind auf dem asiatischen Markt sehr gefragt, da Haifischflossensuppe dort noch immer als Statussymbol gilt. Die Nachfrage nach Haifischflossen ist insofern problematisch, weil manche Tiere nur für ihre Flossen getötet werden – eine enorme Verschwendung von Ressourcen und ein ethisch höchst fragwürdiges Vorgehen.

Die Fortpflanzungsstrategie des Heringshais ähnelt der des Dornhais, nur dass er noch mehr auf Qualität statt Quantität setzt[81]. Die Weibchen werden erst im Alter von 12–18 Jahren geschlechtsreif. Und während Dornhaie Mutterkuchen und Nabelschnur haben, durch die ihre bis zu zehn Jungen über die sehr lange Tragezeit hinweg ernährt werden, fressen die Heringshaijungen unbefruchtete Eier, während sie sich in der Gebärmutter entwickeln. Am Ende der 8–10 Monate andauernden Tragezeit werden vier bis fünf voll ausgebildete Junge von etwa sechzig Zentimeter Länge geboren. Die Vorstellung, eine Gruppe von Haien von mehr als einem halben Meter Länge in seinem Körper zu haben, hört sich gruseliger an, als es ist, die Zähne der Jungen sind nämlich bis zur Geburt nach hinten geklappt und richten sich erst danach auf.

Die Fortpflanzungsstrategie des Heringshais ist das vollkommene Gegenteil von dem Überschuss an Reproduktionsprodukten, den andere Arten produzieren. Sie ist ein gutes Beispiel für die natürliche Maximierung der Überlebenschancen der Nachkommen in einer unsicheren Welt. Außerdem wird auf diese Weise ein voll ausgereifter Spitzenprädator ins Meer entlassen, der, sobald die Zähne sich aufgerichtet haben, seine Nische besetzt. Leider finden sich heute nur noch Restbestände von Heringshaien im Meer. Einige norwegische Fischer waren spezialisiert auf den Haifang, der seine Blütezeit vor allem von 1930–1950 hatte, und dann noch einmal in den 1970er-Jahren vor der Kanadischen Küste. Der Haifang wurde erst eingestellt, als keine Haie mehr zu fangen waren. Die Bestände waren so klein, dass sie wirtschaftlich nicht mehr nutzbar waren und schließlich kollabierten. Einige norwegische Fischer haben die Haifischerei auf Saisonbasis trotzdem bis weit in die 1990er-Jahre fortgesetzt.

Im 2021er-Jahrbuch des Geschichtsvereins von Søgne erzählt ein älterer Fischer, geboren 1934, von den technologischen Fortschritten der Heringshaifischerei vor der Küste von Südnorwegen[82]. Die lokalen Fischer haben ursprünglich eine küstennahe Leinenfischerei mit 250 Haken auf Heringshaie betrieben. Als er selbst den Entschluss fasste, auf die Haifischerei in der Nordsee zu setzen, nutzte er längere und bessere Leinen mit insgesamt 800 Haken, verteilt auf eine Länge von 28 Kilometern. Im Jahrbuch ist ein erinnerungswürdiger Fang mit Foto beschrieben. 109 Haie wurden unweit vom Ekofisk-Feld gefangen und zur Fischauktion nach Hanstholm in Dänemark gebracht. Auf dem Foto liegen die Haikörper nach Größe sortiert auf dem Boden der großen Auktionshalle. Insgesamt

10 Tonnen Heringshai. Es sind einige kleinere Haie darunter, die im Vordergrund liegenden großen Haie wiegen aber alle über hundert Kilo. Auf die Frage, ob die Fischerei sich gelohnt hat, antwortete der Fischer: „Mit dieser Art der Fischerei war nicht viel Geld zu verdienen, aber sie war interessant […], rein ökonomisch betrachtet hätte ich das auch lassen können.“ Das letzte Mal fuhr dieser Fischer 1998 zum Heringshai-Fang aus. Erst 2011 wurde der Heringshai in der EU geschützt, ein Jahr später auch in Norwegen, wo der Schutz aber erst 2014 in Kraft trat. Zum Glück mehren sich mittlerweile die Zeichen, dass der Trend gestoppt werden konnte und die Bestände wieder zunehmen. Bis sie jedoch wieder stabil sind, wird es aufgrund der Lebensgeschichte des Heringshais vermutlich mehrere Jahrzehnte dauern[83]. Die Art wurde 2021 auf der Roten Liste bedrohter Tierarten als gefährdet eingestuft[84].

Lebensgeschichten, Anpassungen und Anfälligkeiten

Die oben genannten Beispiele zeigen die Bandbreite und Vielfalt der Fortpflanzungsstrategien unterschiedlicher Arten, wobei wir eigentlich besser über Strategien für das Leben sprechen sollten. Manche Arten, wie Haie, sind dadurch anfälliger für den menschlichen Eingriff durch Jagd oder Fischerei. Es versteht sich von selbst, dass man auf einer derart geringen Produktivität keine Fischerei aufbauen kann.

Aber wie sieht es mit der Produktivität anderer Meerestiere und Fische aus? Viele Arten gehen extrem großzügig mit Eiern und Larven um, und dafür gibt es gute Gründe. Ortsgebundene, festsitzende Organismen wie Miesmuscheln setzen auf einen massiven, zeitlich koordinierten Laichvorgang, bei dem große Teile einer Population ihre Eier und Spermien zeitgleich ins Wasser entlassen[85]. Dies ist möglich, weil die Schalen einen Signalstoff ins Wasser abgeben, der klar zu verstehen gibt, wann die Laichzeit gekommen ist. Das Signal wird über die Strömung von Kolonie zu Kolonie getragen. Die Befruchtung der Muscheleier geschieht im Freiwasser. Sie treiben weiter, und vielleicht werden es einige der winzigen, angreifbaren Miesmuschellarven später schaffen, sich an einem günstigen Ort am Boden festzusetzen und vielleicht selbst eine Kolonie zu gründen, die über die Zeit Bestand hat.

Kleinwüchsige Fischarten produzieren nur selten große, vollentwickelte Junge. Aber auch für Arten, die lange leben und viele Chancen zur Reproduktion bekommen, kann es sich lohnen, auf Quantität zu setzen. Überdies gibt es bei kleineren Fischen eine Vielzahl von Brutpflegemethoden. Eine der spannendsten Fischarten der norwegischen Fischfauna ist ohne Zweifel der Ansauger. Die erwachsenen Fische sind nur wenige Zentimeter groß, Männchen maximal bis zu sechs Zentimeter. Sie sind rötlich, mit nach vorn gerichteten, reptilartigen Augen und sehen ein bisschen wie ein Salamander ohne Beine aus. Die Augen bewegen sich unabhängig voneinander wie beim Chamäleon. Meine erste Begegnung mit diesem faszinierenden, kleinen Fisch war bei einem nächtlichen Tauchgang im Sognefjord als junger Student. Auf einem Felsabsatz in etwa zwanzig Zentimeter Tiefe habe ich zufällig eine alte Muschelschale umgedreht, und meine Überraschung war groß, als ich im Licht meiner Lampe einen winzigen, roten Fisch entdeckte, der einen Eiballen, bestehend aus wenigen Dutzend gelber Eier bewachte, die an die Innenseite der Muschelschale geklebt waren. Diese zielführende Strategie nutzen viele Bodenfische. Die Nachkommen brauchen schließlich denselben Lebensraum. Verglichen mit der Methode, Eier und Larven auf eine unsichere Reise ins Freiwasser zu schicken, führt die Brutpflege am Grund eher direkt zum Ziel. Allerdings mit einer Einschränkung: Es ist für einen Fisch nicht möglich, Tausende von Eiern oder Larven zu bewachen. Die Brutpflege kann bei den verschiedenen Fischen sehr unterschiedlich sein. So tragen die Männchen der Nadelfische die Eier in einem Brutbeutel am Bauch.

Der Blaue Seewolf, mit dem ich dieses Kapitel begonnen habe, betreibt ebenfalls Brutpflege. Aber damit er sein Ziel erreicht und seine Nachkommen in die Welt entlassen kann, muss einiges zusammenkommen. Zum einen werden Seewölfe erst mit sieben Jahren geschlechtsreif, sie müssen also erst eine recht lange Zeitspanne überstehen, bevor sie zur Erhaltung der Art beitragen können. Zum anderen haben diese Fische eine innere Befruchtung, was bei Fischen ziemlich ungewöhnlich ist. Männchen und Weibchen paaren sich, indem das Männchen seine Kloake an die Kloake des Weibchens presst und seine Spermien entlässt. Das hört sich kompliziert an, ist aber vergleichbar mit der Paarung von Vögeln, die auch nur eine Körperöffnung haben. Das Weibchen legt danach befruchtete Eier und leimt diese zu einem kugelförmigen Ball aus 3000 bis 5000 ziemlich großen Eiern zusammen, der dem Männchen überlassen wird[86]. Die Arbeit des Weibchens ist damit erledigt. Das Männchen bewacht den Eiballen bis zum Schlupf der Fischlarven, was abhängig von der Wassertemperatur bis zu neun Monate dauern kann[87]. Ein langer und treuer Einsatz für die Nachkommen. Um diese Zeit optimal zu nutzen, wechselt das Männchen in dieser Periode, in der es ohnehin keine Nahrung zu sich nehmen kann, seine Zähne. Eine kluge Anpassung! Der Blaue Seewolf hat damit eine Lebensstrategie entwickelt, die irgendwo zwischen Hering (r-Strategie) und Dornhai (k-Strategie) liegt. Sowohl Hering als auch Seewolf legen ihre Eier am Grund ab, wobei der Seewolf nur ein Zehntel der Eimenge eines Herings produziert. Und während der Hering seine fünfzigtausend Eier einfach zurücklässt, bewacht der Seewolf seine Brut über neun Monate hinweg und stellt so sicher, dass die kostbaren Eier nicht von anderen, hungrigen Meerestieren gefressen werden. Außerdem garantiert ihm dies, dass ziemlich große und starke Larven aus den Eiern schlüpfen, bereit, sich nach kurzer Zeit irgendwo am Grund als frei schwimmende Organismen niederzulassen.

Als ich das erste Mal beobachten konnte, wie ein Seewolfmännchen seine Eier bewacht, war ich überrascht und neugierig. Der Eiballen hatte eine frische, grüne Farbe, wenn wir ihn mit unseren Lampen anstrahlten. Ein ziemlich magerer Seewolf bewachte den Ballen unter Einsatz seines Lebens, er lag in einer keilförmigen Höhle unter einem Stein. Heute schäme ich mich, wenn ich daran denke, was wir damals in unserer Unwissenheit getan haben. Als Tauchschüler des Stützpunkts Olavsvern wussten wir, dass die Fischereihochschule in Tromsø tausend Kronen für einen Eiballen zahlte. Damals lief ein Forschungsprojekt für die kommerzielle Aufzucht von Seewölfen. Wir riefen unseren Kontaktmann an, erzählten, dass wir einen Eiballen von einem Blauen Seewolf besorgen könnten und vereinbarten einen Zeitpunkt für die Abholung. Der Tag kam und wir tauchten ab, um den Eiballen zu stehlen. Der Seewolf war aggressiv, als wir zurückkehrten, und irgendwann wurde uns klar, dass wir ihn töten mussten, um an die Eier zu kommen. Das pflichtbewusste Männchen bot einen traurigen Anblick. Es war nach Monaten der Brutpflege komplett abgemagert. Noch am selben Tag wurden wir für den Eiballen, den wir vorher gründlich in einem Eimer studiert hatten, bezahlt. Ein paar wenige Larven waren bereits geschlüpft und schwammen wie kleine Kaulquappen im Eimer herum.

Was fühlte das Seewolfmännchen, als wir es daran hinderten, den wichtigsten Auftrag seines Lebens zu vollenden? Die Frage ist schwer zu beantworten, sicher ist nur, dass das Tier wütend war und Todesangst hatte. Als ich Mitte der 1990er-Jahre Zoologie studierte, sagte unser Dozent, es sei noch immer unklar, ob Fische Schmerzen empfinden können. Gleichzeitig war aber schon damals bekannt, dass Fische gestresst werden können, und dass dieser Stress genau wie bei uns Menschen durch einen erhöhten Cortisolspiegel im Blut nachgewiesen werden kann. Ich weiß noch, dass ich mich über die fachliche Debatte über das Schmerzempfinden der Fische gewundert habe: Wie können Grundfische lernen, wie man scharfen und spitzen Gegenständen aus dem Weg geht, wenn sie diese nicht spüren? Wie können Fische Wassermassen mit schlechter Qualität meiden, wenn sie physisches Unbehagen dabei empfinden? Warum sollten Krebstierlarven spitze Stacheln zu ihrem Schutz ausbilden, wenn die Fischlarven, die sie fressen wollen, diese nicht im Maul spüren? Ich war damals noch nicht weit genug, um mich an der Diskussion zu beteiligen, aber in Anbetracht der Evolution durch natürliche Selektion hielt ich es schon damals für einleuchtend, dass auch Fische ein voll entwickeltes Schmerzempfinden haben. Heute besteht kein Zweifel mehr daran, dass das Schmerzempfinden und eine Reihe grundlegender Gefühle wie Angst und Wut in der Tierwelt weit verbreitet und mit den „alten“ Teilen unseres Nervensystems gekoppelt sind. Wir, die wir das Verhalten der Fische erforschen, müssen diese Erkenntnis bei unserer täglichen Arbeit berücksichtigen. Jedes Lebewesen sollte anständig behandelt werden.

Menschen betreiben seit Tausenden von Jahren Fischfang, und die Industrialisierung der Fischerei hat sicher ihren Teil dazu beigetragen, dass Fische meist nicht als Einzelindividuen mit Gefühlen und wachen Sinnen betrachtet werden. Manchmal heißt es aber trotzdem „ein Mann gegen einen Fisch“, und solche Begegnungen könnten dazu beitragen, die öffentliche Meinung zu ändern. Enzo Maiorca war einer der Pioniere des wettkampfmäßigen freien Tauchens. Er wurde unsterblich durch die Figur des Enzo Molinari, gespielt von Jean Reno in dem Kultfilm „Im Rausch der

Tiefe" von 1988. Maiorca war auch ein passionierter Unterwasserjäger, dies aber nur bis zu einem speziellen Erlebnis im Mittelmeer im Jahre 1967:

> „Das Ganze geschah ohne Vorankündigung. Ich war im flachen Wasser in der Nähe der Halbinsel tauchen, die sich südlich der Syracusa-Bucht erstreckt[88]. An dem Morgen hatte ich einen Zackenbarsch harpuniert, ein starkes, streitbares Tier. Es kam zu einem richtigen Kampf am Boden, da der Fisch sein Leben retten und ich ihn an Land bringen wollte. Der Fisch verkeilte sich zwischen zwei Steinen. Um zu verstehen, wie er sich platziert hatte, strich ich mit der Hand am Bauch des Fisches entlang und spürte dabei, wie panisch sein Herz schlug. Der Pulsschlag hat mir zu verstehen gegeben, dass ich im Begriff war, ein Leben zu nehmen. Seit diesem Tag liegt meine Harpune ungenutzt wie ein archäologisches Artefakt in meinem staubigen Keller …"

Das Meer als Brutkasten für Eier, Larven und Fischbrut

Im Meerwasser ist der Sauerstoff frei zugänglich, überdies sind große Teile der Meere temperiert und in ständiger Bewegung. Diese Faktoren machen das Meer zu einem perfekten „Brutkasten" für Eier und Larven. Die Larven sind in den Eiern von Fruchtwasser umgeben, können durch die Eihülle aber Sauerstoff aus dem Wasser aufnehmen. Nach dem Schlüpfen ernähren sich die meisten Fischlarven erst von ihrem Dottersack, bis sie gelernt haben, sich selbst mit Nahrung zu versorgen. Der Dottersack vergrößert damit die Chancen auf einen passenden Match mit den Larven der Ruderfußkrebse. Das alles hört sich perfekt getimt an, es gibt jedoch ein gewichtiges Aber, denn nicht alle Bereiche des Meeres sind gute Kinderstuben für Fische oder andere Tiere. Häufig sind die physikalischen Rahmenbedingungen innerhalb bestimmter Meeresgebiete dafür verantwortlich, dass bestimmte Bereiche bessere Bedingungen und damit größere Chancen bieten, dass die Larven die erste, extrem sensible Lebensphase überstehen.

Wie können die erwachsenen Individuen die geografischen und physikalischen Verhältnisse in den Meeren erkennen, um ihre Eier im bestmöglichen Milieu abzulegen? Bei festsitzenden Arten spielen nur Timing und Koordination eine Rolle. Mobile Meerestiere – Krebse, Tintenfische, Fische, Haie, Säugetiere und Reptilien – können hingegen zu den perfekten Laichgebieten wandern. Das Meer ist voller Geschichten über solche Wanderungen, manche davon geradezu fantastisch, andere eher alltäglich. In jedem Fall sind diese Wanderungen klare Belege dafür, dass bestimmte Regionen herausragende Bedeutung für das Leben im Meer haben.

KAPITEL 5

DAS LEBEN AN EINEM STANDORT

Seit ich als Kind meinen ersten Hummer gesehen habe, fasziniert mich diese uralte Tierart. Hummer sind nicht in der Lage, ihre Körper anzuheben, weshalb die Tiere an Land schwer und plump wirken, unter Wasser aber bewegen sie sich schnell und elegant mit hoch erhobenen Klauen über den Meeresgrund. Manchmal sind sie sogar blitzschnell. Auf einer Aufnahme an einer angeköderten Videofalle habe ich gesehen, wie sich ein Hummer mit seiner Klaue einen quicklebendigen Wittling geschnappt und dann mit seinen sägenden Mundwerkzeugen zerlegt hat. Erfahrene Hummerfischer platzieren ihre Reusen an Stellen in passenden Lebensräumen, gerne auf hartem Grund oder am Rand eines steinigen Hangs. Trotzdem kursiert seit ewigen Zeiten die Frage, ob dieses begehrte Tier an einen Standort gebunden ist oder weite Strecken zurücklegen kann.

Schon Anfang des 20. Jahrhunderts wurden in Schweden und Norwegen erste Markierungsversuche durchgeführt. Die Forscher haben dafür mit einer Lochzange die Schwanzfächer markiert, sodass wiedergefangene Hummer erkannt und gemeldet werden konnten. Die meisten Wiederfänge wurden in der Nähe der Orte gemacht, in denen die Hummer gefangen und markiert worden waren und bestätigten, dass die Art nicht sonderlich mobil ist. Trotzdem hielt sich unter den Hummerfischern hartnäckig die Meinung, dass Hummer größere Wanderungen unternehmen und aus der Tiefe kommen. Diese Unsicherheit hat zu neuen Markierungsversuchen entlang der norwegischen Südküste geführt. Der Großteil der Wiederfänge fand in unmittelbarer Nähe der Stellen statt, an denen die Hummer nach der Markierung wieder zurückgesetzt worden waren. Alf Dannevig,

Leiter des Forschungszentrums Flødevigen von 1911–1957, hat daraus den Schluss gezogen, dass die Befischung eines stationären Bestandes nur dann nachhaltig sein kann, wenn sich die Regeln der Fischerei an der Biologie der Tiere orientieren[89].

Ich habe diese Fragen in meiner Forschungstätigkeit wieder aufgegriffen. Eines der Ziele meiner Doktorarbeit war es, genauere Kenntnis darüber zu erlangen, wie groß das Areal eines erwachsenen Hummers im Laufe eines Jahres ist, also wie standortgebunden diese Tiere wirklich sind, und ob ihre Bewegungen mit den jahreszeitlichen Temperaturveränderungen korrelieren. Hintergrund dieser Fragestellung war die neu eingeführte Ausweisung von Hummer-Schutzzonen. Es galt herauszufinden, ob diese Gebiete groß genug waren, um ausreichenden Schutz zu bieten, und ob ihre Tiefenvarianz den Ansprüchen der Hummer genügte.

Hundert Jahre nach den ersten Markierungsversuchen standen mir nun topmoderne Markierungstechniken zur Verfügung, die ein Aufspüren der Tiere unter Wasser ermöglichten. Akustische Marker sind winzige elektronische Sender, die hochfrequente Laute, sogenannte „pings“, von sich geben. Die Marker senden dabei spezifisch codierte Tonfolgen, die von Unterwassermikrofonen, sogenannten Hydrophonen, aufgefangen werden. Diese Mikrofone wurden in regelmäßigen Abständen über die gesamte Fläche des Schutzgebietes platziert, wo sie die empfangenen Signale speicherten. Desweiteren war es möglich, die Tiere mithilfe der Hydrophone vom Boot aus in Echtzeit zu verfolgen.

Ein Hin und Her zwischen Jagd- und Rückzugsgebieten

Ein- bis zweimal in der Woche peilten wir die Positionen der mit Sendern bestückten Hummer in der neu eingerichteten Schutzzone in Flødevigen an[90]. Die gewohnten Plätze der neunzehn markierten Tiere lernten wir schnell kennen, manchmal überraschten sie uns aber mit plötzlichen Ortswechseln. Neben den akustischen Sendern waren einige Tiere auch mit einem elektronischen Logger für Tiefe und Temperatur ausgestattet. Um diese Daten auslesen zu können, mussten wir die Position der entsprechenden Hummer am Boden anpeilen, die Stelle mit einem Lot markieren und dann nach den Tieren tauchen.

Trotzdem dauerte es am Meeresboden häufig eine ganze Weile, bis wir die Tiere fanden[91]. Manchmal liefen sie einfach über den Boden und waren dann über die weißen Dentikel an Scheren und Schalen leicht zu finden. Diese bilden einen deutlichen Kontrast zu den dunklen Farbschattierungen auf der Oberseite der Tiere, und machen den Hummer zu einem beeindruckenden Anblick, wenn er mit hoch erhobenen Scheren über den Meeresgrund läuft. Mit den aufmontierten Dataloggern sahen die Tiere manchmal wie Robotersoldaten aus einem Science-Fiction Film aus.

Für gewöhnlich fanden wir die Hummer aber unter irgendwelchen Steinen, wo wir sie mit langen Bootshaken vorsichtig aus ihren Verstecken ziehen mussten. Ein Tier nach dem anderen wurde lokalisiert und an die Oberfläche gebracht, damit die wertvollen Daten ausgelesen und die Hummer wieder in ihr Element zurückgesetzt werden konnten.

Über diese zeitaufwendigen Operationen war ich schließlich gut mit dem Meeresboden des Lebensraums und den dort heimischen Hummern vertraut. Einer meiner Favoriten war die Nr. 4, ein Weibchen mit Rogen, das mit Sender und Datalogger ausgerüstet war. Statt die Eier direkt ins Wasser zu geben oder sie wie der Seewolf zu bewachen, trägt das Hummerweibchen die befruchteten Eier unter dem Schwanz mit sich herum. Und das über die lange Zeit von neun bis elf Monaten, die die Jungen zum Schlüpfen brauchen. Dieses Verhalten findet sich bei allen Zehnfußkrebsen, also der Krebsfamilie, zu der Garnelen, Kaisergranat und Taschenkrebse zählen. Wobei das Weibchen des Kaisergranats während der acht bis zehn Monate andauernden Brutzeit aber vermutlich in seinen selbstgegrabenen Gängen am Meeresgrund bleibt[92].

Durch das Herumtragen der Brut am Körper können die Eier leichter bewacht werden. Ein weiterer, vielleicht noch wichtigerer Aspekt ist, dass sie so während ihrer ganzen Entwicklungszeit durch das Bewegen der Schwimmbeine, an denen sie befestigt sind, mit ausreichend Sauerstoff versorgt werden. Für Garnelen und Kaisergranat, die in größeren Tiefen am Boden des Meeres und der Fjorde leben, wo das Wasser zeitweise wenig Sauerstoff hat, ist diese aktive „Belüftung“ der Eier entscheidend für die Entwicklung der Embryonen. Die Länge der Brutzeit ist bei Krebsen von der Temperatur und der Summe der Tagesgrade[93] abhängig, die die jeweilige Art für die Entwicklung braucht.

Während unserer Arbeit haben wir die Position der Hummer sowohl am Tag als auch in der Nacht verfolgt. Ziemlich schnell ist uns dabei aufgefallen, dass das Weibchen Nr. 4 sich manchmal an einem ganz neuen Ort aufhielt, um dann plötzlich wieder an ihren gewohnten Platz zurückzukehren. Das hat uns sehr neugierig gemacht. Was hat das Tier gut 250 Meter nach Westen gelockt? Gab es dort einen perfekten Ort für den Schlupf der Embryonen, die sie jetzt seit zehn Monaten herumtrug? Wir entschlossen uns, sie auf frischer Tat zu ertappen, und als wir sie das nächste Mal am neuen Ort ausmachen konnten, rüsteten wir uns für den Tauchgang.

Als ich den Boden an der Stelle erreichte, an der wir sie gerade gepeilt hatten, war ich erst enttäuscht. Es handelte sich um weichen, braunen Lehmboden in zwölf Meter Tiefe, und von Nr. 4 war nichts zu sehen. Nach einer Weile entdeckte ich schließlich doch etwas Interessantes. Auf der Oberfläche des Lehms waren Spuren von Krebsbeinen zu erkennen, und auch der Schwanzfächer hatte an einigen Stellen Streifen hinterlassen. Hier musste der Hummer nach etwas gegraben haben, aber nach was? Nach einigem Suchen im Schlamm fand ich die Antwort: Seemäuse, aus der Familie der Vielborstigen Ringelwürmer! Der frische Schlammboden war das perfekte Habitat für diesen räuberischen Ringelwurm, der sich horizontal durch den Boden bohren kann und für den Hummer sicher ein Leckerbissen ist.

Nr. 4 fand ich bei diesem Tauchgang nicht, ich vermute, dass ich sie verjagt hatte. Eigentlich meiden Hummer weiche Schlammböden. Aber obwohl wir sie an diesem Tag nicht fanden, haben wir daraus etwas Wichtiges gelernt. Entweder hatte Nr. 4 das Seemaushabitat per Zufall entdeckt, oder sie hatte den Geruch wahrgenommen und den Herkunftsort gesucht[94]. Danach ist sie mehrmals dorthin und wieder zurückgelaufen. Sie hat sich an den Ort und den Weg erinnert und dort mehrmals Nahrung aufgenommen.

Die Erforschung des Verhaltens und der Bewegungsmuster von wilden Meerestieren belegt, dass es auch artintern immer wieder große individuelle Unterschiede gibt. Vielleicht hätten wir das erwarten müssen, andererseits haben wir die kalten, gesichtslosen Tiere, die wir größtenteils hilflos am Boden des Bootes kennen, nachdem wir sie aus ihrem Lebensraum gezogen haben, lange unterschätzt. Umfangreiche und sich über lange Zeit erstreckende Datensätze über die Bewegungen von Fischen und anderen Tieren erlauben es uns heute, ihre individuellen und wiederkehrenden Verhaltensmuster zu analysieren, sodass wir die kognitiven Eigenschaften der Meerestiere mittlerweile ernstnehmen und verstanden haben, dass Intelligenz, Lernfähigkeit und Erfahrung grundlegende und wichtige Elemente im Leben der untersuchten Arten sind.

Der Standort ist entscheidend

Meerestiere nutzen den Meeresboden auf die gleiche Weise wie Landtiere Wald, Moor, Gebirge, Geröllfelder, Bäume, Vegetation und alle anderen Habitattypen, die es an Land gibt. Am Meeresboden finden die Tiere Verstecke, sie graben sich ein, heben Höhlen unter Steinen aus – oder bringen andere dazu, dies für sie zu tun[95]. Tang, andere Braunalgen und Seegras sind „Fixpunkte" für andere Organismen, weshalb Tangwälder und Seegraswiesen zu den artenreichsten Lebensraumtypen zählen.

Mangrovenwälder sind ein ähnliches Beispiel dafür, zusätzlich stabilisieren sie aber auch noch den Schlamm und tragen damit zur Verminderung der Erosion bei. Langsam und kontinuierlich entsteht durch Mangrovenwälder neues Land, da die Wurzeln das Feinmaterial festhalten und das dahinterliegende Land vor Stürmen und Springfluten schützen.

Kalkalgen und harte Korallen bilden Rhodolith-Böden, Kolonien und Korallenriffe. Gorgonien (Hornkorallen), Kaugummikorallen *(Paragorgia arborea),* Weichkorallen und Seeanemonen sind festsitzende Tiere, die gleichzeitig aber auch als Lebensraum und Versteck für andere Tiere dienen. Sie bremsen die Strömung des Wassers über dem Grund und bilden sogenannte „biogene Habitate". Ähnliches tun Austern, Miesmuscheln und Pferdemuscheln.

Es ist nicht dem Zufall überlassen, wo sich gute Lebensbedingungen für Meerestiere und -vegetation finden, beziehungsweise wo diese biogenen Habitate entstehen. Neben der Klimazone sind Strömungsverhältnisse, Bodenverhältnisse, Tiefe und Licht entscheidende Faktoren dafür, ob die Bedingungen für Mangroven, Tangwälder, Seegraswiesen, Korallen oder andere festsitzende Lebewesen gegeben sind. Je nach den Verhältnissen finden sich dabei unterschiedliche festsitzende Lebewesen.

Nelkenkorallen wachsen einzeln und sehen aus wie Pilze mit einem falsch herum wachsenden Hut. Sie wachsen auf Steinen oder kahlem Fels an Orten, an denen sich kein Sediment absetzt. Die kleinen Steinkorallen fangen mit ihren Tentakeln und Nesselzellen Zooplankton und andere Mikroorganismen aus dem Wasser. Wenn die Tiere fressen, liegt ein weicher und teilweise durchsichtiger Kranz aus Tentakeln über dem Rand der Koralle. Die winzige, becherförmige Koralle ist nur 1,5 bis 2 Zentimeter breit. Am Rand hat sie messerscharfe Lamellen, die vom Zentrum ausstrahlen. Dank der Becherform und dieser Lamellen können sich die weichen Teile in eine Art Schutzraum zurückziehen. Kein Fisch will die scharfen Lamellen an seinem Maul spüren.

Seesterne sind ebenso anspruchs- wie rücksichtslos, was ihre Ernährung angeht. Sie sind gnadenlose Räuber und der Albtraum vieler festsitzender Tiere, aber trotzdem scheinen auch sie die Nelkenkorallen zu meiden. Korallenfressende Seesterne sind eine Gefahr für tropische Korallenriffe. Besonders der Dornenkronenseestern *(Acanthaster planci)* kann dort große Schäden anrichten, wenn er in hoher Populationsdichte auftritt. Nicht selten ist sein wichtigster natürlicher Fressfeind, die Riesenschnecke Tritonshorn, überfischt.

Die Tote Meerhand ist eine Weichkoralle, die hartes, strömungsreiches Substrat liebt. Sie kann weiß, orange oder rötlich sein, wobei jedes „Individuum" in Wahrheit eine Kolonie aus Korallenpolypen mit einem gemeinsamen, lederartigen „Körper" ist. Die Form dieser Kolonie gleicht manchmal wirklich einer Hand mit dicken Fingern. Wenn die Polypen ihre weißen Tentakeln ausstrecken, um Organismen aus dem vorbeiströmenden Wasser zu fischen, ändert sich der Charakter, dann sieht die Koralle eher wollig aus.

Pfauenfederwürmer können dicht an dicht an steilen Fjordwänden sitzen. Diese Würmer leben in Röhren, die bis zu einem halben Meter lang sein können. Auch sie filtern ihre Nahrung mit einem federartigen Kranz aus dem Wasser, der gleichzeitig als Kescher und Kiemen dient. Die pfauenradartige Tentakelkrone hat der Art den Namen gegeben. Gefangene Partikel werden zum Mund im Zentrum der Krone transportiert, und was nicht als Nahrung dient, wird als Baumaterial für die stabile Röhre genutzt.

Meeresschnee rieselt langsam durch die Wasserschichten und bildet am Grund in einem langsamen Prozess Sedimente aus. Ist das Wasser der tiefen Schichten in ständiger Bewegung und ausreichend mit Sauerstoff versetzt, gibt es dort sowohl mobile als auch festsitzende Tiere, die sich von dem konstanten „Niederschlag“ nicht irritieren lassen. Für die Hornkorallen reicht schon ein einzelner Stein, der aus dem Sediment ragt. Große Kaugummikorallen sind Hornkorallen, die gewaltige Fächer bilden, um Partikel und Plankton aus dem Wasser zu filtern. In Gebieten, die nicht von Grundschleppnetzen beeinträchtigt sind, und in einzelnen Klüften außer Reichweite der Netze können diese Fächer mehrere Meter hoch wachsen.

Der Lebensraum dieser Arten kann dunkel, kalt und nahrungsarm sein, sie haben aber keine Eile. Ist die Unterlage stabil und strömt genug Wasser durch die Fächer, wird hin und wieder schon etwas darin hängenbleiben und das Überleben und weiteres Wachstum sichern. Auch auf Lehmboden können festsitzende Arten ein Auskommen finden. Ein Beispiel sind die Seefedern, eine andere Korallenfamilie, die im Lehmboden verankert ist und Beutetiere aus dem Wasser filtert. Einige Arten können sich schnell in den Boden zurückziehen, andere lösen sich ganz bewusst und lassen sich mit der Strömung treiben, um woanders vielleicht einen besseren Ort zu finden. Hornkorallen und Seefedern können dabei dichte Vorkommen bilden. Die dadurch entstehenden Lebensräume sind durch die dreidimensionale Struktur artenreich, da sie anderen, mobilen Arten auf dem ansonsten flachen Meeresboden geschützte Rückzugsräume bieten, die andere Arten wiederum als Jagdgebiete nutzen können. Korallen vermindern mit ihrer aufrechten Struktur die Strömung und schaffen damit Nischen für andere Tiere. Gleichzeitig sind diese Ökosysteme extrem anfällig. Ein einziger Zug mit einem Grundschleppnetz reicht aus, um Hornkorallen und Seefedern zu vernichten. Forschungsergebnisse zeigen aber, dass selbst diese empfindlichen Arten zurückkommen können, wenn man eine Gegend dauerhaft schützt[96]. Es kann allerdings Jahrzehnte dauern, bis die Korallen den Grund wieder dominieren und ihre Funktion erneut einnehmen.

Die Tierarten, die im Umfeld dieser festsitzenden Organismen auf dem weichen Meeresboden leben, nutzen ihrerseits alles, was von oben kommt. So zeigen Studien über den Kaisergranat, dass etwa die Hälfte seiner Nahrung aus herabsinkendem, organischem Material besteht, auch Detritus genannt[97]. Tiefseegarnelen sind Allesfresser, aber auch für sie ist der Meeresschnee ein wichtiger Teil der Nahrung, die sie auf dem Meeresgrund zu sich nehmen. Im Gegensatz zum Kaisergranat verlassen die Garnelen den Meeresgrund in der Nacht und jagen im Freiwasser nach nährstoffreichem Zooplankton[98]. Bodenfische machen Jagd auf die Garnelen, womit wir wieder bei einer der „essenziellen Kopplungen des Nahrungsnetzes“ sind. Detritus und Zooplankton sind mit allen Fischarten verbunden, die Garnelen auf dem Speiseplan haben. Wollen wir die Regeneration und den Schutz der Dorschbestände und anderer an vielen Küstenabschnitten stark geschwächter Grundfischpopulationen wirklich angehen, müssen wir ihnen mehr Platz einräumen und ihnen einen größeren Anteil an den Garnelen zugestehen.

A place called home

Das große Barrier-Riff in Australien ist für viele Taucher etwas ganz Besonderes. Für mich ist es der Ort, der meinem Traum, Meeresforscher zu werden, Nahrung gegeben hat. Orpheus Island ist eine Insel ziemlich weit im Norden auf der Innenseite des achthundert Kilometer langen Riffs. Dort hat die James Cook University ihre meeresbiologische Forschungsstation, in der ich als Student mehrere Praktika absolviert habe.

Die Forschungsstation liegt nur einen Steinwurf vom Strand entfernt, von dem eine breite Sandbank zu einem steilen Korallenriff führt, das der Küstenlinie der Insel folgt. Bei Niedrigwasser kann man die wenigen Hundert Meter vom Strand zum Riff waten und in den verbliebenen Pfützen das Tierleben aus nächster Nähe beobachten. Die gesamte Bucht und das davorliegende Riff sind ein Schutzgebiet, in dem nicht gefischt werden darf. Deshalb finden sich hier auch noch Arten, die sehr sensibel auf Fischerei reagieren, sowie große und alte Exemplare der in den schutzfreien Zonen besonders stark befischten Arten.

Der Morgen ist still, die Bucht liegt ruhig und klar in der Sonne, bis plötzlich das charakteristische Geräusch eines Fischschwarms zu hören ist, der aus dem Wasser springt und wieder eintaucht. Es klingt, als würde man eine Handvoll kleine Steine ins Wasser werfen. Die Fische versuchen ihren Jägern zu entkommen. Aber die Jagd geht weiter, und das Geräusch wiederholt sich rhythmisch wieder und wieder.

Gleich darauf kommt eine Haiflosse zum Vorschein, dann mehrere. Sie schwimmen mit hektischen Bewegungen hin und her. Schwarzspitzen-Riffhaie jagen gerne in Gruppen und drängen dabei kleinere Fische in flachere Zonen. Manchmal jagen sie die Fische bis an den Strand, wo sie sie dann leicht packen können. Die Fische kommen immer näher und wir sehen, dass die Haie noch ziemlich klein sind. Junge Haie sind an den küstennahen Inseln, den Lagunen und in den großen, flachen Zonen häufig zu finden. Es sind für sie die perfekten Aufwuchsgebiete. Sie haben hier keine Angriffe von Großhaien zu fürchten und können ihr Jagdverhalten für das Leben draußen am großen Riff trainieren.

Als wir etwas später auf dem Weg zu unserem ersten Arbeitseinsatz in einem der gelben Boote der Forschungsstation aus der Bucht tuckern, treffen wir auf einen Epaulettenhai, der mit ruhigen Bewegungen am Grund entlangzieht und nach Ringelwürmern, Krebsen und anderen Bodentieren sucht, die er mit seinem unterständigen Maul aufsaugt. Auch kleine Fische stehen auf seinem Speiseplan. Mit seinem gepunkteten Körper ist er gut getarnt und von oben kaum zu sehen, sodass er vor Greifvögeln weitestgehend sicher ist. Dies ist für ihn essenziell, denn Epaulettenhaie jagen mitunter auch auf trockengefallenen Zonen, wenn die Ebbe das Wasser aus der Bucht gezogen hat. Dieser Hai hat die Fähigkeit, Sonne und Luft für eine gewisse Zeit zu überstehen. Er kann sich mit den Flossen auf dem Schlamm fortbewegen, bis er wieder Wasser findet[99].

Bei Hochwasser steigt das Wasser über die Luftwurzeln der Mangroven, die am Strand wachsen. Und wenn die Jäger des Meeres die Bucht in Beschlag nehmen, ist dieses Wurzelwirrwar ein beliebtes Versteck. Pflanzenfressende Fische weiden die Algen ab, die sich neu auf der Rinde gebildet haben. Kleine Rochen liegen sicher auf dem Meeresboden und ganze Jungfischschwärme stehen hinter den Luftwurzeln, die sie wie ein Gitter schützen. Damit Jungfische die erste und gefährlichste Phase ihres Lebens überstehen können, sind viele Arten auf geschützte, sogenannte Aufzucht-Areale angewiesen, in denen sie sich entwickeln können.

Sich zurecht- und nach Hause finden

Studiert man das Verhalten der Tiere – über oder unter Wasser – ist man mehr und mehr beeindruckt von ihren Fähigkeiten. Wir Menschen neigen dazu, die kognitiven Eigenschaften der anderen Erdbewohner zu unterschätzen, was vielleicht daran liegt, dass wir sie nicht gut genug kennen. Die Hummer, die ich in meiner Doktorarbeit studiert habe, waren nicht nur standorttreu. Sie kannten ihre nähere Umgebung genau und legten ein Verhalten an den Tag, das in der Verhaltensforschung als „homing" bezeichnet wird[100]: Ein Muster, bei dem Tiere immer wieder zu einem spezifischen oder gut bekannten Ort zurückkehren. Dank unserer Untersuchungen konnten wir ein jährliches „Heimareal" definieren und dessen Größe berechnen. Je mehr wir über die Bewegungsmuster, die Wanderrouten und die Heimareale der Tiere wissen, desto besser können wir dem Leben im Meer genügend Raum sichern, damit gesunde und starke Bestände erhalten bleiben und ihre Funktionen im Ökosystem erfüllen.

Vergleichen wir die Bedeutung der Standorte für das Leben auf und unter dem Wasser, stellen wir uns die Fische im Wasser nicht selten wie die Vögel vor, die über uns durch die Luft fliegen. Fische „fliegen" durch das Wasser, um zu jagen oder um zu einem anderen Ort zu gelangen. Einige suchen bestimmte Orte auf, um Schutz zu finden, sich auszuruhen oder sich zu vermehren. Das Meer bietet die Möglichkeit für spektakuläre Wanderungen ohne große Hindernisse, ähnlich den langen Reisen der Zugvögel. Vögel können auf ansteigenden Luftmassen schweben und die Jetstreams nutzen, während Fische mit Schwimmblasen ihren Auftrieb justieren und damit schwerelos im Wasser schweben können.

Der europäische Aal ist ein Beispiel für einen extremen Langdistanzwanderer, der aus den Gewässern Europas zurück zur Sargassosee auf dem Mittelatlantischen Rücken schwimmt[101]. Dort befindet sich das Laichgebiet dieser Art, und von dort treiben dann irgendwann die Fischlarven wieder zurück an die europäischen Küsten[102]. Auf der Reise zurück nutzt der erwachsene Aal seinen magnetischen Kompass für die Navigation[103] und die Schwimmblase, um immer in der Dämmerungszone zu bleiben, nachts nahe der Oberfläche, tagsüber in der Tiefe[104].

Viele Fischarten sind eng an das Leben am Meeresboden gekoppelt und schwimmen in der Regel nur kürzere Distanzen. Diese Grundfische werden als benthische Fische bezeichnet. Flundern und Schollen haben flache Körper und sind extrem an das Leben am Boden angepasst. Viele dieser Fische leben vorwiegend auf Sand- und Schlammböden oder in der Nähe von guten Verstecken. Von dort schwärmen sie auf der Suche nach Nahrung in der näheren Umgebung aus. Der Blaue Seewolf aus dem vorangegangenen Kapitel ist ein gutes Beispiel dafür.

Am anderen Ende der Bewegungsskala finden wir die Freiwasserarten, die pelagischen Fische. Aber auch diese Fische können wenigstens zeitweise an das Leben am Meeresboden gekoppelt sein. Im vorangegangenen Kapitel habe ich auch über die Heringe geschrieben, die nahe der Küste und in Fjorden laichen und ihre Eier im flachen Wasser am Boden anheften. Zwischen diesen Extrempunkten gibt es sehr viele unterschiedliche Lebensformen. Krebse, Fische, Schildkröten, Seehunde, Wale und andere Meerestiere haben aber einen fundamentalen Aspekt gemeinsam: Ihr Leben ist in weiten Teilen an bestimmte Orte gebunden.

Der Blauflossenthunfisch ist einer der Langdistanzwanderer im Meer. Nachdem der Bestand sich nach dem Beinahe-Kollaps Anfang des Jahrtausends wieder erholt hat, breitet die Art sich erneut aus[105]. Überdies hat diese ikonische Fischart die alten Wanderrouten in Nordsee, Skagerrak und Kattegat wieder aufgenommen, wo sie seit der Mitte der 1960er-Jahre nicht mehr zu sehen war. Kollegen, die die Thunfische in den letzten Jahren im Skagerrak mit Sendern ausgestattet haben[106], konnten nachweisen, dass die markierten Fische ins Mittelmeer ziehen, wo sie vermutlich vor Korsika und Sardinien laichen. Andere Laichgebiete sind im West-Atlantik unweit der „Flämischen Kappe" vor Neufundland, vor der Küste Mittelnorwegens und im Südatlantik zwischen den Azoren und den Kanaren. Durch die Sender konnte nachgewiesen werden, dass dieselben Fische im Spätsommer und Herbst wieder in den Skagerrak zurückkehren. Der Thunfisch ist bei uns im Norden – heute wie früher – auf der Jagd nach Heringen und Makrelen. Skagerrak und Kattegat sind für die schnellschwimmenden Fische vermutlich gute Jagdgebiete, da sie die schmalen Meeresbereiche effektiv absuchen können. Aber auch die Norwegische Rinne ist für die Thunfische, die in Tiefen von bis zu 500 Metern nachgewiesen werden konnten, attraktiv.

Neue Markierungsstudien auf beiden Seiten des Atlantiks geben glaubwürdige Informationen darüber, wie die Thunfische wandern, wo ihre Laichgebiete liegen und wo sie am anfälligsten für Befischung sind. Dieses Wissen ist wesentlich für die Ausarbeitung von Maßnahmen für die Verwaltung und den Erhalt der Art. Wir sind ständig auf der Suche nach neuen Erkenntnissen, denn fehlendes Wissen macht eine zeitgemäße Verwaltung bedrohter Bestände unmöglich. Dies ist eines unserer Hauptargumente, wenn es um die Vergabe weiterer Forschungsmittel geht. In diesem Zusammenhang muss angemerkt werden, dass schon seit Jahrhunderten gute Quellen über die Wanderrouten und die besten Fischgründe für Thunfische vorliegen. Möglicherweise reicht diese Kenntnis sogar in die prähistorische Zeit zurück, da bei archäologischen Ausgrabungen auch Thunfischgräten gefunden wurden[107]. In Norwegen gibt es solche Funde an den Wohnstätten Skipshelleren[108] nördlich von Bergen und Olsteinhelleren am Hardangerfjord. Beide Plätze waren in der Mittel- bis Jungsteinzeit bewohnt[109]. Auch wenn der Blauflossenthunfisch nach Auswertung der modernen Markierungsversuche heute vorwiegend den Nord-Atlantik nutzt, umfasst sein natürliches, historisches Verbreitungsgebiet vermutlich den gesamten Atlantik und das ganze Mittelmeer. Der Bestand scheint sich heute in einen westlichen und einen östlichen Stamm aufgeteilt zu haben, dessen Individuen im Mittelmeer oder im Golf von Mexiko laichen[110].

Die Lebensbereiche im Meer sind miteinander verbunden

Viele Meerestiere nutzen die Lebensräume im offenen Meer, an der Küste und in den Fjorden. Nicht wenige Fischarten ernähren sich vorwiegend im offenen Meer, laichen aber an den Küsten oder in den Fjorden. Wale verbinden Nahrungsgebiete in der Arktis mit Paarungs- und Aufzuchtzonen in tropischen Gewässern[111]. Ich habe eben erst den Blauflossenthunfisch als norwegische Art beschrieben, auch wenn diese so lange verschwunden war, dass die jährlichen Wanderungen in unsere Gewässer schon fast in Vergessenheit geraten sind. Der Thunfisch ist ein Beispiel für ein Meerestier, das im Laufe seines Lebens verschiedene große, offene Meere verbindet.

Es ist jetzt aber an der Zeit, noch ein anderes Meerestier näher unter die Lupe zu nehmen, das ähnliche Gebiete miteinander verknüpft und im Nordatlantik und an der gesamten norwegischen Küste bis vor Kurzem als

„gesetzt" angesehen wurde. Der Kabeljau (Dorsch)[112] ist eine ähnlich ikonische Art wie der Thunfisch. Er hat Generationen von Fischern und Fischhändlern auf beiden Seiten des Atlantiks ernährt und in der Geschichte eine entscheidende Rolle gespielt.[113] Gleichzeitig ist der Kabeljau ein gutes Beispiel für die Anpassung an verschiedene Umweltbedingungen und Lebensstile. Die Fische können eng begrenzte Habitate an der Küste oder in einem Fjord in Südnorwegen haben, sie können rot oder braun sein und sich von Krebsen, Lippfischen und Grundeln ernähren. Sie können aber auch tief im Skagerrak Garnelen und Kaisergranat jagen oder den Lodde-Schwärmen bis in die nahrungsreiche Barentssee folgen. Kabeljaue können in sauerstoffarmen Fjorden kleinwüchsig bleiben und früh sterben, sie können aber auch bis zu 50 Kilogramm schwer und mehr als zwanzig Jahre alt werden und weite Strecken im Meer zurücklegen[114].

Bleiben wir eine Weile bei diesem letzten Kabeljautyp. Wie andere geliebte Kinder hat er viele Namen: Kabeljau, Barentssee-Dorsch, Lofoten-Dorsch oder Skrei. Letztgenannter Name leitet sich von dem altnordischen Wort *skrida* ab, das so viel wie wandern heißt. Der wissenschaftliche Name dieses Bestandes lautet Nordostarktischer Kabeljau. Es handelt sich dabei um den weltweit größten Dorschbestand, gefolgt von dem Neufundland-Kabeljau. Dieser ursprünglich weltweit größte Kabeljaubestand ist Anfang der 1990er-Jahre kollabiert. Auf die Ursache dieses Einbruchs werde ich später noch eingehen. Die Barentssee ist das Meeresgebiet zwischen der Küste von Nordnorwegen nördlich der Lofoten, Spitzbergen im Westen und Novaja Semlja im Osten. Dieses produktive und ziemlich flache Sockelmeer ist die Heimat des nordostarktischen Stammes, den wir als Skrei bezeichnen. Durch die hellen Sommernächte im Norden kann das pflanzliche Plankton dort rund um die Uhr Fotosynthese betreiben. Solange es genügend Nährsalze gibt, findet sich auch Nahrung für das Zooplankton und damit reichlich Treibstoff für die restliche Nahrungskette. Hier können die zahlreichen Individuen des großen Bestandes genug Nahrung finden, um sich zu entwickeln, solange die Hauptnahrung der Kabeljaue, die kleine Lodde, ebenfalls große Bestände bildet. Der Kabeljau, der den Lodde-Schwärmen in die Barentssee folgt, ist ein „Nahrungswanderer".

Wenn sich die Laichzeit nähert, nutzen sowohl die Lodde als auch der Kabeljau die Küste als Habitat. Beide Arten unternehmen dann eine

„Laichwanderung" aus dem offenen Meer an die Küste. Wie der Hering laicht die Lodde bodennah und legt ihre Eier im flachen Wasser an Sand und Kies ab. In Norwegen laicht die Lodde an der Küste von Troms und Finnmarken sowie der Kolahalbinsel[115], wo die Larven relativ geschützt sind, wenn sie aus den Eiern schlüpfen. Die Strömung führt die Loddelarven dann wieder zurück in die Barentssee, wo sie sich dank des sommerlichen Nährstoffreichtums rasch entwickeln. Ihr Schwarmverhalten schützt sie dabei. Die Lodde lebt ein relativ kurzes, ziemlich heftiges Leben. Schafft es eine einzelne Lodde die Angriffe all ihrer Fressfeinde über drei Jahre zu überstehen, endet ihr Leben nach dem Ablaichen an der Küste. Die Art reproduziert sich über einen einzigen Laichvorgang, der dann tunlichst klappen sollte.

Der Zyklus der Kabeljaue, die in der Barentssee leben, ist deutlich länger und variabler und durch wiederkehrende Laichwanderungen geprägt, sodass Misserfolge in den Folgejahren kompensiert werden können. Im Gegensatz zur Lodde schwimmt der Kabeljau gegen die Küstenströmung zu seinen Laichplätzen entlang der Lofoten bis zur Insel Røst und in manchen Jahren noch weiter südlich. Früher wanderte der Skrei in der Laichzeit vermutlich an der gesamten norwegischen Küste entlang nach Süden, sodass noch am Siragrunnen vor der südnorwegischen Küste Skrei gefangen wurde[116].

Wenn der Kabeljau an seinen Laichplätzen ankommt, die sich durch günstige Formationen am Meeres- oder Fjordboden auszeichnen, beginnt das Laichverhalten. Das Balzverhalten von Vögeln ist den meisten Menschen bekannt. Ganz anders das der Kabeljaue oder anderer Fischarten, dabei haben auch sie ein typisches Verhalten, um Laichpartner zu finden. Beim Kabeljau ist es das Weibchen, das sich am Laichplatz ein Männchen aussucht. Basis dafür ist ein Trommellaut, den die Milchner (geschlechtsreife Männchen) von sich geben, indem sie mit einem bestimmten Muskel auf die Schwimmblase „schlagen". Lautes Trommeln zieht die Weibchen auf der Suche nach einem vitalen Männchen an, das einen Teil ihrer Eier befruchten kann[117]. Während des Laichvorgangs schwimmen Männchen und Weibchen Bauch an Bauch und spritzen Eier und Milch (Sperma) durch die Kloakenöffnung ins Wasser. Die Eier werden im Wasser befruchtet, weshalb andere Männchen die Chance nutzen und ihrerseits Milch abgeben. Trotzdem sichert das vorausgehende Laichverhalten, dass der Großteil der Eier von dem Männchen befruchtet wird, das das Weibchen sich ausgesucht hat.

Ein großes Kabeljauweibchen produziert Millionen von Eiern, die nicht alle gleichzeitig abgelegt werden. Sie reifen nach und nach heran und werden in zahlreichen Laichvorgängen abgelegt. Wir bezeichnen den Kabeljau deshalb als „Portionslaicher". Je älter und größer das Tier ist, desto mehr Eier hat es und desto länger dauert auch die Laichperiode. Das Laichverhalten dieser alten Weibchen erhöht die Chancen der Nachkommen auf einen perfekten „match", da das Vorhandensein der passenden Nahrung für die Fischlarven stark variieren kann. Erst vor Kurzem ist eine mehrjährige Verhaltensstudie des Kabeljaustamms bei Smøla abgeschlossen worden, für die die Fische mit ähnlichen Sendern bestückt wurden, wie ich sie für die Hummer beschrieben habe. Überdies waren Hydrophone in der Nähe bekannter Laichgründe platziert worden. Bei der Analyse der Aufnahmen stellte sich heraus, dass die größten Weibchen, also Fische mit mehr als 15 Kilogramm Gewicht und einer Länge von über einem Meter, im Lauf der Laichsaison mehrere Laichgründe aufgesucht hatten und länger gewandert waren als die kleineren Weibchen[118]. Sie haben damit das Risiko für den Nachwuchs nicht nur zeitlich, sondern auch räumlich minimiert. Das Ablaichen in Portionen an unterschiedlichen Orten und mit verschiedenen Männchen vergrößert die Überlebenschance der Jungfische.

Die Tatsache, dass der Kabeljau gegen die Küstenströmung anschwimmt, um seine Laichgründe aufzusuchen, ist unter mehreren Aspekten interessant. Die jungen Dorsche wachsen dadurch in einem Meeresbereich auf, in dem sie sicher vor den Elterntieren sind. Der Kabeljau schreckt nämlich nicht davor zurück, die eigene Art zu fressen. Diese Art von Kannibalismus findet man bei vielen Raubfischen und anderen Raubtieren, weshalb die räumliche Trennung Sinn macht. Ein weiterer, vermutlich noch wichtigerer Aspekt ist aber die physikalische Besonderheit der Laichgründe. Die Küstenströmung verläuft in nördlicher und östlicher Richtung, immer wieder unterbrochen durch Turbulenzen, durch die die Wassermassen zurückgehalten werden. Gezeitenströme verfrachten Wasser hin und her und wirken bremsend auf die Küstenströmung. Dies gibt den Eiern und Larven genügend Zeit, sich zu entwickeln, sodass die Jungfische am Grund einer unterseeischen Landschaft mit reichlich Strukturen aufwachsen können, wo sie Schutz finden und Erfahrungen sammeln können. Die mühsame Reise des ausgewachsenen Skreis nach Süden, zum Beispiel zu den Lofoten, ermöglicht es den Eiern, Larven und Jungfischen überdies, während der Zeit ihrer Entwicklung mithilfe der Strömung langsam zurück in die Barentssee zu driften.

Der Skrei wandert nicht mehr bis ganz nach Süden zum Siragrunnen oder nach Lindesnes, in manchen Jahren erreicht er aber noch die Küste von Møre og Romsdal. Es wird häufig argumentiert, dass seine Laichgebiete sich nicht aufgrund von Überfischung, sondern wegen der steigenden Meerestemperaturen weiter nach Nordosten verschoben haben. Diese Argumentation ist allerdings etwas leichtfertig, da historische Daten belegen, dass der Skrei früher bis weit in den Süden wanderte, und zwar auch während besonders warmer Perioden. Kollegen der Universität Bergen sehen hingegen klare Hinweise auf einen Zusammenhang zwischen dem Wanderverhalten des Kabeljaus und der veränderten Befischung: Heute wird der Skrei überall mit Grundschleppnetzen gefangen, also auch auf seinen Nahrungswanderungen durch die Barentssee, was dazu führt, dass wir gerade die Fische aussondern, die diese Langdistanz-Wandereigenschaften haben[119].

Ein ähnlicher Zusammenhang zwischen der Fischerei und einem geänderten Wanderverhalten konnte für den Heringsbestand im Europäischen Nordmeer nachgewiesen werden. Die ältesten Fische führen aller Voraussicht nach die Wanderungen der Schwärme in die Überwinterungsgebiete an. Nach Zeiten intensiver Befischung sind nicht häufig die jungen Fische in der Überzahl, was mehrfach dazu geführt hat, dass die Schwärme in ganz anderen Gebieten als sonst üblich überwintert haben[120]. Ein sozialer Lernvorgang wird erschwert oder verunmöglicht, wenn es nicht mehr genug ältere Fische gibt, die die Wanderungen anführen.

Die Kenntnis über das standortgebundene Leben im Meer hat zu einer weiteren, wichtigen Einsicht geführt, nämlich, dass der Naturschutz auch unter Wasser essentiell ist. Seevögel, Schildkröten, Haie und Meeressäuger, die mit elektronischen Sendern ausgestattet wurden, zeigen uns, wie sie wandern, wo sie Nahrung finden, wo sie ausruhen und wo sie in Konflikt mit Fischerei und Seefahrt geraten. Mittlerweile haben wir Daten genug, um Schutzgebiete im Meer richtig zu platzieren und zu bemessen und auch entsprechende, sichere Verbindungskorridore zu schaffen.

Dieses Wissen kann auch noch in anderer Hinsicht genutzt werden. Fischbestände, die wandern und sich in großen Schwärmen an bestimmten Laichplätzen sammeln, sind verwundbar durch die Fischerei. Geschichtlich gesehen wurde dieses Verhalten ausgenutzt, schließlich finden sich gerade an den Laichgründen die erwachsenen, großen Tiere. Die Vielzahl der Fische hat den früheren Generationen den Eindruck vermittelt, dass der Reichtum des Meeres schier unerschöpflich sei. Eine Einstellung, die in hohem Maße unsere moderne, industrielle Nutzung des Lebens im Meer beeinflusst hat.

KAPITEL 6
LIEBE AUF DEN ERSTEN MEERESBLICK
(ALS DER MENSCH AUF DAS MEER TRAF)

Südwestlich von Sumatra liegen die Mentawei-Inseln wie eine Perlenkette aus großen und kleineren Eilanden. Das ebenfalls zu Indonesien gehörende, fruchtbare Archipel war früher mit unberührtem Regenwald bedeckt. Die Ureinwohner lebten halbnomadisch von den Ressourcen der Natur. Die Mentawei sind auch ein seefahrendes Volk, sie bauen gute Kanus aus ausgehöhlten Baumstämmen sowie seetüchtige Auslegerboote mit Segeln. Kleinere Gruppen leben noch immer auf traditionelle Weise auf den Inseln und bemühen sich, ihre Kultur zu bewahren.[121] Wie für andere Völker der Region, sind die Küste und Korallenriffe eine wichtige Nahrungsquelle für sie.[122]

Im Frühjahr 2005 befand ich mich auf einem Segelboot, das eine kleine Gruppe Surfer zu legendären Wellen bringen sollte, die sich an den Korallenriffen entlang der Mentawei-Inseln auftürmen, wenn die gewaltige Dünung den Flachwasserbereich der Riffe erreicht. Die Wellen entstehen in den Stürmen des südlichen Eismeeres. Sie überqueren so gut wie ungehindert den Indischen Ozean und vereinen sie sich zu einer gleichmäßigen Dünung, die erst mehrere Tausend Kilometer nördlich an Inseln oder Riffen brechen.

Nach einer anstrengenden nächtlichen Segeltour mit starken Windböen und tropischen Regengüssen ankerten wir an der Leeseite einer kleinen Insel, um uns auszuruhen und zu trocknen. Im Laufe des Tages brach die Wolkendecke auf und die Sonne kam hervor. Ich schwamm zu der Insel hinüber, um sie zu erkunden. Sie war unbewohnt und sah aus wie aus einer Zeichentrickserie: Ein Wäldchen mit Kokospalmen in der Mitte, umgeben von einem leicht abfallenden Strand. Es dauerte nicht lange, die Insel zu umrunden, und an einer Stelle sah ich deutliche Spuren im Sand. Ein Boot war dort ins Wasser geschoben worden. Neugierig folgte ich den Spuren nackter Füße bis an den Rand der Vegetation und trat in den Palmenwald. In der Mitte der Insel, geschützt vor Wind und Wetter, war der Lagerplatz der Menschen, die die Insel vor Kurzem verlassen hatten. Ich stocherte in der Asche ihrer Feuerstelle, und ein dünner Streifen Rauch stieg auf. Das Lager war sorgfältig errichtet. Ein niedriger Regenschutz mit einer Pritsche für drei bis vier Menschen, eine „Küche" mit Arbeitstisch in bequemer Höhe und einem Regal darunter, alles aus Bambus und Ästen, zusammengebunden mit Rattan. Der Regenschutz war frisch mit großen, grünen Blättern gedeckt.

In dem Lager befanden sich keine persönlichen Gegenstände, weshalb ich annahm, dass es verlassen worden war. Andere Hinterlassenschaften ließen deutlich auf den Zweck des Lagers schließen: der Panzer einer jungen Meeresschildkröte, eine Handvoll zerbrochene, große Schneckenhäuser, leere Riesenmuscheln und die Gräten eines großen Fisches. Die leeren Schalen waren außen mit Ruß von der Zubereitung über der Glut bedeckt. Auf und unter dem Arbeitstisch lagen noch einige große Fischschuppen. Die kleine Insel gehörte eindeutig zu den Fischgründen der Menschen, die dort gelagert hatten. Sie kamen regelmäßig dorthin, um die Naturressourcen des Riffs zu nutzen.

Als das Meer die Menschheit rettete – und uns vielleicht klüger machte?

Die Unbekannten hatten die Insel besucht, um Fisch zu fangen, Meeresfrüchte zu sammeln und beides zu verspeisen, wofür sie sich mehrere Tage dort aufhielten. Mit Sicherheit ist diese Kost ein wichtiger Teil ihrer Ernährung, doch vielleicht hatten sie noch andere Gründe für den Aufenthalt auf der Insel? In vielen tropischen Küstengebieten findet bei Ebbe eine regelrechte Völkerwanderung über die weichen, mit Seegras bewachsenen Flächen hinaus zum harten Boden hinter den Korallenriffen statt. Mit Körben, Eimern, angespitzten Stöcken oder selbstgebauten Harpunen suchen die

Menschen nach essbaren Tieren und Algen.[123] Ein Tintenfisch gilt als großer Fang, die alltägliche Beute besteht aus Schnecken, Muscheln, Krabben, Seeigeln und kleinen, in Vertiefungen gefangenen Fischen. In Südostasien sehr beliebt ist die sogenannte „Meerestraube“ *Caulerpa lentillifera,* eine schmackhafte Grünalge, die wie eine lange, hellgrüne Traube aussieht.[124]

Das Sammeln bei Ebbe ist eine uralte und weitverbreitete Form der Nahrungsbeschaffung, die oft von Frauen und Kindern ausgeführt wird. Die Bedeutung dieses „Rituals“ für die Versorgung großer Teile der Weltbevölkerung ist wenig erforscht und unterschätzt. In der Fachliteratur wird es oft als aus der Not geborene Tugend bezeichnet, doch in Wirklichkeit steckt mehr dahinter. Eine in Ost-Timor durchgeführte Studie kam zu dem überraschenden Ergebnis, dass die Menschen nicht nur zwecks Erweiterung ihres Speiseplans bei Ebbe hinauszogen. Ebenso wichtig war ihnen der erholsame Aufenthalt in der Natur, die Weitergabe traditionellen Wissens an ihre Kinder und das soziale Beisammensein.

Diese Motivationen sind auch für uns nachvollziehbar. Nichtsdestotrotz führt das intensive, regelmäßige Sammeln zu einer Verminderung der Seegrasbestände und zur rascheren Ausbeutung des Ökosystems der Niedrigwasserzone.[125] Die begehrtesten Speisetiere werden immer seltener, manche sterben sogar aus. An abgelegenen Orten wie der kleinen Mentawei-Insel jedoch existieren selbst die beliebtesten Speisefische und Meeresfrüchte weiterhin. Womöglich sieht es dort noch ähnlich aus wie vor langer Zeit, als die ersten Menschen an der Küste siedelten, sie in Gebrauch nahmen und lernten, von der Vorratskammer des Meeres zu leben.

An der Südküste Südafrikas haben Archäologen die Bodenschichten mehrerer großer Höhlen untersucht. Je tiefer sie gruben, desto interessanter wurden die Funde. Sie beweisen, dass der *Homo sapiens* die Höhlen lange Zeit als Wohnstatt nutzte, und zwar von etwa 164000 bis 35000 Jahren vor heute.[126] Zu den spektakulärsten Funden gehören Steinwerkzeuge und Schmuck, die belegen, dass unsere Urahnen hoch entwickelte kognitive Fähigkeiten besaßen. Salopp ausgedrückt war die Menschheit „smart from the start“. Vor 195000 Jahren wurde der Bestand des *Homo sapiens,* der am Anfang nur auf dem afrikanischen Kontinent existierte, aufgrund einer lang anhaltenden trockenkalten Periode (bis vor 123000 Jahren) stark reduziert. Genetische Daten lassen uns auf diesen Engpass in der Entwicklungsgeschichte des Menschen schließen, weil er zu einer drastischen Verminderung der Variationen in unserem Erbmaterial führte.

Wie viele Menschen diese prähistorische Kaltzeit überlebten, ist umstritten. Sie traf vor etwa 150000 Jahren als Folge der Vergletscherung während der vorletzten Eiszeit ein.[127] Einig sind sich die Wissenschaftler nur darüber, dass die Menschheit eine Zeitlang bloß aus kleineren, voneinander isolierten Gruppen bestand und insgesamt vom Aussterben bedroht war. Die Südküste Südafrikas gehörte wahrscheinlich zu den wenigen Orten, an denen der *Homo sapiens* überleben konnte. Andernorts starb die Spezies möglicherweise aus, weil Kälte und Trockenheit die Tiere und Pflanzen vernichteten, von denen sie sich ernährte. Ausgrabungen haben gezeigt, dass die glücklichen Höhlenbewohner an der Küste Südafrikas nur überlebten, weil ihnen dort Fisch, Meeresfrüchte, einige größere Meeressäugetiere sowie essbare Pflanzen zur Verfügung standen. Schon die Küstenbewohner der Vorzeit sammelten bei Ebbe Muscheln und Schnecken.

Der südafrikanische Archäologe Christopher Henshilwood, derzeit Direktor des *Centre for Early Sapiens Behaviour* an der Universität Bergen, entdeckte schon als Jugendlicher eine dieser Höhlen auf dem Grundstück seiner Familie. Henshilwoods Funde haben wesentlich zu der Erkenntnis beigetragen, wie früh der Mensch modernes Verhalten entwickelt hat, zum Beispiel durch den Gebrauch von Werkzeugen und Symbolen. In der Blombos-Höhle fanden er und seine Kollegen unter anderem die bisher älteste bekannte von Menschenhand erstellte Zeichnung in einer 73000 Jahre alten Schicht, ein schraffiertes Muster, das mit rotem Ocker auf einen flachen Stein gemalt wurde.[128] Die Ergebnisse der Ausgrabungen ermöglichten interdisziplinäre Studien, welche die neue maritime Kost des steinzeitlichen *Homo sapiens* in Südafrika nicht nur mit seinem Überleben, sondern auch seiner Weiterentwicklung verbindet. Man nimmt an, dass der regelmäßige Verzehr von Omega-3-Fettsäure, die besonders wichtig für Schwangere und stillende Frauen ist, auf lange Sicht zur Vergrößerung des Gehirns und Verbesserung der kognitiven Fähigkeiten der Menschen beigetragen hat. Generation für Generation machten sich unsere Urahnen Muscheln und andere energiereiche Kost aus dem Meer zunutze.

Ein altes Fischerlied

Neben dem Sammeln von Muscheln und Schnecken lernten die Menschen, die die Klimakrise an der Südküste Afrikas überlebten, auch rasch, Fische mit Speeren zu harpunieren. Außerdem wurden bei den Ausgrabungen viele Knochenreste von Südafrikanischen Seebären gefunden. Diese Art hat die Begegnung mit den Menschen überdauert und lebt heute in großen Kolonien entlang der Kapküste. Seebären sind große, kräftige Robben, die es gewohnt sind, sich gegen Weiße Haie oder von Land kommende vierbeinige Prädatoren zu verteidigen. Südafrikanische Kollegen haben mit Drohnen gefilmt, wie die Seebären zusammenarbeiten, um die Haie von den Ruheplätzen der Kolonie zu verjage: Einige „Wächter" entdecken den Hai schon von Weitem und schlagen Alarm, worauf eine Gruppe Seebären ins Wasser springt. Die schnellsten von ihnen umkreisen den Hai und „mobben" ihn, ungefähr wie mutige Vogeleltern viel größere Raubvögel gemeinsam aus der Nähe ihres Nests verjagen.

Andere Meeressäuger haben von Natur aus ein ruhiges Verhalten, das sie extrem verletzlich macht und zur Ausrottung mehrerer Arten geführt hat. Das bekannteste Beispiel ist die Stellersche Seekuh.[129] Ihr Bestand auf den Kommandeurinseln wurde auf der Großen Nordischen Expedition des dänischen Kartografen Vitus Bering entdeckt, die 1741 mit einem Schiffsbruch an der Insel endete, die später Berings Namen tragen sollte. Die Stellersche Seekuh wird auch Riesenseekuh genannt und war ein großer Verwandter der Manatis und Dugongs. Sie wurde für ihr Fleisch, ihren Speck und ihre Haut gejagt und trug dazu bei, dass die Mannschaft den Winter auf der Beringinsel überstand. Nachdem die Mannschaft im August 1742 die Insel auf der reparierten „St. Peter" wieder verließ, verbreitete sich die Neuigkeit über den reichen Bestand an Seekühen, und nur 27 Jahre nach ihrer Entdeckung durch die Europäer war die Art für immer verschwunden. Später bewiesen archäologische Ausgrabungen, dass die Stellersche Seekuh einmal von Japan bis Kalifornien verbreitet war. Schon die Jagd der indigenen Völker hatte viele Bestände ausgerottet, offenbar waren die Kommandeurinseln der letzte Rückzugsort der Art.

Von der Ausrottung etlicher Tierarten, die Hand in Hand mit Entdeckungen wie derjenigen Berings einhergingen, hört man selten. So gibt es wahrscheinlich nur noch wenige Hundert Grönlandwale in den Gewässern um Spitzbergen, eine faszinierende Walart, die über 200 Jahre alt werden kann. Seit dem frühen 17. Jahrhundert wurde sie intensiv bejagt, hauptsächlich von niederländischen Walfängern.[130] Zu Beginn gab es Zehntausende, vielleicht sogar Hunderttausende Grönlandwale in der Region, doch innerhalb eines Jahrhunderts waren sie fast ausgerottet, und die Walfänger verließen die Inselgruppe. Das nächste Opfer waren die Walrosse. Die Besatzung eines einzigen Fangschiffs konnte pro Saison mehrere Tausend Exemplare abschlachten, und am 16. Februar 1866 wurde das letzte Walross auf Bjørnøya („Bäreninsel") erlegt. Zwar hat die Art inzwischen wieder neue Kolonien auf Spitzbergen und anderen Inseln etabliert, wo sie bereits ausgerottet war, aber auf die weiter südlich gelegene Bäreninsel ist sie nie zurückgekehrt.

Alle Robbenarten ruhen sich früher oder später an Land oder auf Eis aus, wo es für sie trotz allem noch am sichersten ist. Dort gebären sie auch ihre Jungen. Aus diesem Grund haben Menschen in aller Welt schon früh effektive Methoden für die Robbenjagd entwickelt. Auch der Walfang ist eine sehr alte Form der Jagd. Die ältesten Belege für den Walfang mit Harpunen vom Boot aus sind ungefähr 7000 Jahre alt. Die Felszeichnungen von Bangudae in Südkorea stellen den Walfang detailliert dar.[131] In den südafrikanischen Höhlen wurden auch Seepocken der Art *Coronula* gefunden, ein kleiner Rankenfußkrebs mit muschelartigem Außenskelett, der sich auf der Haut von Walen festsaugt. Dies deutet darauf hin, dass gelegentlich auch Wale auf dem Speiseplan der Bewohner standen, höchstwahrscheinlich gestrandete Exemplare.

Obwohl die Natur reichhaltig war, haben die wenigen, steinzeitlichen Kapbewohner einige Ressourcen auf lokaler Ebene komplett verbraucht. Christopher Henshilwood nimmt an, dass sie weiterzogen, wenn die Ausbeute zu gering wurde. Wahrscheinlich hatten sie wenig Konkurrenz von anderen Gruppen, doch wenn alles aufgegessen war, mussten sie die Wohnstatt wechseln, damit die Muschelkolonien und Fischbestände sich erholen konnten.

Knappe Ressourcen führen meist zu dem Wunsch, sie gegen andere zu verteidigen. Wie werden die Schätze der Küste und des Meeres heute verteilt? Territoriale Ansprüche sind ein wichtiger Faktor im Umgang der Menschen mit dem Meer. Davon handelt das alte norwegische Volkslied

Eg rodde meg ut („Ich ruderte hinaus"): Frühmorgens rudert der Erzähler zum Angeln aufs Meer, als plötzlich ein Konkurrent namens Olav neben ihm auftaucht. Kurzerhand schlägt er Olav mit der Angelrute auf den Kopf, sodass dieser umkippt und im Boot liegen bleibt. Der Fischer singt fröhlich, dass er die Fischgründe nun für sich habe. Trotz des nicht ganz zeitgemäßen Textes ist das Lied noch heute sehr beliebt.

Einfache Werkzeuge und unendliche Ressourcen?

Die oben beschriebenen Ausgrabungen belegen, dass die frühen Küstenbewohner am Kap schon bald fortschrittliche Werkzeuge entwickelten. Die allererste Jagdwaffe zum Fischen war ein Speer mit oder ohne Spitze aus Stein oder Knochen. Mit ausreichend Geduld und Schnelligkeit lassen sich Fische in Niedrigwasser relativ leicht aufspießen, und wenn man den Speer an eine Schnur bindet, lässt sich der Fang leichter einholen, insbesondere, wenn man aus etwas Abstand wirft. Hat man oft genug erlebt, dass die Beute trotzdem entkommt, ist es nicht weit bis zum nächsten Schritt, nämlich die Spitze mit einem Widerhaken zu versehen. Dank seiner kognitiven Fähigkeiten wurde der *Homo sapiens* in Südafrika bald zum tüchtigen und spezialisierten Küstenfischer.

Die neuen Technologien verbreiteten sich wahrscheinlich rasch zwischen den Gruppen und gingen in eine gemeinsame Kultur ein, die unsere Vorfahren später über ihren gesamten Kulturraum verbreiteten, anpassten und weiter verbesserten. In Norwegen wurden viele aus Knochen gefertigte Gerätschaften zur Fischerei aus der Älteren Steinzeit gefunden.[132] Die ersten Menschen siedelten sich dort vor zirka 11300 Jahren an der Küste an, und vor spätestens 9000 Jahren war die Fischerei ein Hauptbestandteil der Ökonomie geworden. Die Sommerwohnstätten Sævarhelleren und Olsteinhelleren am Hardangerfjord wurden 2005 und 2006 ausgegraben. In beiden Höhlen fanden die Archäologen Angelhaken aus Knochen, in Sævarhelleren sogar „Blinker", kleine durchbohrte Knochenplatten, die wahrscheinlich als beweglicher Köder über dem Haken dienten. Die Angelschnüre wurden aus Bast oder Sehnen gefertigt. In Olsteinshelleren wurden auch Harpunenspitzen mit Widerhaken gefunden. Gräten von in größerer Tiefe lebenden Arten wie Leng, Lumb oder großen Makrelen deuten darauf hin, dass auch von Booten aus gefischt wurde, obwohl keine Boote aus der Zeit erhalten sind.[133] Wie in Südafrika brachten die Ausgrabungen auch große Mengen Miesmuscheln und Gehäuse von Meeresschnecken hervor. Die reichhaltigen Ressourcen machten die Fjorde zu attraktiven Wohnorten im Sommerhalbjahr.

Der Fischfang mit einfachen Mitteln vor Ort ist schön und gut, doch sobald es viele Münder zu stopfen gibt oder ein Markt für den Überschuss entsteht, reicht er nicht mehr aus. Im Mittelalter wurde Meeresfisch immer wichtiger für die Ernährung der Nordeuropäer. Besonders beliebt war Hering, weil er nahrhaft ist und viel Fett enthält, und überdies leicht zugänglich war. Damals (und teilweise noch heute) zogen große Schwärme zum Laichen an die Küste und in die Fjorde. Durch Einsalzen wurde er lagerfähig und bis zu den Märkten auf dem europäischen Festland transportiert. In der Ostsee hatte der Heringsfang bereits im 13. Jahrhundert industrielle Ausmaße erreicht.[134] In Küstengebieten ist er seit über 1000 Jahren von großer Bedeutung. Wenn der Hering kam, ließen die Menschen alles andere stehen und liegen. Doch ohne Heringsnetze konnte man dem „Silber des Meeres“ nur zusehen.

Bei der Küstenfischerei wurden sogenannte „Landnetze“ (*landnot,* ähnlich wie moderne Ringwaden) in einem U-förmigen Bogen von Ruderbooten ausgelegt und dann gemeinsam von Land aus eingezogen. Viele Generationen lang waren sie das wichtigste Fischereiwerkzeug in Norwegen, und die Zusammenarbeit aller Anwohner beim Herings- und Makrelenfang war ein bedeutendes soziales Ereignis. Die Gemeinschaften nannten sich *landnotlag,* was so viel wie „Netzgemeinschaft“ bedeutet. Am Goltasund bei Bergen gab es das *Golta landnotlag.* Dort kamen die Herings- oder Makrelenschwärme oft in den schmalen Sund, den man leicht mit einem Netz von Ufer zu Ufer absperren konnte. Die Fischer hielten abwechselnd Wacht, um die Gemeinschaft schnell alarmieren zu können. Im 18. und 19. Jahrhundert herrschte aufgrund des gut organisierten Heringsfangs Wohlstand in der Inselgemeinde.

Wie wir gesehen haben, ist das Leben im Meer in hohem Grad ortsgebunden, und das Gleiche galt früher für die Fischerei. Die Küstenbewohner nutzten die natürlichen Gegebenheiten aus, um Fischschwärme oder Walschulen in Ufernähe zusammenzutreiben. Auf den Färöern ist die Grindwaljagd *(grindadráp)* nach diesem Prinzip noch heute ein Teil der identitätsstiftenden Inselkultur. Dort werden die kleinen Zahnwale mit Booten in enge Fjorde und Buchten getrieben und getötet.

Unsere Vorfahren kamen schon früh auf die Idee, die Küstenlandschaft nicht nur auszunutzen, sondern auch zu modifizieren, um Fische oder Kleinwale zusammenzutreiben. An der norwegischen Küste gibt es viele Überreste von aus Steinen gebauten Fanganlagen – sogenannte „Walzäune" oder „Wurfmauern" – deren schmale Durchlässe mit Netzen aus Bast oder Hanf verschlossen wurden.[135] Sie werden bereits im *Gulatingslov,* einer Gesetzessammlung aus dem Jahr 1250, erwähnt.

Große Fischfallen oder permanente Fangvorrichtungen mit Steinmauern in der Niedrigwasserzone gibt es in aller Welt.[136] Manche erstrecken sich bis zu 180 Meter weit ins Wasser. Ihre Mauern sind hoch genug, um Fische und andere Meerestiere bei Eintritt der Ebbe zurückzuhalten, und die Öffnungen sind mit Reusen oder Netzen versehen. Die einfache Variante ist ein System aus vielen niedrigen Mauern, sodass die Fische in kleinen Bassins zurückgehalten werden.

2002 besuchte ich eine solche Vorrichtung in Arrawarra im australischen Bundesstaat New South Wales. Sie stammt aus vorkolonialer Zeit und wurde als Kulturdenkmal restauriert. Sie liegt auf einer felsigen Landzunge, geschützt vor den Wellen, die weiter draußen am Felsabsatz brechen. Die Mauern reichen bis weit an den Strand, damit sie auch bei Springflut ihren Zweck erfüllen. Bei Ebbe bleibt das Wasser noch lange in den angelegten Bassins stehen, und man kann sich gut vorstellen, wie die Erbauer mit Harpunen, Speeren und Keschern die Jagdbeute einsammelten.

Die genaue Datierung solcher Fallen ist schwierig, wahrscheinlich sind sie seit Menschengedenken in Gebrauch. Auf den Inseln der Torres-Straße zwischen Australiens Nordostspitze und Papua-Neuguinea werden sie noch heute benutzt. Die Effektivität ist saisonbedingt und hängt vom Monsun und der Windrichtung ab. Bei Nordwestmonsun oder nächtlicher Springflut ist der Ertrag am höchsten.

Natürlich hängt der Erfolg stationärer Fanganlagen stets von den Beständen der jeweiligen Region ab. Ist eine Art durch Überfischung bedroht oder in der Region ausgestorben, hilft das Warten wenig.

„Umweltamnesie" – Artenvielfalt und Natur in unseren Köpfen

Bei meinem Besuch in Arrawarra versuchte ich, mir einen Tag im Leben der Aborigines an der Küste vor der Kolonialisierung vorzustellen. Wie viel Fisch brauchten sie, und reichte diese Fangmethode aus? Sicher führten sie keine Statistik, aber bestimmt gab es gute und schlechte Jahre, und sie werden sich an den größten und den schlechtesten Fang zu ihren Lebzeiten erinnert haben.

Auf Norwegisch gibt es das treffende Wort „Veränderungsblindheit" *(endringsblindhet).*[137] Es steht für das englische *shifting baseline syndrom,* ein Begriff aus der Umweltforschung, der eine Veränderung unserer Wahrnehmung beschreibt. Jede Generation definiert neu, was „normal" oder „natürlich" ist.[138] Ein einfaches Beispiel sind Sommertage mit Temperaturen über 35°C, die ein heute aufwachsender Mensch als eher normal empfindet, während sie für seine Großeltern noch eine seltene Ausnahme waren. Ähnlich verhält es sich mit der Auffassung, was natürliche Artenvielfalt im jeweiligen Umfeld eines Menschen bedeutet, oder ob man bestimmte Tierarten als selten oder häufig bezeichnet. Beides ändert sich von Generation zu Generation. Dasselbe gilt für das Leben im Wasser. Der Biologe Daniel Pauly beschrieb das Phänomen 1995 im Zusammenhang mit Fischbeständen. Er erkannte die Tendenz, Veränderungen in maritimen Ökosystemen zu bagatellisieren, sofern sie nicht innerhalb einer Generation geschehen.[139] Länger zurückliegende Veränderungen werden oft völlig vergessen, weshalb man auch von „Umweltamnesie" spricht. Wer weiß zum Beispiel noch, dass früher einmal riesige Europäische Störe zum Laichen den Rhein und andere mitteleuropäische Flüsse hinaufzogen?[140]

Wie viele Lachse müssen heute einen norwegischen Fluss hinaufwandern, damit wir sagen „Dieses Jahr sind aber viele Lachse unterwegs"? An anderen Orten der Welt (zum Beispiel Alaska) können wir sehen, wie es vor vielen Generationen wohl auch in norwegischen Flüssen zur Laichzeit zuging. Wie viele Seehunde müssen wir zählen, bevor wir den Bestand „zahlreich" nennen? Die wenigsten wissen heute von der geplanten Ausrottung aller Küstenrobben um die vorletzte Jahrhundertwende, die eine nordisch-russische Kampagne war. Von 1889 bis 1927 bezahlten die Fischereiverbände an der gesamten Küste Abschussprämien für jede getötete

Robbe. Der Grund war nicht, dass man sie als Konkurrenz der Fischer sah, sondern dass man glaubte, sie würden Schäden an Netzen, Reusen und anderen teuren Gerätschaften verursachen.[141]

Nach vierzig Jahren Jagd waren die Seehunde in ganz Südnorwegen bis zum Sognefjord praktisch ausgerottet. In den letzten Jahrzehnten haben sie einige ihrer alten Territorien auf der Nordseite des Skagerrak wieder eingenommen, aber in den Hardangerfjord (und anderen) sind sie noch nicht zurückgekehrt. Viele betrachten Seehunde als eine Bereicherung des Naturerlebnisses, während manche Hobbyfischer sie als Konkurrenten ansehen. Beide Seiten wissen nicht, dass Seehunde vor der Ausrottungskampagne ein alltäglicher Anblick an der Küste waren.[142]

Wie viele Arten braucht es, damit wir heute sagen, die Artenvielfalt an der Küste sei groß? Vor einigen Generationen hatten die Menschen eine ganz andere Auffassung vom „Normalzustand" der Natur, weil ihr Maßstab derselbe war wie unserer: Sie urteilten nach dem, was sie zu ihren Lebzeiten in der Natur sahen. Doch um präzise Aussagen über den Zustand der Natur treffen zu können, brauchen wir mehr Kenntnis als die direkte Observation. Wir brauchen wissenschaftliche Daten aus der Vergangenheit, die jedoch oft fehlen. Zuverlässige Bestandszählungen gibt es erst seit relativ kurzer Zeit. Was den Zustand der Ökosysteme im Meer angeht, beginnt die wissenschaftliche Messung erst nach 1950 und ist längst nicht flächendeckend. Mit diesen Daten können wir oft nur kleinere Schwankungen feststellen. Wollen wir weiter zurückgehen, müssen wir erfinderisch sein und auf alternative Quellen zurückgreifen.

Die Inselkette Florida Keys liegt in der Floridastraße und trennt den Atlantik vom Golf von Mexiko. Sie war der vielleicht erste „Spielplatz" des Angeltourismus, der schon in den 1950er-Jahren blühte. Wenn die Charterboote von den Riffen zurückkehrten, war es üblich, ein Angeberfoto mit dem eigenen Fang zu machen. Dazu hängte man die Fische an ein Stativ auf dem Boot, neben dem die Touristen posierten – im Idealfall mit Waage und Maßstab. So ist es noch heute, und oft werden sogar noch dieselben Stative benutzt. Viele dieser Bilder sind in den Archiven der Lokalzeitungen zugänglich. Die Meeresbiologin Lauren McClenachan kam auf die Idee, sie miteinander zu vergleichen, und zeichnete auf, welche Arten gefangen wurden und wie groß die Fische waren. Ihre Arbeit zeigt einen enormen Wandel in der Zusammensetzung der Arten sowie der Größe der Fische zwischen 1956 und 2007.[143] Das durchschnittliche Gewicht eines Fisches reduzierte sich von ca. zwanzig auf etwas über zwei Kilo. Am Anfang (1956–1960) dominierten große Zackenbarsche *(groupers)* von bis zu zwei Metern Länge, während es 2007 größtenteils kleinere Schnapper *(snappers)* mit einer Durchschnittslänge von 35 Zentimetern waren. Ich war anwesend, als McClenachan ihre Ergebnisse 2009 auf einer Konferenz präsentierte. Ihre Vorgehensweise ist ein inspirierendes Beispiel wissenschaftlicher Methodik mithilfe alternativer Quellen und kann uns helfen, der Umweltamnesie entgegenzuwirken.[144]

Vergessene Fische in Nordsee, Skagerrak und Kattegat

In den 1960er- und 1970er-Jahren erzielte der Dorschfang in der Nordsee und im Skagerrak hohe Erträge. Dies sei ein Resultat außergewöhnlich guter Verhältnisse, lautete die gängige Meinung. Eine hohe Überlebensrate der Brut, insbesondere im Jahr 1962, schuf die Grundlage für einen großen Bestand in den folgenden Jahren. In der Fischerei spricht man vom *gadoid outburst,* was man frei mit „Dorschboom" übersetzen könnte.[145] Allerdings hatte man keine Vergleichsdaten, die weiter als bis in die 1950er-Jahre zurückgingen. Die Bestandsberechnungen des Internationalen Rates für Meeresforschung (ICES) begannen erst 1963.[146] Mitte der 1950er-Jahre waren die guten Zeiten vorüber, und im Nachhinein musste man erkennen, dass die Bestände in der gesamten Periode überfischt wurden, was auch heute noch der Fall ist. Geplante Schutzmaßnahmen und der Versuch, die „fischereiliche Sterblichkeit" – das heißt den Anteil der Bestände, der als Folge der Fischerei stirbt – zu reduzieren, haben nicht die gewünschten Ergebnisse erzielt. Der Fischereidruck ist nach wie vor zu groß, um die Nachwuchsproduktion zu sichern. Oft höre ich, der *gadoid outburst* sei eine überdurchschnittlich produktive Periode gewesen, doch wer dies behauptet, hat erstens keine Vergleichsdaten aus der Vergangenheit, und zweitens wird damit impliziert, dass die Bestände auch unabhängig vom Fischereidruck aufgrund natürlicher Schwankungen zurückgegangen wären.

Die Situation hat zu einem gewissen Grad der Resignation geführt, und parallel hat sich die Fischerei auf dem nördlichen Schelf allmählich auf andere Arten konzentriert. Im Zuge dieser Entwicklung gingen ältere Praktiken der Fischerei verloren. Zum Beispiel benutzten südnorwegische Fischer vom 19. Jahrhundert bis etwa 1970 noch Handschnüre und Pilker zum Dorschfang. Im Spätsommer und Herbst fuhren sie zu den Riffen auf der Südseite der Norwegischen Rinne hinaus, wo sie bis zu einer Woche lang blieben. Der Dorsch wurde an Bord ausgenommen und im Laderaum gelagert. Wenn die Boote in den Hafen kamen, wurde er gewässert, entgrätet, gesalzen und getrocknet. Klippfisch aus Südnorwegen war ein hochqualitatives Produkt, und die Nische lohnte sich vor allem, weil die Fischer den größten Teil des Verdienstes selbst behalten konnten.[147] Das Hochseefischen am Riff hatten sie von schwedischen Fischern von der Küste des Bohuslän gelernt, die es wiederum von den Niederländern gelernt hatten. Die Schweden hatten größere Boote, weshalb sie die Hochseebereiche früher erkundeten. Sie betrieben hauptsächlich Leinenfischerei[148] nach Leng, der ebenfalls ungesalzen in den Lastraum kam und später zu Trockenfisch verarbeitet wurde. Dazu wurde der Leng mit Stöckchen aufgeklappt und an Gestellen aufgehängt. Außerdem brachten sie auch Dorsche für die Verarbeitung zu Klippfisch nach Südnorwegen. Diese arbeitsintensive Fischerei schuf viele Arbeitsplätze, sowohl auf See als auch zur Veredelung des Fisches an Land.

Das Pilken nach Dorsch an den Riffen verlangte eine gute Kenntnis der Meerestiefen und Fischgründe, die von Vater zu Sohn weitergegeben wurde. Als die wissenschaftliche Fischereiforschung im 20. Jahrhundert begann, stellte man fest, dass es außerhalb der guten, in Fachkreisen bekannten Stellen nur wenig Dorsch gab. Die Markierung von Fischen bestätigte, dass die Dorsche stets an dieselben Orte am Riff zurückkehrten, wobei die größeren Exemplare auch größere Tiefen bevorzugten. Der „Riffdorsch" bevorzugte Orte, die mit Schlepp- oder Wadennetzen nicht zugänglich waren – was kaum verwundert, wenn man bedenkt, dass die Bestände seit dem 15. Jahrhundert intensiv befischt wurden. Die Niederländer hatten schon früh spezialisierte Schiffe mit Überbauten, mit denen sie das ganze Jahr über in der Nordsee fischen konnten. Dorsch wurde in der gesamten Nordsee mit beköderten Handschnüren gefischt, auch bei Leng überwog die Leinenfischerei. Seit dem 17. Jahrhundert setzen die Niederlande Versorgungsschiffe ein, die Wasser, Proviant und Salz zu den

Fischern auf See und den Fang zurück an Land brachten. Fischer, die früher am Riff angelten, erinnern sich an Dorsche mit einem Gewicht von 18 bis 24 Kilo. „Zehn bis zwölf Kilo waren oft der Durchschnitt […] und an guten Tagen fing ein Pilker ein- bis zweitausend Kilo Dorsch", erzählt ein früherer Rifffischer. Heute sind 12-Kilo-Dorsche eine Seltenheit in der Nordsee, und im Skagerrak und Kattegat sind Dorsche zum lästigen Beifang bei der Fischerei nach anderen Arten geworden. Folglich werden die Dorschbestände auch in Perioden reduziert, in denen Fangverbot herrscht oder die wissenschaftliche Empfehlung besteht, die Art nicht direkt zu befischen. Dies gilt insbesondere für die im Skagerrak verbreitete Mischfischerei mit Kaisergranat-Schleppnetzen.

Wie können sich die Bestände unter diesen Umständen erholen, und lassen sie sich aufstocken? Der Meeresforscher Massimo Cardinale nennt die bestehenden Schutzmaßnahmen an der schwedischen Küste des Skagerrak „easy restrictions". Sie seien politisch unumstritten und deshalb leicht einzuführen, aber nicht ausreichend wissenschaftlich fundiert. Zudem betreffen sie hauptsächlich Freizeitfischer und seien für die kommerzielle Fischerei leicht zu umgehen. Letztere sei nämlich die Hauptursache für den Niedergang der Küstenbestände, obwohl Dorsch und Plattfisch geschützt sind. Als möglichen Ausweg schlägt Cardinale eine Aufstockung vor.[149] Skagerrak und Kattegat gehören zu den meistbefischten Gebieten der Welt, doch wird wenig getan, um überfischte Bestände wieder aufzustocken und das durch Grundschleppnetze geschädigte Ökosystem dieser ehemals produktiven Meeresgebiete zu restaurieren.[150]

Mithilfe neuer Methoden haben Wissenschaftler die Entwicklung der Dorschbestände über einen längeren Zeitraum untersucht. Wie wir gesehen haben, zeugt das Erbmaterial des Menschen, unser Genom, noch heute von einem Engpass, den unsere Vorfahren beinahe nicht überlebt hätten. Solche Engpässe reduzieren die Vielfalt im Erbmaterial. Sie deuten darauf hin, dass eine Art eine Periode durchgemacht hat, in der nur wenig Individuen zu ihrem Erhalt beitrugen, weshalb auch die Nachkommen nur das einseitige Erbmaterial teilen können. Könnte das Genom der Dorsche ähnliche Informationen tragen? Der Dorsch in Nordsee, Skagerrak und Kattegat wird in mehrere Bestände aufgeteilt, und die Wissenschaftler untersuchten das Erbmaterial aller Bestände, sowohl an der Küste als auch im offenen Meer. Die Ergebnisse bestätigen, dass die heutigen Bestände ursprünglich aus viel größeren, reproduktiven Populationen stammen.[151] Die genetischen Daten verraten, dass die Reduktion vor 1500 bis vor 500 Jahren stattfand, also während der frühen Effektivierung der Fischerei, durch die die Bestände schon seit dem Frühmittelalter reduziert wurden. Diese Erkenntnis wird durch archäozoologische Funde aus Großbritannien bestätigt, die eine kontinuierliche Verminderung der Durchschnittsgröße von in der Nordsee gefangenem Dorsch nachweisen.[152] Die Art steht also schon seit langer Zeit unter Druck.

Wer heute an der Küste des Skagerrak auf Bootstour ist, hat wahrscheinlich noch nie einen Riesenhai oder einen Grönlandhai gesehen. Beide gehören zu den größten Fischen der Welt und waren bis Mitte des letzten Jahrhunderts an der Küste verbreitet. Die harmlosen Riesenhaie, die sich von Plankton ernähren, kamen oft bis in die Fjorde Südnorwegens. Ich erinnere mich an einen warmen Tag im Sommer 1962 am Kilsundfjord, als ein Bekannter von mir ins Wasser sprang und sich auf den Rücken eines Riesenhais setzte, der geruhsam umherschwamm. „Der Hai war rau wie Sandpapier", erzählte er hinterher. Die Riesenhaie wurden für ihre große, ölreiche Leber harpuniert, aber die Jagd ist kaum dokumentiert. Die Boote fuhren nur bei ruhigem Wetter aus, und der Ausguck suchte die Wasseroberfläche nach den großen Rückenflossen der Tiere ab. Riesenhaie schwimmen gern in kleinen Gruppen und waren deshalb leicht zu jagen. Nach nur wenigen Jagdsaisons waren sie Anfang der 1970er-Jahre aus dem Skagerrak verschwunden.

Der Grönlandhai kann mehrere Hundert Jahre alt werden und war ein vertrauter Anblick in den Fjorden, aber als die Fischer um die vorletzte Jahrhundertwende herum begannen, mit Grundschleppnetzen zu arbeiten, wurden sie als Konkurrenten betrachtet. Es kam vor, dass die Haie Löcher in die Netze bissen oder selbst darin endeten. Deshalb bezahlte der „Verein zur Förderung der Fischerei im inneren Christianiafjord" Abschussprämien, die in den Jahresberichten aufgelistet wurden. Die letzten Prämien wurden 1920 für zwei im Bunnefjord erlegte Grönlandhaie bezahlt.[153] An der Küste der Telemark endeten die Haie noch bis Mitte der 1970er-Jahre als Beifang in Grundschleppnetzen. Die Fischer empfanden sie als Plage und nannten sie „Grundlieger".[154]

Streit um Areale und Ressourcen

Obwohl wir wissen, dass die Artenvielfalt reduziert und die Bestände geschwächt werden, fällt es uns offenbar schwer, die Ursachen dafür anzuerkennen und die Ressourcen der Natur nachhaltiger zu nutzen. Einer der Gründe, warum wir im Großen und Ganzen weitermachen wie früher, mag die Angst sein, dass andere die Ressourcen nutzen, wenn wir es nicht tun. Territorialansprüche, die mit der Ausbeutung natürlicher Ressourcen zusammenhängen, sind nichts Neues. An vielen Orten entlang der norwegischen Küste erhoben Bauern und Großgrundbesitzer exklusive Ansprüche auf Fischgründe, die sich weit ins Meer hinein erstrecken.[155] Heute haben Hummerfischer oft Lieblingsorte, die sie jedes Jahr aufsuchen, und falls ein anderer vor ihnen seine Fallen dort auslegt, sind sie wenig begeistert. Die Kenntnis lokaler Hummer- oder Fischgründe wird oft von Generation zu Generation weitergegeben und ist ein Stück traditionelles „ökologisches Wissen". Noch immer haben Grundbesitzer an der Küste das vererbte Recht, während der Lachs-Saison an bestimmten Orten spezielle Fanganlagen zu bauen.

Das UN-Seerechtsübereinkommen von 1982 beschränkt das sogenannte Territorialfahrwasser auf zwölf Seemeilen, also 22,2 Kilometer. Gleichzeitig bekräftigt es das Recht auf friedliche Durchfahrt durch das Küstenmeer. Die ausschließliche Wirtschaftszone eines Küstenstaates, die Fischerei und Bodenschätze einschließt, kann bis zu 200 Seemeilen betragen, gemessen von den äußersten Holmen und Schären. Was die Fischerei angeht, hat das Seerechtsübereinkommen zusammen mit internationalen Fischerei- und Umweltabkommen die territorialen Ansprüche bis zu einem gewissen Grad geregelt. Dennoch gibt es weiterhin Unstimmigkeiten und Konflikte.

Nach dem Abkommen zwischen der EU und Norwegen über den Skagerrak dürfen Fischereifahrzeuge aus Dänemark, Norwegen und Schweden in den Gewässern der jeweils anderen Staaten bis zu vier Seemeilen (ca. sieben Kilometer) vor der Küste Fischfang betreiben.[156] Die Ansprüche der Anrainer stammen aus einer Zeit, als man den Skagerrak als „freies Meer" ansah, in dem jeder fischen durfte. Erst 1977 führte Norwegen die ausschließliche Wirtschaftszone von 200 Seemeilen ein. Ist der Abstand zwischen den Küstenlinien zweier Staaten zu gering – was im Skagerrak und Kattegat überall der Fall ist –, führt dies in der Praxis zu einer Trennlinie in der Mitte. Die Ausweitung des Territorialfahrwassers von vier auf zwölf Seemeilen kam erst 2003.[157] Wie auch an anderen Orten der Welt, erschweren Gewohnheitsrechte oder historische Rechte, auf die sich manche Staaten berufen, die Handhabung nationaler Regelwerke für die Fischerei.

Im Winter 2021–2022 wurde bekannt, dass dänische Trawler jahrelang in der norwegischen Zone des Skagerrak auch im Winter Heilbutt gefangen hatten.[158] In Norwegen und Schweden gilt während der Laichperiode vom 20. Dezember bis zum 31. März eine Schonzeit für Heilbutt, jedoch nicht in Dänemark. Die dänischen Fischer, die den Heilbutt nachweislich in der norwegischen Zone gefangen hatten, behaupteten, diese Regel nicht zu kennen. Mindestens zwölf Jahre lang hatten sie großen, alten Heilbutt an Laichplätzen in der Tiefe der Norwegischen Rinne gefangen. War die Kommunikation zwischen den Ländern wirklich so unzureichend, oder wurden die dänischen Fischereiverbände nicht gut genug von der eigenen Regierung informiert?

Der Internationale Rat für Meeresforschung (ICES), der seinen Sitz in Kopenhagen hat, gibt keine Quotenempfehlung für Heilbutt im Skagerrak aus, während schwedische Kollegen eine eigene Bestandsberechnung durchführten. Sie kamen zu dem Schluss, dass der Bestand gefährdet ist und überhaupt nicht befischt werden sollte.[159] 2023 beschloss das norwegische Parlament ein Verbot der sogenannten grenzüberschreitenden Fischerei im Skagerrak. Trawler aus Nachbarstaaten dürfen weiterhin gemäß dem Skagerrak-Abkommen fischen, müssen aber an der Grenze die Netze anheben und ihren Fang rapportieren. Damit soll verhindert werden, dass sie behaupten, sie hätten den Fang auf der dänischen Seite gemacht. Gleichzeitig wird der Fischereibehörde und der Küstenwacht die Handhabung der nationalen Fischereigesetze erleichtert.

Fischbestände kennen natürlich keine Grenzen und halten sich in den Zonen mehrerer Staaten auf. Viele Arten, zum Beispiel Makrelen, ziehen auf Nahrungssuche und zum Laichen über weite Strecken. Die Nordostatlantische Makrele wird als ein Bestand verwaltet. Der ICES empfiehlt jedes Jahr eine wissenschaftlich fundierte Fangquote für den Nordostatlantik. Deren Verteilung wird ebenfalls jährlich zwischen den Anrainern Norwegen, Russland, den Färöern, Grönland, Island, Großbritannien sowie den

EU-Staaten verhandelt. Dabei fallen häufig Stichworte wie „historische Rechte" oder „Zonenzugehörigkeit", und es ist nicht leicht, allen gerecht zu werden. Um historische Rechte zu belegen, ziehen einige Küstenstaaten Statistiken heran, aus denen hervorgeht, welche Mengen einer Art die Fischer des jeweiligen Landes früher fingen. Darüber hinaus wird argumentiert, wie wichtig die jeweilige Quote für den Fortbestand der Flotte und der wirtschaftlichen Wertkette ist.

Die Zonenzugehörigkeit wird gern mit biologischen Daten untermauert: Wo laicht der Fisch, wo wächst er auf und wohin zieht er auf Nahrungssuche? Bei der Makrele variieren Wandermuster, was die Verhandlungen erschwert. In der Praxis werden die Küstenstaaten nicht einig und bewilligen sich jeweils einen zu großen Anteil an der Gesamtquote. Von 2010 bis 2022 wurde sie im Durchschnitt um 41 Prozent überschritten, was 3,5 Millionen Tonnen entspricht.[160] Im Spitzenjahr 2018 wurden ganze 86 Prozent mehr als die wissenschaftlich empfohlene Quote gefischt. Der Makrelenbestand im Europäischen Nordmeer wird inzwischen als unter den kritischen Niveau liegend eingeschätzt, und die empfohlene Gesamtquote für 2026 entspricht einer Reduktion von 70 Prozent im Vergleich zu 2025. Zum aktuellen Zeitpunkt (November 2025) haben die Küstenstaaten noch keine Einigung über die Fangquoten erlangt.[161]

Warum ist es so schwierig, bei der Verteilung der Fangquoten Maß zu halten? Wahrscheinlich haben die Fischereien aller teilnehmenden Staaten zu große Erwartungen an ihre Verhandlungsdelegationen, und wenn es sich als unmöglich erweist, mit einem zufriedenstellenden Ergebnis nach Hause zu kommen, bewilligen sich die jeweiligen Staaten einen Anteil, den sie als „gerecht" empfinden.[162] Die Sozioökonomie nennt dieses Problem „Die Tragik der Allmende".[163] Im heutigen Europa hat der Brexit die Lage noch zusätzlich verschärft. Großbritannien hat damit auch die gemeinsame Fischereipolitik der EU verlassen und will anderen Nationen den Zugang zu seinen Gewässern erschweren. Im Mai 2025 gab es noch einmal ein Abkommen, das die bisherigen Regelungen um weitere zwölf Jahre verlängert. Dennoch sorgt das Thema regelmäßig für Konflikte.

Im Winter 2024 kündigte Großbritannien ein generelles Fangverbot für Sandaale im britischen Teil der Nordsee an. Sandaale sind kleine, läng liche Fische, die über sandigem Grund leben, in den sie sich bei Gefahr vergraben. Es ist ein ganz besonderer Anblick, wenn ein Schwarm Sandaale plötzlich stehen bleibt und die Fische sich mit dem Schwanz voran im Boden verschwinden. Sandaale sind eine wichtige Nahrungsquelle für Seevögel, größere Fische und Zahnwale, die durch das Fangverbot geschützt werden sollen. Die Ankündigung schuf große Verärgerung unter dänischen Fischern, die den Großteil ihrer Sandaale aus der britischen Zone der Nordsee beziehen.

Bereits 2022 führte Großbritannien ein Schleppnetzverbot auf dem Gebiet der Doggerbank ein. Fischer aus der EU protestierten und beriefen sich auf historische Fischereirechte. Die große Sandbank zwischen Nordengland, Jütland und Friesland soll schon länger zum Schutzgebiet erklärt werden, aber die gemeinsame Fischereipolitik der EU erschwerte die Einführung effektiver Schutzmaßnahmen. Die Einschränkungen von britischer Seite sind neuartige Beispiele dafür, wie die Bestimmungen des internationalen Seerechts zur Bewahrung des Lebens im Meer und zum Erhalt lokaler Ökosysteme eingesetzt werden können. 2025 schließlich zog die EU nach und verbot auch auf dem EU-Areal der Doggerbank den Einsatz von Grundschleppnetzen. Das Verbot gilt ab November 2025, allerdings nur auf etwa der Hälfte des Gebiets.[164]

Der Umgang der Menschen mit dem Meer ist seit jeher von der Vorstellung geprägt, es sei eine Quelle unerschöpflicher Ressourcen. Bis vor nicht allzu langer Zeit drehte sich alles um die Frage, wie wir den meisten Fisch fangen konnten. Sobald wir in der Lage waren, Überschuss zu erzielen, wurden Methoden der Konservierung entwickelt. Am Ende dieses langen Prozesses sorgte der technologische Fortschritt dafür, dass wir praktisch überall in der Lage waren, Fische und Wale zu jagen. Wir gingen von frischem Fisch und Meeresfrüchten, die auf der Stelle verspeist wurden, zum Trocknen und Einsalzen und schließlich zum Einfrieren an Bord großer Fabriktrawler über. Der Weg vom Fang bis zur fertig verpackten Ware für den globalen Markt ist kurz geworden und die Nachfrage nahezu unbegrenzt. Dadurch entstand großer Druck auf die Fisch- und Schalentierbestände und die Ökosysteme der Weltmeere. Deshalb lastet eine große Verantwortung auf unseren Schultern, die Ressourcen in Zukunft gemeinsam und nachhaltig zu nutzen.

KAPITEL 7
DIE LETZTE GROSSE JAGD

Der Mensch ist der mächtigste Jäger des Meeres. Die technologische Entwicklung der Fischerei ist seit der industriellen Revolution rasant fortgeschritten, während die Fischer, die sie nutzen, noch immer von derselben, alten Motivation angetrieben werden: Sie hoffen auf einen großen Fang, der ihnen ein sicheres Auskommen oder sogar Reichtum beschwert.

An einem Herbstabend war ich mit auf dem Sunnfjord, als mit Lichtunterstützung auf Makrele gefischt wurde. In den ersten Morgenstunden kam plötzlich starker Wind auf, gerade, als wir die Ringwade um die Lichtquelle ziehen wollten, unter der die Fische sich versammelt hatten. Die Arbeit, die an diesem Punkt mit besonderer Ruhe vonstattengehen sollte, wurde zu einem Kampf, um den Fang zu bergen, und gleichzeitig zu verhindern, dass wir auf Land aufliefen oder das Netz in die Schiffsschraube geriet. Vater und Sohn befanden sich auf unterschiedlichen Booten und lösten die Probleme, indem sie beständig miteinander im Dunkeln kommunizierten, während der Wind heulte und sich der Regen wie eine Wand vor den Scheinwerfern abzeichnete. Etwas später flaute der Wind wieder ab, sodass Boote und Fang heil an Land gebracht werden konnten.

Seit Hunderttausenden von Jahren sammeln und jagen Menschen, um sich Nahrung zu beschaffen. Heute ist nur noch eine große Jagd für die Ernährung der Menschheit von Bedeutung, nämlich die auf die lebenden Ressourcen im Meer. Die Meere, die rund 71 Prozent der Erdoberfläche bedecken – ein Großteil davon internationale Gewässer – sind die letzten großen, freien Gebiete, in denen wir jagen können. Viele Fischarten und Fischbestände sind tatsächlich sehr produktiv. Während ein erwachsener Hirsch oder ein Seehund in der Regel nur einen Nachkommen pro Jahr bekommt, haben viele Fischarten – theoretisch – Hunderttausende von Nachkommen. Deshalb kann die Fischerei eine intensive und trotzdem nachhaltige Nutzung der Ressourcen sein. Über längere Zeit betrachtet, variieren die Fischbestände deutlich, am größten waren sie aber, als die Menschen nur im begrenzten Maße fischten – das heißt, nur an manchen Orten und nur an wenigen Tagen. Seit 1950 wird die Fischerei kontinuierlich intensiviert. Wir fischen effektiver, überall, mit besseren Booten und jeden Tag, aber damit steigt auch das Risiko, dass der Befischungsdruck für die Bestände zu groß wird. Der Markt für Fische und Meerestiere ist seit 500 Jahren international. Über den Seeweg wurde gesalzener, getrockneter Fisch von Nord- nach Südeuropa und von dort über den Atlantik nach Amerika transportiert. Heute ist der Markt globalisiert. Wo es Menschen gibt, findet sich auch eine Möglichkeit, Fisch und andere Meerestiere zu verkaufen, und solange sich Grenzen und Zollbarrieren überwinden lassen, ist die Nachfrage beinahe unstillbar.

Die Erkenntnis über die Auswirkungen der Fischerei

Das Thema Ausrottung spielt eine zentrale Rolle bei der Eroberung des Meeres sowie der fernen Küsten und Inseln. Ich habe bereits die Entdeckung und rasche Ausrottung der letzten Populationen der Stellerschen Seekuh auf den Inseln in der Beringsee erwähnt. Es ist weithin bekannt, dass der kommerzielle Walfang im 17. Jahrhundert zu einer Serienausrottung von Walbeständen geführt hat und schließlich in den 1960er-Jahren im Südpolarmeer endete, weil dort die letzten, großen Walbestände lebten, die man noch kommerziell zur Gewinnung von Tran nutzen konnte. Die Jagd endete auch dort mit der fast vollkommenen Ausrottung etlicher Großwalarten, bis man schließlich 1966 zu dem Schluss kam, dass ein Fangstopp unabdingbar war. Sowohl Biologen als auch Ökonomen hatten erkannt, wohin der Weg führt, außerdem mehrten sich bereits seit den 1920er-Jahren die kritischen Stimmen, die vor der bevorstehenden Ausrottung der Wale warnten. Die Länder, die gegen den Fangstopp waren, spielten noch ein paar Jahrzehnte auf Zeit und beriefen sich immer wieder auf die Unsicherheiten bei den Schätzungen der Bestände und deren Reproduktionsraten.[165]

Ähnliche Argumente, um weiterzumachen wie bisher, hört man noch heute. Die industrielle Befischung des Herings zur Herstellung von Fischmehl und Fischöl im Bottenwiek, dem nördlichen Teil des Bottnischen

Meerbusens, sowie in der zentralen Ostsee ist ein aktuelles Beispiel dafür. Im Herbst 2023 setzte sich die EU-Kommission auf den Ratschlag der Wissenschaftler hin für einen vorübergehenden Fangstopp ein. Die Bestände waren seit den 1990er-Jahren sehr schwach und brauchten dringend eine Befischungspause, um sich zu regenerieren, was dem gesamten Ökosystem der Ostsee zugutegekommen wäre. Die Fischereilobby schaffte es jedoch, die zuständigen Ministerien einiger Mitgliedsstaaten zu überreden, die Heringsfischerei weiterhin zu erlauben. Ihre Argumente lauteten, dass es doch nicht richtig sein könne, einen so alten Wirtschaftszweig wie die Fischerei zu vernichten, solange die Ratschläge der Wissenschaft mit einer derart großen Unsicherheit behaftet seien. Dabei besagen die Fischereigesetze der EU ganz eindeutig, dass dem Rat der Wissenschaft Folge zu leisten sei. Das Resultat war also kein begrenzter Fangstopp, sondern eine Quotierung der Befischung der letzten beiden Heringsbestände auf 55 000 beziehungsweise 44 368 Tonnen.[166]

Die Erkenntnis, dass die Fischerei langwierige negative Auswirkungen auf die marinen Ökosysteme hat, ist verhältnismäßig neu und wird auch nicht von allen geteilt. 2001 schlug ein wissenschaftlicher Artikel in der renommierten Zeitschrift *Science* hohe Wellen. In dem Beitrag „*Historical Overfishing and the Recent Collapse of Coastal Ecosystems*“[167] kombinierten die Wissenschaftler paläoökologische Daten[168], archäologische Daten, historische Daten und Fischereidaten, um aufzuzeigen, wie die Nahrungsnetze in unterschiedlichen Küstenökosystemen beeinflusst wurden.[169] Für Tangwälder, Korallenriffe und Fjorde konnten die Forscher aufzeigen, dass durch die historische Fischerei und Jagd die wichtigsten Prädatoren entnommen worden waren. Arten, die lange Zeit häufig gewesen waren und wichtige ökologische Funktionen übernommen hatten, waren infolge der Fischerei verschwunden, woraufhin die Ökosysteme verarmten. Die Wissenschaftler argumentierten dafür, diese historischen Daten zu nutzen, um realistischere Zielsetzungen für den Wiederaufbau der Fischbestände sowie der wichtigsten Ökosystemfunktionen zu erarbeiten.

Der Artikel erregte enorme Aufmerksamkeit, sodass es die Debatte, die sicher schon seit hundert Jahren geführt wurde, auf die Titelseiten der Zeitungen schaffte. Die Wissenschaftler gaben viele Interviews und wurden weltweit zu Vorträgen eingeladen.

Als ich mein Studium der Fischereibiologie begann, wurde der Artikel in einer Vorlesung vorgestellt und diskutiert. Ich weiß noch, welch starken Eindruck er auf mich und meine Mitstudierenden machte. Der Ansatz war von Grund auf neu, da man alternative Daten nutzte, um sich einen Überblick über den Zustand der Ökosysteme in vergangenen Zeiten zu verschaffen. Die Ergebnisse zeigten, dass die Küstenökosysteme stabiler waren, als die großwüchsigen und für viele Ökosystemfunktionen wichtigen Fische noch nicht entnommen wurden.

Die Reaktionen auf den Artikel waren keineswegs nur positiv. Besonders der Hauptautor sah sich mit wütenden Anrufen und Kommentaren konfrontiert, die den Einfluss des Menschen grundsätzlich anzweifelten. Die fachliche Kritik löste eine Art Peer-Review[170] aus, die zu dem Ergebnis kam, dass die Forschungsarbeit korrekt und solide durchgeführt worden sei und die auf Basis der Daten getroffenen Schlussfolgerungen richtig waren. Mit diesem Artikel und den in seinem Kielwasser folgenden Arbeiten war ein neues Forschungsfeld geboren: die historische marine Ökologie.[171] Dieses Fachgebiet hat wichtige Erkenntnisse geliefert, die uns geholfen haben, einen Blick in die Vergangenheit zu werfen und so die Entwicklung und Auswirkung der Fischerei aus einem anderen Blickwinkel zu betrachten.

Zehn Jahre vor der Veröffentlichung des Artikels war ich Austauschstudent in Massachusetts, USA. Ich weiß noch, dass irgendwann an einem dunklen Herbstabend das Telefon klingelte. Am Telefon war ein guter Freund meiner Gastfamilie, William Skipper. „Willst du morgen mit zum Fischen rausfahren? Es soll windstill sein und das Wetter soll gut werden. Ich muss erst meine Körbe hochholen, und dann können wir sehen, ob an meinen Lieblingsplätzen was beißt. Komm mit, ich hol dich ab!“ Um halb fünf am nächsten Morgen standen Skipper und sein Sohn mit ihrem riesigen Ford Excursion und dem Fischerboot „Andy“ auf dem Trailer vor der Einfahrt.

In den ersten Morgenstunden hoben wir Skippers Hummerreusen vor Cape Cod – ein vielversprechendes Ziel für eine Angeltour! Cape Cod ist eine niedrige Halbinsel, bestehend aus eiszeitlichem Moränenmaterial und Sandbänken. Die Halbinsel ragt wie ein großer, hakenförmiger Unterkiefer von der südöstlichen Ecke des Staates Massachusetts in den Atlantik. Im Meer davor liegt einer der legendärsten Fischgründe des Atlantiks –

Georges Bank. Hier werden seit 500 Jahren Dorsche gefischt. Skippers Hummerkörbe lagen jeweils zu fünft in Reihe gebunden unweit der Küste der Halbinsel und wurden mit hoher Geschwindigkeit mit einer Winde eingezogen. Die Hummer wurden entnommen, gemessen, dann wurden die Scheren mit einer Spezialzange und einem Gummi gesichert, bevor die Körbe wieder angeködert und ins Wasser gelassen wurden. Nach ein paar Stunden hatten wir mehr als hundert Körbe gehoben, und in einer Wanne unter Deck lagen viele schöne amerikanische Hummer[172].

Skipper war zufrieden und fuhr in ruhigem Tempo zu den Fischgründen. Wir öffneten derweil die Kühltasche und frühstückten. Danach wollte Skipper uns die Stellen zeigen, an denen er früher Dorsch gefischt hatte – damals hätte es die da in unendlichen Mengen gegeben. Jetzt gebe es dort nur noch Dornhaie, Rochen, Wittling und manchmal ein paar Schellfische. Skipper meinte, dass an der Küste bis hinauf nach Neufundland und den kanadischen Fischbänken zu viel Dorsch gefangen worden sei. Er meinte damit die großen Trawler, die aus der ganzen Welt gekommen waren, um dort Dorsch zu fangen. Wegen dieser Gier wäre es mit der Fischerei jetzt bald aus. Sollte damit wirklich einer der größten Dorschbestände der Welt zusammengebrochen sein? Ich war damals siebzehn und hatte Schwierigkeiten, ihm zu glauben.

Wie viel wir hatten, wie viel wir fischten – und wie viel wir noch entnehmen dürfen

Lange ging man davon aus, dass die Ressourcen der Meere unerschöpflich seien – auch wenn die Küstenfischer schon lange davor gewarnt hatten, dass ihnen durch immer größere Fangschiffe die Grundlage entzogen werde. Hinzu kamen die neuen Fischereimethoden, insbesondere mit Grundschleppnetzen. In Großbritannien gab es bereits Mitte des 19. Jahrhunderts Anhörungen, um herauszufinden, ob die Klagen über den Niedergang der Küstenfischerei und die Zerstörung der Lebensräume berechtigt waren. Insbesondere die traditionellen Fischer, die mit Reusen und Körben arbeiteten, machten sich Sorgen über die Zerstörung des Meeresbodens infolge der Technologieentwicklung. Sie argumentierten, dass vor allem das Fischen mit Schleppnetzen mit beschwerten Grundtauen und stählernen Scherbrettern die Nahrungs- und Aufwuchsgebiete der Arten zerstörten, in denen sie fischten.[173] Sie waren überzeugt davon, dass ihre immer schlechteren Fänge mit den destruktiven Fischereimethoden der anderen zusammenhingen. Der anerkannte Biologieprofessor Thomas Huxley (1825–1895) – ein treuer Unterstützer Charles Darwins – leitete die Anhörungen, obwohl seine Meinung offenbar schon vorher feststand. Er kam wiederholt zu dem Schluss, es könne nicht stimmen, dass die moderne Fischerei die Fischbestände bedrohe, schließlich sei auf den Märkten Tag für Tag mehr als genug Fisch zu sehen.

Huxleys Eröffnungsrede der Fischereiausstellung 1883 in London wird wohl immer für folgendes Zitat in Erinnerung bleiben:

> „Ich bin deshalb überzeugt davon, dass die Fischerei auf Dorsch, Hering, Sardinen, Makrelen, ja vermutlich die gesamte Meeresfischerei unerschöpflich ist: Was wir auch tun, und wie viel wir auch fischen, nichts davon wird sich spürbar auf die Anzahl der Fische auswirken. Jeder Versuch, diese Fischerei zu regulieren, ist überflüssig!“[174]

Schon damals gab es allerdings Stimmen, die Huxley widersprachen. So hat sein jüngerer Freund und Kollege Edwin Ray Lankester (1847–1929) bei derselben Ausstellung gesagt:

> „Es ist ein Fehler, anzunehmen, dass Fische, die aus einem Fischgrund entnommen werden, unmittelbar ersetzt werden […] oder dass die Entnahme unbedeutend sei, da die totale Anzahl der Fische im Verhältnis zur menschlichen Entnahme so groß ist.“

Etwas später schloss er mit der modernen Einsicht:

> „Wenn der Mensch einen Großteil der Fische aus dem Meeresgebiet entfernt, in dem sie leben, wird das die natürliche Balance aus dem Gleichgewicht bringen.“[175]

Zwanzig Jahre später, 1902, räumte der britische Staat ein, dass die Fischbestände rund um die britischen Inseln durch die Fischerei verarmt waren. Die modernen britischen Trawler hatten zu dieser Zeit bereits Kurs auf die weniger beeinträchtigten Dorschbestände vor Island genommen, die bis dahin nur selektiv und mit einfacheren Fanggeräten und kleineren Booten befischt worden waren – was letztendlich dazu führte, dass auch die isländische Fischereiflotte modernisiert wurde.[176]

Die Fischereiverwaltung, die auf der Fischereibiologie basiert, die im Kielwasser dieser teuer erkauften Erkenntnis entwickelt wurde, hat die Aufgabe, Maßhaltung zu systematisieren. Mit moderner Technologie sind wir in der Lage, produktive Bestände leerzufischen und damit ganze Ökosysteme zu beeinflussen. Es ist deshalb von entscheidender Bedeutung, ein nachhaltiges Maß der Fischerei zu finden. Wie viel Fisch dürfen wir entnehmen, ohne dass die Bestände dadurch einbrechen? Wie können wir die Fischerei so justieren, dass die Ökosysteme nicht verarmen? Die formulierten Verwaltungsziele lassen dabei aber keinen Zweifel daran, dass wir weiterhin langfristig so viel Geld mit der Fischerei verdienen können, wie nur möglich. Von der Wissenschaft, die für die Einschätzung der Bestände verantwortlich ist, werden Ratschläge für eine optimierte ökonomische Nutzung der Bestände erwartet, die kommerziell befischt werden. Wir sollen also so fischen, dass Fischer, Banken und Staatskassen auf lange Sicht die besten Einkünfte aus der Fischerei haben.

In der ersten Zeit der Fischereibiologie wurden dafür ein paar Grundprinzipien entwickelt. Bei dem ersten geht es um die Ausnutzung der potenziellen Produktion eines Fischbestandes. Die Theorie basiert auf der Annahme, dass Bestände, die nicht befischt werden, *zu* groß seien. Außerdem sei der Anteil an alten, großen Fischen darin so hoch, dass sie einen Großteil der verfügbaren Nahrung fräßen, sodass den heranwachsenden Fischen nur ein begrenztes Nahrungsangebot zur Verfügung stehe. Die nächste Annahme lautet, dass ein dichter Bestand dazu führe, dass die Fische langsamer wachsen als sie es tun würden, wenn sie genug Platz und Nahrung hätten. Die Theorie besagt, dass ein Bestand idealerweise auf die Hälfte der unbefischten Größe reduziert werden sollte. Dadurch würden die Jungfische schneller heranwachsen, sodass – dieser Theorie zufolge – ein fischereilich nutzbarer Überschuss produziert werde. Aber wie können wir wissen, wie groß der ursprüngliche, unbefischte Bestand war? In den meisten Fällen wissen wir das nicht. Viele der Bestände, die heute befischt werden, waren bereits deutlich reduziert, als die Fischereiverwaltung diese Prinzipien entwickelt hat.

Um trotzdem dieser Prämisse folgen zu können, müssen folgende Informationen vorliegen:

1. Wie viel Fisch wird entnommen?
2. Wie hoch ist die Reproduktionsrate des Bestands?
3. Wie viele erwachsene Fische verbleiben im Bestand, um ablaichen zu können, und wie groß sind sie?

Wir müssen uns absolut sicher sein, dass wir genügend „Laicherbiomasse" bewahren (Gesamtgewicht aller erwachsenen, an der Nachwuchsproduktion teilnehmenden Tiere). Punkt 1 betrifft sogenannte „fischereiabhängige Daten". Der Zugang zu diesen Daten ist eine Grundvoraussetzung, um die Fischerei überhaupt regulieren zu können. Wir brauchen dafür ein funktionierendes System, über das registriert wird, wie viel Fisch entnommen und angelandet wird. Heute ist dies mit elektronischen Fangbüchern möglich, die regelmäßig ausgelesen werden. Dies setzt allerdings voraus, dass die Fangzahlen nicht manipuliert werden. Wir müssen überdies wissen, wie viel Fisch zurückgeworfen oder als Beifang anderer Fischereien angelandet wird, und wie viel durch die Touristen- und Freizeitfischerei entnommen wird. Die Summe dieser Zahlen ist für die Berechnung wesentlich und gibt an, welcher Anteil des Bestandes tatsächlich infolge der Fischerei gestorben ist.[177]

Die weiteren Informationen (Punkt 2 und 3) kommen aus der Fischereibiologie, sind also fischereiunabhängige Daten und müssen fortlaufend im Rahmen von Forschungsprojekten ermittelt werden, um die Fischbestände wirklich realitätsnah beschreiben zu können. Wir müssen bestimmte Areale probeweise befischen, um die Ausbreitung der Bestände und den prozentualen Anteil der Jungfische im Bestand zu ermitteln. Außerdem können wir so die Größenzusammensetzung eines Bestandes ermitteln. Erst wenn wir all diese Daten Jahr für Jahr erheben und eine längere Zeitserie erstellen, können wir die Bestände realitätsnah modellieren und verlässliche Angaben darüber machen, wie viel Fisch im nächsten Jahr entnommen werden darf. Wenn dann Verwaltung und Politik den Ratschlägen der Forschung Folge leisten und entsprechende Quoten festlegen, bewegen wir uns in Richtung einer nachhaltigen und langfristig wirtschaftlich lohnenden Fischerei.

Ein solches Vorgehen bedingt jedoch auch ausreichende finanzielle Mittel für die Fischereiforschung. Die Notwendigkeit der Bewahrung einer ausreichenden Menge an potenziellen Laichfischen für das nächste Jahr wird dabei immer von großer Bedeutung sein. Die Laicherbiomasse ist das eigentliche Kapital, während die Menge der Fische, die gefangen werden dürfen, die abschöpfbaren Zinsen sind. Ist nicht genug Geld auf dem Konto, gibt es auch nicht viel Zinsen. Kein Kapital, kein Kapitalertrag.

Es gibt aber noch ein paar weitere, wichtige Stellschrauben in diesem Rechenstück: Leben in dem Bestand noch andere Tiere? Und welchen Anteil müssen wir für Wale und Seevögel reservieren? Hat die Art eine wichtige Funktion im Ökosystem, sodass wir dafür sorgen müssen, dass die lokalen Bestände und ein breites Größen- und Altersspektrum erhalten bleiben? Wird der Lebens- und Aufwuchsraum durch die verwendeten Fischereigeräte beeinflusst?

Solche Aspekte sind für den modernen, ökosystemaren Ansatz der Fischereiverwaltung wichtig und setzen voraus, dass wir ein gutes Verständnis des Meeres haben und bereit sind, Maß zu halten.

Kollaps! Aus und vorbei für die weltgrößte Kabeljaufischerei

Im Winter 1992 und im nachfolgenden Frühling sendeten die großen TV-Kanäle in den USA mehrere besorgte Beiträge über die Kabeljaufischerei im Osten und Norden von Neufundland. Die Gegend ist bekannt für den großen Bestand an Northern Cod. Ich erinnerte mich an die Sorgen, die Skipper bei unserer Angeltour ein paar Monate zuvor zum Ausdruck gebracht hatte, und verfolgte die Nachrichten interessiert. 1991 war es der Fischfangflotte vor Neufundland nicht gelungen, genug Kabeljau zu finden, um die jährliche Totalquote von 190 000 Tonnen für die nördlichen Regionen zu erfüllen.[178] Obwohl sie wirklich alles versucht hatte, waren ihr nur 127 000 Tonnen ins Netz gegangen.

Die Berichte über die geringen Fänge und die vielen, an den Fischannahmestellen abgelieferten kleineren Fische besorgten das kanadische Forschungs- und Verwaltungsinstitut des Departement of Fisheries and Oceans (DFO). In der zweiten Hälfte des Jahres 1991 wurden deshalb zahlreiche Forschungsfahrten unternommen. Es ging darum, die notwendigen fischereiunabhängigen Daten zu beschaffen, um sich ein reales Bild von dem Bestand zu machen. Wo waren all die Fische, die es den aktuellen Berechnungen zufolge geben sollte? Die Forscher kamen zu dem Ergebnis, dass der Anteil an älterem Kabeljau (über sieben Jahre) drastisch reduziert war, konnten aber nicht ermitteln, warum das so war. Des Weiteren fanden sie heraus, dass auch das Alter der ablaichenden Weibchen in den Jahren vor dem Kollaps stetig gesunken war.[179] Die Daten der Forschungsfahrten wurden akribisch analysiert, und im Februar 1992 wurden neue Berechnungen vorgelegt, nach denen die Laicherbiomasse des Kabeljaus etwa 130 000 Tonnen betrug. Also weniger als die Hälfte der zuvor auf 300 000 Tonnen berechneten Biomasse. Die Wissenschaft riet deshalb zu einer drastischen Kürzung der Quote. Nach längerer Beratung gab Fischereiminister John Crosbie bekannt, dass maximal 25 000 Tonnen Kabeljau in der ersten Hälfte des Jahres 1992 gefischt werden durften. Außerdem legte man fest, dass Grundschleppnetze in der Laichzeit nicht verwendet werden dürften, bis der Nachweis erbracht sei, dass diese Art der Fischerei für den Bestand unschädlich ist.

Mit der stark reduzierten Quote war die Kabeljaukrise zu einer unbestrittenen Tatsache geworden. In den Nachrichten waren wütende Fischer und panische Zustände auf Neufundland und Nova Scotia zu sehen. Etwa ein Fünftel aller Arbeitsplätze dieser Regionen hingen mit der Fischerei zusammen. Insgesamt arbeiteten 30 000 Menschen in 1000 kleineren und größeren Fischereibetrieben. Ein Großteil des Kabeljaus wurde exportiert, traditionell macht der Kabeljau ein Viertel des kanadischen Fischexports aus. Die Fischer und die Angestellten der Fischindustrie – viele davon Saisonarbeiter – fürchteten, dass die Fischerei auf Kabeljau ganz verboten werden könne. Ihre Sorgen waren nicht grundlos, denn im folgenden Juli wurden neue Forschungsergebnisse veröffentlicht, nach denen die Laicherbiomasse nur noch zwischen 48 000 und 108 000 Tonnen lag – die niedrigste Berechnung in der Geschichte der kanadischen Fischereiforschung. Am 2. Juli wurde dann auf einer Pressekonferenz verkündigt, dass die nördlichste Kabeljaufischerei für zwei Jahre vollständig ausgesetzt werden müsse, um dem Bestand die Chance zu geben, sich wieder zu erholen.[180]

Wütende Fischer versuchten die Konferenzräume zu stürmen, in denen der Fischereiminister zu den Medien sprach. Die lange befürchtete Entscheidung löste eine heftige Reaktion bei all jenen aus, die die Tragweite dieser gnadenlosen Wirklichkeit verstanden. Zum ersten Mal seit 500 Jahren musste ein Fangstopp verhängt werden. Die alte Kultur und der damit verbundene Lebensstil waren durch diesen Beschluss ebenso bedroht wie die moderne Fischerei-Industrie.

KAPITEL 8

VOM ÜBERFLUSS ZU SPÄTER EINSICHT

Es kam genau so, wie die Fischer es befürchtet hatten, denn auch 1994 wurde die Fischerei östlich und nördlich von Neufundland noch nicht wieder freigegeben. Südlich von Neufundland und im St. Lorenz Golf wurde die Fischerei auf die schwachen Bestände noch 1992 und 1993 fortgesetzt, bis das kanadische Department of Fisheries and Oceans auch hier im Herbst 1993 einen Fangstopp verhängte. Nach 500 Jahren Kabeljaufischerei war es nicht mehr vertretbar, die Reste des dereinst gigantischen Kabeljaubestandes zu befischen. 30 000 Arbeitsplätze gingen in der Folge verloren.

Auch die USA hat die Kabeljaufischerei 1994 eingestellt und große Schutzzonen im Bereich der Georges Bank eingerichtet. Es hagelte daraufhin Beschwerden über die unbrauchbaren Wissenschaftler, die untätigen Politiker und die gierige, internationale Trawlerflotte, die seit 1977 vor Kanadas neu eingerichteter 200 Meilen-Zone ihr Unwesen trieb.

Seit dem frühen 16. Jahrhundert kommen französische, englische, portugiesische und spanische Fischer regelmäßig nach Neufundland, um Kabeljau zu fischen.[181] Auf historischen Quellen beruhende Schätzungen besagen, dass im Laufe der 103 Jahre von 1647 bis 1750 vermutlich acht Millionen Tonnen Kabeljau gefangen wurden, verteilt auf 25 bis 40 Kabeljaugenerationen (eine Generation beträgt zirka 7,5 Jahre).[182] Im Vergleich dazu fing die moderne Trawlerflotte von 1960–1975 ähnlich viele Fische – allerdings aus nur zwei Kabeljaugenerationen.

Übersehene Signale

Im Laufe der 1980er-Jahre berichteten kanadische Fischer immer wieder über den Fangrückgang der traditionellen, küstennahen Kabeljaufischerei. Diese Hinweise wurden weder von der Forschung noch von der Fischereiverwaltung ernst genommen, die ihr Hauptaugenmerk längst auf den Kabeljau im offenen Meer gerichtet hatten. Statt fischereiabhängige Daten von Tausenden von Fischern zu sammeln, die auf herkömmliche Weise entlang der Küste fischten, wurden Daten von den wenigen großen Fischereigesellschaften gesammelt, die mit gut 50 Trawlern weit draußen unterwegs waren. Im Nachhinein hat sich dies als großer Fehler erwiesen. Auch der Kabeljau, der seit Hunderten von Jahren küstennah befischt wurde, ist ein Teil des Gesamtbestandes. Diese Fische ziehen in kleineren Gruppen und über verschiedene Wanderrouten an der Küste entlang zu Laich- und Aufwuchsorten, mischen sich im Sommer aber auch immer wieder mit dem Bestand im offenen Meer.[183] Die Fischer gingen schon lange von einem solchen Verhalten aus, was dann auch 1962 durch ein groß angelegtes Fisch-Markierungsprojekt belegt werden konnte. Leider scheint diese Arbeit in den 1980er-Jahren in Vergessenheit geraten zu sein, auf jeden Fall weigerte man sich, einen Zusammenhang zwischen dem seit 1982 dokumentierten Rückgang der küstennahen Fangerträge mit dem totalen Bestand der Biomasse zu erkennen.[184] Einige kanadische Forscher stützten zwar die Ansicht der Fischer, aber ihre kritischen Berichte wurden missachtet. Hinzukam die Tatsache, dass die weit draußen operierenden Trawler im ersten Teil der 1980er-Jahre steigende Fänge meldeten, während die fischereiunabhängigen Daten der Wissenschaftler auf einen Rückgang der Bestände schließen ließen.

Später wurde dies als ein klassisches Problem der Fischereiforschung und -verwaltung identifiziert. Während die Fischerei-Industrie sich auf die Bereiche konzentriert, an denen es tatsächlich Fische gibt, sammelt die Forschung Daten aus *allen* Meeresbereichen. Deshalb können die Fangerträge auch bei kleineren Beständen durchaus hoch bleiben. Mit der Zeit sind die Fangtechnologie sowie die technische Ausrüstung, um die Schwärme zu finden, immer besser geworden[185], während die noch verbliebenen Fische die Tendenz haben, immer enger zusammenzurücken. Gelingt es, die eng umgrenzten Schwärme zu finden, können auch bei abnehmenden Beständen gute Fänge gemacht werden.

1986 stimmten die Zahlen dann wieder. Die fischereiunabhängigen Daten der Forschung entsprachen den Fangergebnissen der Trawler, obwohl küstennah noch immer kaum Fische zu finden waren. Die Fischereiverwaltung atmete erleichtert auf und vergab optimistische Quoten für die unterschiedlichen Fischereigebiete. Man ging von der Theorie aus, dass die Temperaturen einen negativen Einfluss auf die Wanderungen des Kabeljaus hatten, sodass die Sorgen erst einmal vom Tisch waren. 1989 wurde jedoch erneut deutlich, dass der Kabeljaubestand dramatisch eingebrochen war. Das DFO riet dazu, die Quote auf 125 000 Tonnen zu senken, was der Quote entsprach, die der kompletten küstennahen Fischerei im Jahr zuvor zugesprochen worden war. Die Politiker standen unter enormen Druck und wagten es nicht, den Ratschlägen der Fischereibiologen Folge zu leisten. Mit der Konsequenz, dass in den Folgejahren viel zu hohe Quoten vergeben wurden, sodass auch noch der letzte Rest der Laicherbiomasse weggefischt wurde. 1992 war das Konto dann so gut wie leer. Der Kollaps war eine Tatsache. Bis heute, mehr als dreißig Jahre später, gibt es nur bescheidene Indizien dafür, dass der Bestand sich wieder aufbaut.[186]

Jeffrey Hutchings kam 1992 als junger Forscher in die kanadische Fischereibiologie. Wir haben es größtenteils seiner Arbeit zu verdanken, dass wir heute verstehen, was zu dem katastrophalen Kabeljaukollaps geführt hat. Gemeinsam mit einigen wenigen, fähigen Mitstreitern hat er furchtlos aufgezeigt, wie das System, das die Fischbestände eigentlich sichern sollte, wichtige Signale im verfügbaren Datenmaterial übersehen hatte. In einer Reihe von Artikeln dokumentierten Hutchings und seine Kollegen die lange Fehlerkette. Das System hatte die verantwortungslose Überfischung nicht gestoppt, die schließlich zur größten Massenausrottung der modernen Zeit geführt hat. Man geht davon aus, dass zwischen 1,5 und 2,5 Milliarden laichreifer Kabeljau-Individuen entnommen wurden, was sowohl in Anzahl als auch in Biomasse die Ausrottung der Büffel auf der nordamerikanischen Prärie übertrifft.[187]

Hutchings und seine Kollegen haben auch eine mögliche Erklärung dafür, dass es so lange dauert, bis die Bestände vor Neufundland sich wieder regeneriert haben werden, sofern dies je der Fall sein wird.[188] Das zentrale Problem ist, dass die hohe Produktivität, die für viele Fischbestände typisch ist, auf ein Minimum reduziert wird, wenn die Bestände deutlich kleiner sind. Die Robustheit eines großen Bestands mit zahlreichen Individuen beruht auf der Tatsache, dass sich so auch viele laichreife Fische begegnen und folglich an mehreren Stellen und zu unterschiedlichen Zeitpunkten laichen, damit die Larven bestmögliche Aufwuchsbedingungen bekommen. Große, alte Fische produzieren größere Eier mit höherem Überlebenspotenzial. Ein 15 Kilo schwerer Kabeljau produziert deutlich mehr Eier als ein Kabeljau von fünf oder drei Kilo. Diese wichtige Vielfalt wird drastisch eingeschränkt, wenn nur noch wenige Individuen vorhanden sind.

Hätte das auch in Norwegen geschehen können?

Auch der Kabeljaubestand in der Nordsee und im Skagerrak wurde über 500 Jahre lang bis zum Kollaps befischt. Die Pilk-Fischer in Revet im Sørland hatten in den 1970er-Jahren die letzten guten Fänge von großwüchsigem Nordseekabeljau. Bis dahin war die Fischerei noch gänzlich unreglementiert, das heißt, es gab noch keine Quotenempfehlungen seitens der Wissenschaft. Die Forschung konzentrierte sich damals noch vorwiegend auf die Möglichkeiten zur Lokalisierung der Fische.

Den Fischereidruck zu vermindern, gelang uns erst, als Ende der 1980er-Jahre die Überfischung des Skrei offensichtlich wurde. Neben der Reduzierung des Kabeljaubestandes auf eine kritisch niedrige Laicherbiomasse war auch der wichtige Loddenbestand in der Barentssee kollabiert. Ohne genügend Lodde im Nahrungsnetz hatten sich die großen Kabeljaue übermäßig an den eigenen Jungfischen bedient, sodass die Reproduktion auf einem Minimum war.[189] Die Lodde wurde 1986 für vier Jahre total geschützt. Da wir sowohl den Barentssee-Kabeljau als auch die Lodde überfischt hatten, gab es 1989 so wenig Kabeljau, dass die Küstenfischer forderten, die Schleppnetzfischerei mit Grundnetzen in der Barentssee komplett zu verbieten.

Um fünf vor zwölf hatte auch die Fischereibiologie verstanden, wie ernst die Lage war, und die richtigen Hinweise gegeben. Sowohl die Art der Fischerei als auch die Quoten mussten sich ändern. Entscheidend war aber auch, dass die Politiker auf die Forscher hörten und die eingeforderten Maßnahmen umsetzten. Ich erinnere mich an einen Bericht in der abendlichen Nachrichtensendung *Dagsrevyen*, in dem ein trauriger Fischer interviewt wurde, während im Hintergrund sein Boot verschrottet wurde. Er wurde finanziell entschädigt, trotzdem waren diese Ereignisse für die Fischer dramatisch. Die Küstenfischer wurden dafür zur Rechenschaft gezogen, dass der Skrei überfischt worden war, während der industriellen Schleppnetzfischerei mit Großtrawlern finanzielle Anreize gegeben wurden, um eine Zeit lang andere Weltmeere zu befischen, damit der Skrei sich in der Zwischenzeit erholen konnte.[190]

Vielleicht erkannten wir den Ernst der Situation nur deshalb, weil wir noch einen anderen Fischereikollaps frisch in Erinnerung hatten. Ende der 1960er-Jahre war deutlich geworden, dass wir den dereinst „unerschöpflichen" Heringsbestand, genauer gesagt, den im Frühjahr laichenden norwegischen Heringsstamm, durch rücksichtslose Überfischung fast vollständig vernichtet hatten. Dieser Bestand zieht nach dem Laichen vor der Küste Mittel- bis Südnorwegens traditionell ins Freiwasser der Nordsee.

Als im Laufe der 1960er-Jahre der Eindruck aufkam, dass der Heringsbestand abnahm, berechnete das Meeresforschungsinstitut den Bestand noch mit einer Fischlokalisierungsmethode, die viel zu spät erkennen ließ, wie rasch er abnahm. Bei den Kontrollfahrten wurde immer weniger Hering gefunden, und auch die Larven entlang der Küste fehlten. In der ersten Hälfte der 1970er-Jahre zogen die letzten Schwärme der verbliebenen Heringe in die Fjorde Westnorwegens und sammelten sich in drei Bereichen: bei Vika in Trøndelag, im Øyhellesund auf den Lofoten und in Aure in Nordmøre. Die Ortsansässigen hatten seit Generationen keine solchen Heringsvorkommen mehr erlebt, der Leiter der Heringsforschung[191] mahnte aber zur Zurückhaltung und riet zum vollkommenen Schutz der Art. Er erklärte, die Wahrscheinlichkeit, dass diese drei Schwärme der gesamte Rest des ehemals riesigen Bestandes wären, sei sehr hoch. Der Wiederaufbau des Heringsbestands müsse über diese Schwärme führen, weshalb es entscheidend sei, sie nicht zu befischen. Die Maßnahme wurde auch von den lokalen Fischern akzeptiert, da viele erfahrene Fischer selbst festgestellt hatten, dass keine Schwärme mehr zu finden waren. Überdies hatten enge persönliche Verbindungen zwischen Fischern und Fischereibiologen das Vertrauen wiederhergestellt. Trotzdem waren nicht alle begeistert. So klagte ein Heringsfischer aus Vika wegen des Fangverbots gegen den Staat und wurde bei einer öffentlichen Veranstaltung sogar handgreiflich.[192]

Heute ist der Bestand des Herings wieder gesichert und bildet damit die Grundlage für die größte Fischerei der Welt. Die Verwaltung des Heringsbestandes ist dabei nach wie vor eine Herkulesaufgabe. Heringe werden alt, weshalb auch große Bestände aus nur wenigen Jahrgängen bestehen können. Dies führt immer wieder zu Konflikten, wenn die Wissenschaft zur Maßhaltung aufruft und betont, wie wichtig es ist, die älteren, erwachsenen Tiere zu verschonen, bis eine neue, starke Generation herangewachsen ist. Das Unverständnis bei den Fischern ist gerade dann groß, wenn das Meer vor Heringen nahezu brodelt …

Es ist wichtig, den Fischern zuzuhören, die Beweislast liegt aber bei der Forschung. Überdies muss die Wissenschaft den Mut haben, bei diesem Streit ein ums andere Mal hart zu bleiben. Obwohl die Forschung auf Basis von immer besseren Methoden internationale Ratschläge erteilt, gibt es keine Garantie, dass diese Ratschläge auch befolgt werden. Neben dem Makrelenbestand in der Nordsee teilen wir uns auch den Heringsbestand mit einer Reihe von Küstenstaaten, und diese Länder berufen sich durch historische Fischereirechte auf dieselben Bestände. Im Fall von Hering und Makrele sind das die EU-Staaten, sowie die Färöer, Island, Norwegen und Russland, wobei es fast nie gelingt, sich über eine Aufteilung der Gesamtquote zu einigen. Immer wieder bewilligen die einzelnen Länder sich viel zu große, nationale Quoten; das gilt auch für Norwegen. Dieses Problem wiederholt sich Jahr für Jahr, sodass wir sehenden Auges zu viele Fische aus dem Bestand entnehmen.

Die Zusammenarbeit, die die nachhaltige Nutzung der grenzüberschreitenden Fischbestände sichern soll, ist fehlgeschlagen. Im Jahr 2024 hat der Heringsbestand die geringste Dichte seit 1988 erreicht und sich damit der unteren Grenze des Laicherbestands genähert, den es braucht, damit der Bestand stabil erhalten bleibt.[193] Der Hering spielt eine extrem wichtige Rolle als Bindeglied vom Plankton zum restlichen Nahrungsnetz. Gibt es viele Heringe, ist der Tisch für Seevögel, Wale und viele Fischarten reich gedeckt, und auch die Fischerei kann dann mit geringem Einsatz gute Erträge erzielen. Stattdessen ist der Heringsbestand ein weiteres Mal essenziell bedroht.

Glücksspiel mit dem Skrei?[194]

Wie sieht es dann mit dem Kabeljau in der Barentssee aus, dem Skrei, dem Lofoten-Kabeljau, dem Inbegriff des norwegischen Erfolges als Fischerei-Nation? Nach dem Kollaps des Bestandes in Kanada sollte man doch davon ausgehen, dass mit dem hiesigen Bestand extrem vorsichtig umgegangen wird? Leider ist die Situation aber vergleichbar mit der des Herings oder der Makrele. Nach einer Periode, in der der Bestand als groß genug eingeschätzt wurde, um ihn so massiv wie vielleicht nie zuvor zu befischen, liegt die Reproduktion auf einem stabilen, aber niedrigen Niveau.[195] Die Entnahme setzte dem Bestand dauerhaft zu, und seit 2021 raten die Forscher dazu, die Quoten rasch zu reduzieren, um den Laicherbestand mit voller Kapazität zu erhalten.[196]

Aber statt die Quoten zu reduzieren, hält sich die Fischereiverwaltung an einen Beschluss aus dem Jahr 2016, nach dem die Quoten von Jahr zu Jahr immer nur um maximal zwanzig Prozent verändert werden dürfen;[197] nach oben wie nach unten. Von dieser Regel soll nur dann abgewichen werden, wenn der Laicherbestand sich der kritischen Untergrenze von 460 000 Tonnen nähert. Der ursprüngliche Gedanke war sicher gut. Man wollte mit diesem Beschluss das Preisniveau bei zunehmenden Beständen einigermaßen stabil halten und dem Wirtschaftszweig maximale Sicherheit und Vorhersehbarkeit geben.[198] Diese Regel war damals auch von der Forschung gutgeheißen worden und galt als nachhaltig. Heute wissen wir, dass es besser wäre, wenn die Fischereiverwaltung einsähe, dass die Natur nicht so vorhersehbar ist, wie wir uns das wünschen – insbesondere, was die Fischerei angeht. Ein Wirtschaftszweig, der auf der Befischung wilder Bestände basiert, muss das berücksichtigen und sich entsprechend verhalten.

Im Laufe der letzten fünfzehn Jahre – also von 2009 bis 2023 – haben Norwegen, Russland und die anderen Nationen, die den Kabeljau in der Barentssee befischen, insgesamt 11,3 Millionen Tonnen Kabeljau entnommen. Im Laufe von nur zwei Kabeljau-Generationen verlassen wir uns darauf, dass der Bestand neben der normalen Sterblichkeit der Fische diese dauerhaft hohe Entnahme verkraftet. Der Gesamtbestand wurde zu seinen besten Zeiten (Anfang der 2000er-Jahre) auf nur ca. 3 Millionen Tonnen und die notwendige Laicherbiomasse auf 2 Millionen Tonnen geschätzt. Die Zahlen erinnern an die Berechnungen in Kanada, wo in den Jahren von 1960–1975 ebenso viel Kabeljau entnommen wurde wie in den ersten hundert Jahren der Fischerei. Wie ist das zu erklären? Glauben die Entscheidungsträger noch immer an die unbegrenzte Produktivität des Kabeljaus? Ignorieren sie deshalb wichtige Aspekte der Biologie dieser Fische?[199] In der Barentssee beträgt das zulässige Mindestmaß lächerliche 44 Zentimeter, weshalb enorme Mengen Kabeljau schon im Jugendstadium entnommen werden, ohne dass diese Fische jemals abgelaicht hätten. Und dies, obwohl Wissenschaftler der Universität Oslo bereits nachgewiesen haben, dass die Rekrutierung des Skrei besser war, als der Bestand aus deutlich mehr großen, alten Laichtieren bestand.[200] Die Wissenschaftler haben berechnet, dass der Laicherbestand sich bereits 2025 der kritischen Grenze näherte und deshalb schon 2024 dazu geraten, die Quoten für 2025 um 31 Prozent zu senken[201],[202]. Dies wäre die niedrigste Quote seit 2002, und sollte die vorgeschlagene Menge entnommen werden, wäre der Bestand damit auf dem niedrigsten Niveau seit 1991.[203]

Das letzte Mal haben wir uns in den 1990er-Jahren in eine solche Ressourcenkrise gefischt. Das ganze Jahrzehnt hindurch war die Quote konstant höher angesetzt worden, als die Forschung es empfohlen hatte. Und wie beim letzten Mal, kann auch dieses Mal der Wiederaufbau der Bestände schwierig werden. Die Fischereiwirtschaft wird gegen die niedrigen Quotenempfehlungen protestieren und die Empfehlungen der Wissenschaft anzweifeln. Und selbst wenn es uns gelingt, den Trend umzukehren und wir schließlich wieder einen mächtigen Kabeljaubestand in der Barentssee haben, sind damit nicht alle Probleme beseitigt.[204] Der Bestand des nordostarktischen Kabeljaus setzt sich vermutlich aus einer Reihe kleinerer Unterbestände oder Gruppen zusammen, die eigene Vorzugsgebiete und Wanderrouten haben. Wenn diese wertvolle Vielfalt in der Phase des Bestandsrückgangs verlorengeht, haben wir keine Garantie, dass sie sich wieder ausbildet, auch wenn der Bestand erneut wachsen sollte.

Die Art und Weise, in der wir in Norwegen in den letzten Jahrzehnten Fischerei betrieben haben, war für die Reedereien und Aktionäre einträglich, was zu einer immer größeren Bereitschaft zu ökonomischen Risiken geführt hat. In dieser wirtschaftlich starken Zeit sind die gesammelten Schulden der Fischereiwirtschaft auf 63 Milliarden Kronen (ca. 500 Millionen Euro) angestiegen. Dies führt natürlich dazu, dass die Besitzer der

Fischereiflotten nervös werden und unablässig vorhersehbare und stabile Rahmenbedingungen fordern – eine Voraussetzung, die wilde Fischbestände aber nur dann bieten können, wenn sie nachhaltig befischt werden.

Die fangunabhängigen Ausgaben wie Zinsen oder Versicherungen bleiben gleich hoch, egal ob man fischt oder nicht. Reedereien und Schiffe mit hohen laufenden Kosten brauchen deshalb auch stabil hohe Fangerträge. Dieses Bedürfnis kollidiert mit den natürlichen Variationen und der Notwendigkeit von Perioden, in denen die Bestände sich wieder aufbauen können, damit sie auch in Zukunft noch stabil sind. Niedrige laufende Kosten bieten hingegen ausreichend Flexibilität, um sich den Variationen der Natur anzupassen.

Fachübergreifend wird seit Jahren vor dieser Entwicklung gewarnt. Trotzdem waren es vermutlich die Forderungen nach stabilen Rahmenbedingungen, die zu der im Frühjahr 2024 von der Regierung verabschiedeten Quotenregelung geführt hat. Ein nur sehr geringer Quoten-Anteil wurde von der industriellen Schleppnetzfischerei auf die kleineren Küstenboote übertragen. Enttäuschte und in ihrer Existenz bedrohte Küstenfischer blockierten daraufhin die Zufahrten zum Hafen von Hammerfest und einigen anderen Häfen in der Region Finnmark, um gegen die Quotenregelung zu protestieren.

Subventionen – die schlimmsten Feinde von Fischen und Fischerei

Die Fischerei ist eine Form der Jagd, bei der es die Beute nur in begrenzter Anzahl gibt. Es ist deshalb entscheidend, dass wir genug Elterntiere verschonen, damit die lebenden Ressourcen sich reproduzieren und erneuern können. Die Ausbeute der Jagd soll aber ihre Kosten decken, schließlich müssen auch Löhne und Treibstoff gezahlt und das Boot und die Ausrüstung gewartet werden. Ganz zu schweigen von den Versicherungen und Nebenkosten. Ein gesunder, reichhaltiger Fischbestand erlaubt es, diese Kosten zu decken und vielleicht noch einen überschaubaren Gewinn zu machen, womit allen gedient ist – sogar den Banken.

Wenn die Ressourcen abnehmen, verdienen die Fischer und die Eigner der Boote weniger, sodass sich die Ausfahrten nicht mehr rentieren. Sie gehen trotzdem weiterhin auf die Jagd, machen aber nur noch selten Beute. Ist diese Situation erreicht, wäre es das Beste, Boote und Mannschaften blieben für eine Weile an Land. Staatliche Subventionen, dank derer die Fischer noch ausfahren, obwohl kaum noch Fisch vorhanden ist, sind kontraproduktiv und extrem schädlich, will man den totalen Kollaps und die langfristige Vernichtung der Arbeitsplätze verhindern.

Leider sind solche Subventionen noch immer auf der ganzen Welt üblich, obwohl man seit Jahrzehnten über die negativen Effekte Bescheid weiß. In einer Studie aus dem Jahr 2021 rangierte Norwegen auf dem 10. Platz der Empfänger schädlicher Fischereisubventionen.[205] 2018 flossen ganze 4,6 Milliarden Kronen (etwa 38 Millionen Euro) in die Fischereiwirtschaft. Der Wert des Exportes von wild gefangenem Fisch und Schalentieren betrug im selben Jahr 28 Milliarden Kronen (236 Millionen Euro).[206] Man mag denken, dass Subventionen in Höhe eines Sechstels des Exportwertes volkswirtschaftlich richtig sind. Die häufigste Art dieser Subventionen sind Zuschüsse für Treibstoff sowie Bau und Instandhaltung der Fischereiflotte. Treibstoffsubventionen erhöhen die Wirtschaftlichkeit und laden zu intensiverer Befischung ein. Diese Subventionen führen aber nur dazu, dass die fehlende Wirtschaftlichkeit der Fischerei verschleiert wird. Zuschüsse für den Bau und die Instandhaltung der Boote führen zu Überkapitalisierung und höherer Kapazität, da mehr Geld in größere, effektivere Boote investiert wird. Banken und Investoren erwarten aber, dass die Kredite zurückgezahlt werden, weshalb die Boote Ertrag bringen müssen.

Es gibt zahlreiche Gründe, warum manche Staaten bereit sind, solche Subventionen zu zahlen. Ein Beispiel ist politischer Druck aus der Wirtschaft und von der Fischereilobby, damit keine Betriebe schließen müssen oder keine Fischereirechte verfallen, auch wenn dort aktuell nichts mehr gefischt werden kann. Auch wenn die Gründe zahlreich und teils nachvollziehbar sind, schaden die Fischereisubventionen den Ökosystemen und insbesondere den befischten Arten. Ganz anders würde sich eine zeitlich befristete Unterbrechung der Fischerei auswirken. Es ist deshalb richtig, die Fischer finanziell zu unterstützen, während die Fischbestände sich erholen. Subventionen dürfen keinen Anreiz geben, die bedrängten Ressourcen weiter zu befischen. Die Fischereipolitik wird nicht selten als ein „*march of folly*“ bezeichnet, in der ein falscher Beschluss zum nächsten führt.[207]

Seit 2023 zahlt der norwegische Staat Dieselsubventionen an die Krabbentrawler im Skagerrak, um die Wirtschaftlichkeit dieses Fischereizweiges zu erhalten. Gleichzeitig wurde die Fangquote um 47 Prozent gesenkt. 2024 sank die Quote auf 25 Prozent der ursprünglichen Quote, die Dieselsubvention wurde aber trotzdem verlängert und von 3 auf 4,5 Kronen pro Liter erhöht.[208] Wissenschaftler in Schweden und Norwegen sehen Anzeichen für eine Ausrottung der Garnelenbestände in der Nordsee und der Norwegischen Rinne.[209] Dies zeigt deutlich, wie kontraproduktiv solche Subventionen sein können. Viel besser für den Krabbenbestand und das Ökosystem wäre es, die Boote blieben für eine Weile an Land. Die Kombination aus reduzierten Fangquoten und Subventionen ist ein Giftcocktail, der in der Praxis nicht selten zum sogenannten *„high grading"* führt, bei dem der Fang an Bord sortiert und nur der beste Teil abgeliefert wird.[210] Kleinere Fische oder kleinere Garnelen, die nur zu einem geringeren Preis verkauft werden können, aber trotzdem Teil der Quote sind, werden zurück ins Meer geworfen. In der Regel ist dieser Fang aber bereits tot. Dieses Verhalten vergeudet Ressourcen und ist ein großes Problem auch für die Forschung, die über die Fangstatistiken ermitteln soll, wie groß die Bestände tatsächlich noch sind.

Vom Nutzer zum Wächter des Ökosystems – gelingt uns der Übergang?

Das Meer war ein geduldiger Lehrmeister, und die Natur hat über lange Zeit unzweideutig auf unseren Eifer reagiert, die Ressourcen weit über die Schmerzgrenzen hinaus auszunutzen. Mittlerweile haben wir umfassende Kenntnis darüber, dass eine Begrenzung der Fischerei auf ein niedrigeres Niveau den Ökosystemen helfen und zu mehr Nachhaltigkeit führen würde. Die Pioniere, die die Fischereibiologie aufgebaut und die Kollapse in den 1970er-, 1980er- und 1990er-Jahren mitbekommen haben, haben dies bereits damals erkannt.[211] Außerdem gibt es heute internationale Richtlinien, die uns auffordern, diese Sachverhalte sehr ernst zu nehmen. Es besteht international Einigkeit darüber, dass nur die Einschränkung der Fischerei dazu führen wird, dass das Meer weiterhin die Ökosystemleistungen erbringt, die wir von ihm erwarten und im Kampf gegen die Klimaänderungen so dringend brauchen.

Ein weiterer Aspekt, der uns zu dieser Arbeit motivieren sollte, ist die Wirtschaft. Die Weltbank hat erst kürzlich den Bericht „*The sunken Billions*“ (Die versenkten Milliarden) veröffentlicht.[212] Der Name spielt auf die verspielten Einnahmen der Fischereiwirtschaft infolge der zu intensiven Befischung bereits reduzierter Bestände an. In der letzten Auflage des Berichts finden sich Berechnungen, dass wir allein im Jahr 2012 83 Milliarden Dollar verloren haben. Gelder, die nicht hätten verloren gehen müssen, wenn wir mit der effektiven Befischung gewartet hätten, bis die Bestände sich wieder erholt hätten. Es ist aus vielen Weltmeeren bekannt, dass die Fischerei immer weiter intensiviert werden muss (Zeit, Treibstoff, Motorkraft), um genug zu fangen, damit sich der Einsatz auch lohnt. Ein Forschungsbericht aus Großbritannien zeigt, dass die dortigen Fischer 2007 mithilfe modernster Trawlertechnik einen siebzehn Mal höheren Einsatz erbringen mussten, um den gleichen Fangertrag zu haben wie vor 118 Jahren.[213] Dies bedeutet im Umkehrschluss, dass im Vergleich zu 1889 nur noch ein Siebzehntel der verfügbaren Grundfischressourcen vorhanden sind – also nur 6 Prozent.

In Norwegen haben wir schon früher nützliche Erfahrungen mit einer Minderung des Fischereidrucks auf Hering, Lodde und Barentssee-Kabeljau gemacht. Die Bestände konnten sich wieder erholen und dann erneut gewinnbringend befischt werden. Solche Erfolge sind für eine Fischereination natürlich eine Herausforderung, denn wie kann dieser Reichtum der ganzen Bevölkerung zugutekommen? Welche Mengen an Fisch, die früher die wirtschaftliche Triebkraft vieler kleiner Küstenorte waren, werden heute noch in den lokalen Fischannahmestellen abgeliefert? Haben die Konzentration der Quoten auf relativ wenige Fischereigesellschaften und der Ausbau der Flottenkapazität dazu geführt, dass es jetzt schwierig, wenn nicht sogar politisch unmöglich ist, die Fischerei zu bremsen, wenn der Rückgang der Ressourcen dies erfordert?

2022 und 2023 tauchten in der Debatte um die Steuerpolitik häufig Begriffe auf, die den meisten neu waren. Die Regierung hat eine Art Grundsteuer auf die kommerzielle Fischaufzucht vor der Küste erhoben, die in den Medien schnell als Lachssteuer bezeichnet wurde, wodurch die Idee, die hinter der Einführung dieser Steuer stand, in Vergessenheit geriet. Die Grundsteuer ist eine wirtschaftliche Größe, die sich in diesem Fall aus dem

Profit berechnet, den eine Gesellschaft aus dem Küstenbereich oder Wasservolumen generiert, den es mehr oder minder gratis nutzen kann.

Wirtschaftswissenschaftler, die im Bereich der Fischerei arbeiten, setzen sich dafür ein, dass eine entsprechende Steuer auch auf den Profit erhoben wird, den die großen Fischereigesellschaften durch den kostenfreien Zugang zu den Fischereiressourcen haben.[214] Dieser Extraprofit geht heute in Form von Dividenden an die Aktionäre sowie als Sondergratifikationen an die Mannschaften. Als im Januar 2024 die Quotenregelung festgelegt wurde, war damit auch klar, dass die Regierung eine solche Steuer vorerst nicht einführen wird. Aber vielleicht erkennt man irgendwann in der Zukunft doch, dass eine Art Grundsteuer auf die genutzten Ressourcen der Fischerei berechtigt ist. Auf jeden Fall würde damit ein größerer Anteil der Wertschöpfung den eigentlichen Besitzern der Naturressourcen zukommen – der Gesellschaft – und dem System, das sie verwaltet. Es ist kostenintensiv, ein Forschungs- und Verwaltungssystem von Weltklasse aufrecht zu halten, und beides wird in Zukunft weder billiger noch weniger wichtig werden.

Der Mensch neigt dazu, alles auf eine Karte zu setzen und einen möglichen Profit maximal abzuschöpfen, wenn sich die Möglichkeit dazu bietet, wie kurzsichtig das auch sein mag. Im Moment sieht es so aus, als hätten wir vergessen, was wir vor einigen Jahrzehnten mühsam und schmerzhaft gelernt haben. Sei es bei der Makrele, dem Hering oder dem Skrei, den wir jetzt zum dritten Mal seit den 1980er-Jahren bedrohlich stark befischt haben. Es ist schmerzhaft, Meeresforscher zu sein und zusehen zu müssen, wenn so etwas auch heute, quasi während der eigenen Schicht passiert. Könnte Norwegen in den internationalen Verhandlungen nicht einfach aufstehen, Verantwortung übernehmen und sagen: „Wir reduzieren unseren Anteil, damit wir gemeinsam die empfohlene Quote nicht übersteigen." Könnte man so nicht einen neuen Präzedenzfall schaffen und eine Lanze für das Ökosystem brechen?

Ökosystembasierte Fischereiverwaltung ist die wichtigste Voraussetzung für eine nachhaltige Nutzung der lebenden Ressourcen im Meer. Der Fischereiwissenschaftler Robert Francis hat dazu zehn „Gebote" formuliert: 1) Wir brauchen eine ganzheitliche, kritische und adaptive Perspektive. 2) Wir müssen das etablierte Wissen beständig hinterfragen. 3) Man muss eine breite Altersstruktur der Bestände bewahren. 4) Intakte und wichtige Habitate müssen bewahrt und kartiert werden. 6) Die Widerstandskraft des Ökosystems muss ermittelt und erhalten bleiben. 7) Kopplungen in der Nahrungskette müssen identifiziert werden und erhalten bleiben. 8) Die zeitlichen Veränderungen der Ökosysteme müssen berücksichtigt werden. 9) Öko-evolutionäre Veränderungen infolge der Fischerei müssen berücksichtigt werden. 10) Der Forschungsansatz muss fachübergreifend, integrativ und inklusiv sein.[215]

Kurzfristig ist dies wenig wahrscheinlich. Andererseits ist in den letzten Jahrzehnten viel passiert. Die Erkenntnis, dass wir vorsichtiger mit der Natur umgehen müssen, geht Hand in Hand mit den neuesten Erkenntnissen zum Klimawandel. Wissenschaftler, die die Klimaanpassung der Fischerei erforschen, verweisen auf zahlreiche Fischbestände als Belege dafür, dass viele Arten gut mit wärmeren und variableren Klimaverhältnissen zurechtkommen.[216] Dabei zwingt uns gerade der Klimawandel, mehr Rücksicht auf die Ökosysteme zu nehmen, aus denen wir unsere Nahrung holen, was insbesondere für das Meer gilt.

KAPITEL 9

DAS MEER UND DER KLIMAWANDEL

Mein Kollege Dominique und ich steuerten das Boot durch die Passage der Lagune bei Amitié auf den Seychellen und folgten der Riffkante nach Süden. Erwartungsvoll warfen wir auf dem Sandboden den Anker, streiften uns die Ausrüstung über und überprüften sie gegenseitig. Im letzten Augenblick dachten wir daran, die Bootsleiter runterzulassen, über die man deutlich leichter zurück ins Boot gelangt. Dann spuckten wir in unsere Masken und ließen uns rücklings ins Wasser fallen.

Ringsum und unter uns bildete das Riff ein kupiertes Gelände aus Vorsprüngen und Knollen. Die meisten Fische waren mir neu, und überall wimmelte es von Farben und Bewegungen. Wir ließen uns ruhig nach unten sinken, knieten uns auf den Sand und betrachteten das Riff, das uns wie ein Amphitheater umgab. Die Instrumente, die Zeit, Tiefe und Temperatur angaben, zeigten 18 Meter und 30 °C. Ich erkannte einige verzweigte Korallen der Gattung *Acropora*. Die meisten hatten eine bräunliche Farbe, einige Kolonien leuchteten aber auch grün, orange und lila. Dann sah ich einen Fisch, den ich kannte: einen Weißkehl-Doktorfisch, eine charakteristische Art der Korallenriffe im Indischen Ozean. Auch die gestreiften „Seargent Major" erkannte ich aus dem Handbuch, das ich auf dem Flug studiert hatte. Eine Muräne schlängelte sich am Boden zwischen den Korallen entlang. Ich kam langsam zur Ruhe und bewunderte, was ich um mich herum sah.

Trotzdem stimmte irgendetwas nicht. Denn an mehreren Orten waren kreideweiße Korallenkolonien zu erkennen, die in all diesem Farbenreichtum seltsam deplatziert wirkten. Ich schwamm zu einer dieser blassen Korallen, um sie mir näher anzuschauen, justierte den Auftrieb und drehte mich so, dass meine Maske nur wenige Zentimeter von der fahlen Koralle entfernt war. Das Gewebe der Koralle, das sich wie eine Haut über das Kalkskelett zieht, war noch intakt, aber vollkommen durchsichtig. Mein Kollege signalisierte mir, dass auch er nicht wusste, was der Grund dafür war.

Zurück an Bord des Bootes fragte ich Dominique, ob er das Phänomen der Korallenbleiche kenne, aber er hatte es bisher noch bei keinem Tauchgang gesehen. Wieder zurück in unserer einfachen Unterkunft grübelten wir darüber nach, was der Grund sein konnte. War es normal, dass die Wassertemperatur in dieser Jahreszeit in 18 Metern Tiefe 30° C betrug? Dominique meinte, der Winteranfang sei sehr warm gewesen.

Bevor ich auf die Seychellen gekommen war, war mir die Wärme bereits im östlichen Stillen Ozean aufgefallen. Ich hatte den ganzen Februar und Teile des März an der Küste von Michoacán in Mexiko verbracht. War es möglich, dass in diesem El Niño-Jahr auch der Indische Ozean aufgeheizt worden war? Später sollte sich zeigen, dass sich im Laufe des südlichen Sommers 1997–1998 eine warme Oberflächenwasserblase im südwestlichen Indischen Ozean ausgebildet hatte, die schließlich bis zur Timorsee im Osten reichte.[217] Das warme Wasser umspülte damit sowohl die Seychellen als auch die Malediven. Die Temperaturen waren 2–3 Grad höher als für die Jahreszeit üblich, und die Wärme drang schließlich auch bis in tiefere Gewässerbereiche vor.

El Niño, „der Junge“, oder El Niño-Southern Oscillation, (ENSO) beschreibt einen Zustand außergewöhnlich hoher Oberflächentemperaturen im zentralen und östlichen Stillen Ozean nahe des Äquators. Das Phänomen hat den seltsamen Namen erhalten, weil es für gewöhnlich rund um Weihnachten entsteht. „Der Junge“ bezieht sich also auf das Jesuskind – El Niño de Navidad.

Im Osten des Stillen Ozeans gibt es einen großen Bereich, in dem kaltes, nährstoffreiches Tiefenwasser nach oben strömt, was unter anderem zu hohen Fischerträgen führt. In guten Zeiten bildet die peruanische Sardelle die Grundlage für eine der weltweit größten Fischereien.[218] Während einer El-Niño Phase stoppt die Aufströmung kalten Tiefenwassers fast ganz, dann schiebt ein starker Passatwind aus dem Westen warmes Oberflächenwasser an die Küsten von Süd- und Mittelamerika, mit dem Ergebnis, dass die Meerestemperaturen in einem riesigen Gebiet ansteigen, was wiederum das Wetter in weiten Teilen der Erde beeinflusst, und die globale Jahresmitteltemperatur anhebt. El-Niño-Episoden treten nicht selten im

Abstand von zwei bis sieben Jahren auf, wobei es kein festes Muster gibt. Während dieser Phasen reduziert sich die Produktivität der Sardellen, was sich auch stark auf die Fangerträge auswirkt. Das Phänomen ist eine Folge der Erwärmung des Stillen Ozeans, und obwohl die Auslöser noch nicht vollends bekannt sind, können wir die Entwicklung und Intensität der einzelnen El-Niño-Episoden mittlerweile gut vorhersagen.

Das Jahr 1998 war mit seinem Hitzepeak und den dabei gemessenen Temperaturen das bis dahin wärmste Jahr seit Beginn der Temperaturaufzeichnung[219]. Die darauffolgenden Wochen waren für die Korallen vor den Seychellen dramatisch. Die Hitze hielt an, und jeden Tag entdeckten wir neue Felder mit gebleichten Korallen. Der Boden leuchtete gespenstisch weiß, wenn wir mit dem Boot auf dem Weg zu unserer Arbeit im Westen von Praslin fuhren. Man nennt dieses Phänomen deshalb auch „Korallenbleiche". Korallen und viele andere Meerestiere sind in den äußersten Gewebeschichten von fotosynthetisch aktiven Algen (Zooxanthellen) besiedelt. Sie leben in einer Symbiose mit den Korallen und geben ihnen Farbe. Die Korallen bieten ihnen im Gegenzug einen Lebensraum, Kohlenstoff für die Fotosynthese und Nahrung (aus den Abfallstoffen der Korallen). Die Korallen erhalten Sauerstoff und Zucker von den einzelligen Algen, ein lebenswichtiger Zuschuss zu der Nahrung, die sie selbst aus dem Wasser filtern.

Geraten die Algen durch ungewöhnlich hohe Temperaturen unter Stress, stoßen die Korallen sie aus ihrem Gewebe ab. Sie werden zu Klimaflüchtlingen. Das Korallengewebe wird dadurch durchsichtig, sodass das weiße Kalkskelett zum Vorschein kommt. Nimmt die Wärme wieder ab, können die Korallen überleben und die Algen aus dem Wasser wieder aufnehmen. Hält sie aber an, sterben schließlich auch die Korallen. Das Gewebe löst sich auf und nur das weiße Kalkskelett bleibt übrig. Genau das ist vor den Seychellen, Malediven und vielen anderen Inseln im Indischen Ozean im April und Mai 1998 passiert.[220] Als Nächstes wurden die weißen Skelette von graugrünen, schleimigen Algen besiedelt. Bohrschwamm und Kalkröhrenwürmer griffen die toten Skelette an, die rasch porös und schwach wurden. Als der Juni dann mit Sturm und starkem Wellengang kam, brachen die toten Korallen an vielen Orten zusammen, sodass viele der Riffe sich in nicht wiederzuerkennende Knochenschutthaufen verwandelten, über denen die Fische auf der Suche nach ihrem alten Habitat verwirrt herumschwammen.

Lange Zeit wussten nur wir darüber Bescheid. Die Tauchzentren auf den Inseln waren noch geschlossen, das Wetter war schlecht, und niemand war so oft wie wir im Wasser. Viele glaubten uns nicht, außerdem wurden die Beobachtungen eines so weit aus dem Norden stammenden Mannes vermutlich nicht ernst genommen. Erst im darauffolgenden Juli und August wurde die Korallenbleiche ein wichtiges Thema auf den Seychellen. Auch von anderen Inseln kamen Berichte, überall waren Korallen abgestorben und lösten sich auf. Für eine Weile war es noch ungewiss, ob auch die tieferliegenden Riffe außerhalb der flachen Küstenzone betroffen waren. Dominique und ich griffen nach jedem Strohhalm und hofften das Beste, und schließlich fanden wir tatsächlich ein paar lebende Korallen. Einige massive Kolonien der Gattung *Porites* hatten überlebt. In der großen Lagune zwischen dem äußeren Riff und dem Strand konnte sich das Wasser an stillen Tagen, wenn die Sonne schien, stark aufheizen. Dort gab es einige kleinere Riffe mit hitzetoleranteren Arten, die die Wärme ebenfalls überlebt hatten. Diese Funde machten uns Mut. Gab es doch noch Hoffnung? Schließlich kam die beruhigende Meldung, dass die entfernteren Atolle weniger stark von der Korallenbleiche erfasst worden waren.

Ein Kollege am Australian Institute of Marine Science wollte herausfinden, ob und wie häufig diese Phänomene früher auftraten, also bevor irgendwelche Meeresbiologen dies dokumentieren konnten. Vielleicht war das Phänomen ja häufiger, als wir dachten. Er entwickelte eine Methode, mit der er weltweit Bohrkerne aus großen, alten Korallen entnehmen konnte. Eine der größten fand er am Great Barrier Reef vor Australien. Aus diesem Bohrkern konnte er die Korallenentwicklung bis zurück zum Jahr 1572 analysieren. Die ersten Spuren von Korallenbleiche fand er aber erst in den 1980er-Jahren.[221] Die Forschung konnte also nachweisen, dass der Zusammenhang zwischen El-Niño-Jahren, Korallenbleichen und Massensterben ein relativ neues Phänomen ist. An vielen Orten haben sich die Warmwasserkorallen an stabile Temperaturen gewöhnt, auch wenn die Riffe nahe der Wasseroberfläche liegen. Die Erwärmung, die wir seit der vorindustriellen Zeit bewirkt haben, ist zu schnell gekommen, damit diese Korallen sich daran anpassen konnten.

Mehr als 90 Prozent der Korallen auf den Seychellen sind allein im Jahr 1988, in dem die Korallenbleiche zum ersten Mal weltweit dokumentiert wurde, abgestorben. Seither ist dies ein immer wiederkehrendes Problem. In jedem El-Niño-Jahr kommt es zu globalen Auswirkungen, in den Jahren dazwischen nur regional. Die bisher größte Bleiche fand 2015–2016 statt und wurde durch den Netflix-Film *Chasing Coral* dokumentiert. Die Panik, die sich in Fachkreisen ausgebildet hatte, wurde etwas gedämpft durch die Erkenntnis, dass sich viele Korallenökosysteme nach der durch marine Hitzewellen ausgelösten Sterblichkeit rasch wieder erholen. Des Weiteren ist beobachtet und dokumentiert worden, dass tiefer liegende Riffe mit stabileren Temperaturen den Korallentieren als Rückzugsgebiete dienen, aus denen später eine Wiederbesiedlung der flacheren Bereiche stattfinden kann. Studien haben gezeigt, dass Korallen in fischreichen marinen Schutzgebieten, wo die Artenzusammensetzung noch natürlich ist, robuster gegenüber Temperaturänderungen sind als Korallen in überfischten Gebieten.[222] Weidende Fische wie Papageien- und Doktorfische halten Algen und Tang fern, sodass sich immer wieder neue Korallenkolonien ansiedeln und heranwachsen können. Die Alternative ist, dass die im flachen Wasser liegenden Riffe nicht mehr von Korallen, sondern von Algen besiedelt werden. Die Zukunft der tropischen Korallen im flachen Wasser ist unsicher, aber die Natur kann ebenso hart wie anpassungsfähig sein, wenn man sie nur gewähren lässt.

Es wird wärmer

Wir wissen schon sehr lange, dass die Temperatur des Planeten von der CO_2-Konzentration in der Atmosphäre beeinflusst wird. Der schwedische Chemiker, Physiker und Nobelpreisträger Svante Arrhenius berechnete bereits 1896, dass die Verbrennung fossiler Energieträger zu einem Anstieg der CO_2-Konzentration führt, die sich wiederum in einem Anstieg der Temperatur niederschlägt. 2022 haben wir eine historische Schwelle überschritten. Die CO_2-Konzentration war in diesem Jahr gegenüber der vorindustriellen Zeit um 50 Prozent angestiegen. Die entsprechende Temperaturzunahme um etwa 1,1° C mag moderat erscheinen, sodass man dazu neigt, sie zu bagatellisieren. Ein solcher Temperaturanstieg zwingt uns noch nicht, andere Kleidung zu tragen oder weniger zu heizen. Dabei wissen wir alle, wie groß der Unterschied zwischen −0,5 °C und +0,5 °C ist.

Der Temperaturanstieg ist überdies nicht gleichmäßig auf der Erde verteilt. In den Regionen, in welche die Wärme über Meeres- und Luftströmungen gelangt, macht er sich stärker bemerkbar, insbesondere, wenn die natürlichen, abkühlenden Systeme permanent geschwächt sind. Im Meer ist das immer dann der Fall, wenn die Aufströmung kalten, nährstoffreichen Tiefenwassers für kurze Zeit gebremst oder unterbrochen wird, was infolge von El-Niño an der Küste Südamerikas immer wieder passiert.

Wer einmal an einem strahlenden Sonnentag im Gebirge Ski gelaufen ist, weiß, wie effektiv der Schnee die Sonnenstrahlen reflektiert. Wir bezeichnen diese Reflektion als Albedo-Effekt. Wenn Meeresgebiete aufgrund wärmerer Temperaturen eisfrei werden, wird mehr Sonnenenergie in dem dunklen Wasser aufgenommen. Der Verlust der Reflektion verstärkt also die Erwärmung. Auf dem Land haben Wälder einen kühlenden Effekt[223], insbesondere die Verdunstung in tropischen Regenwäldern, durch die Niederschlag entsteht.[224] Der lokale, klimaregulierende Effekt der Wälder sowie die Beschattung durch die Bäume halten ganze Regionen in einem bewohnbaren „Klimafenster". Heute würde es uns wirklich zugutekommen, wäre der Wald, der noch vor gar nicht so langer Zeit alle Mittelmeerinseln und den gesamten Küstenraum dieses Meeres prägte, noch vorhanden.[225] Auch der Albedoeffekt der Wolken ist wichtig, und was Wolken und Wolkenbildung angeht, gibt es eine spannende Kopplung mit dem Leben im Meer. Ich habe bereits das Dimethylsulfid erwähnt, ein schwefelhaltiges Gas, das aus dem Wasser aufsteigt, wenn das Phytoplankton im Meer gefressen wird. Die mikroskopisch kleinen Algen, die im Gewebe der Korallen leben, scheiden dasselbe Gas aus. Es ist seit Langem bekannt, dass Dimethylsulfid und andere schwefelhaltige Gase zur Wolkenbildung beitragen und damit die Albedo erhöhen und die Atmosphäre abkühlen.[226]

Die Atmosphäre heizt sich auf und kühlt wieder ab, und die Lufttemperatur variiert von Tag zu Nacht und von Jahreszeit zu Jahreszeit. Luft hat eine geringe „Wärmekapazität". Die des Wassers ist viermal höher, was bedeutet, dass Wasser die Wärme viermal so gut speichert wie Luft. Während die Atmosphäre im Einklang mit der Uhrzeit, dem Wetter und den Jahreszeiten warm oder kalt ist, wärmt das Meer sich gleichmäßig auf und speichert diese Wärme lange. Umgekehrt ist das Meer ein gewaltiges Kühlaggregat für die Atmosphäre. Jeder, der schon einmal in kaltem Wasser gebadet hat, weiß, wie schnell man zu frieren beginnt, auch wenn die Temperatur der Wasseroberfläche 18–20° C beträgt. Das Meereswasser nimmt uns schneller die Wärme als die Luft, es braucht aber auch länger, sich zu erwärmen und hält diese Wärme länger fest. 90 Prozent der seit 1970 durch den CO_2-Anstieg bedingten Temperaturzunahme wurde im Wasser gespeichert, was zu einem langsamen Anstieg der Meerestemperatur geführt hat.[227] Bis jetzt hat dieser Wärmeüberschuss die tiefen Regionen noch nicht wirklich erreicht. Mehr als 50 Prozent der Erwärmung sind in den oberen 700 Metern gespeichert.

Die Trägheit der Wärmeleitung von der Oberfläche in die tieferen Regionen führt dazu, dass die Klimaerwärmung im Meer noch Jahrtausende andauern wird, selbst wenn es uns gelingen sollte, den Ausstoß der Klimagase zu reduzieren. Die Verzögerung der Meereserwärmung hat Vor- und Nachteile, was die Begrenzung der Klimakrise angeht. Positiv ist, dass das Meer wie ein Thermostat wirkt, während wir Zeit brauchen, um unsere Energieversorgung umzustellen. Dies hilft uns, die Erwärmung über viele Jahre hinweg einigermaßen stabil zu halten. Der Nachteil ist, dass wir damit die Effekte der menschgemachten Erwärmung bis weit in die Zukunft übertragen. Selbst wenn wir den Ausstieg aus der fossilen Energie schaffen und eine Null-Bilanz des CO_2-Ausstoßes erreichen, wird sich die Klimaänderung im Tiefenwasser noch lange in Form von Erwärmung, Volumenzunahme, abnehmendem Sauerstoffgehalt und Versauerung äußern.

Die Größe des Meeres spielt dabei eine wichtige Rolle. Die Meere und Ozeane machen 71 Prozent der Erdoberfläche aus, im Grunde leben wir auf einem Meeresplaneten. Betrachten wir das gesammelte Volumen des Meeres, schwindet jeder Zweifel an der Dominanz der Ozeane: es beträgt 1,39 Milliarden km^3, wobei diese Berechnung auf der durchschnittlichen Tiefe der Meere beruht. Dies ist zwölfmal so viel wie das mit 117 Millionen km^3 eher bescheidene Volumen der Erdmasse. Hier beruht die Berechnung auf der durchschnittlichen Höhe über dem Meer. Wärmt sich dieses riesige Volumen langsam auf, dehnt es sich auch aus, was zu einem steigenden Meeresspiegel führt. Die berechnete Zeitlinie für die Volumenzunahme, basierend auf einer Erwärmung um 1° C, ist eine der Hypotheken, die wir der Zukunft mitgeben.[228] Anfangs wird das Meeresniveau nur langsam steigen, in hundert Jahren werden das 0,6 Meter sein, in 2000 Jahren 4 Meter und nach 10 000 Jahren 7 Meter. Dies allein durch die Erwärmung um 1° C, die wir bereits jetzt bewirkt haben. Steigt die Temperatur noch weiter an, steigt das Meeresniveau noch höher, ganz zu schweigen von den Auswirkungen des Abschmelzens des Eises, das bei dieser Berechnung noch nicht berücksichtigt wurde.

Die Erwärmung geht schneller, als die Modelle vorhersagen

1998 gab die amerikanische Marine bis dato geheime Daten frei, aus denen hervorging, dass die klimatischen Veränderungen vor allem hoch im Norden schnell zu spüren sein werden. Viele werden sich an das Bild erinnern, auf dem der Turm eines U-Boots zwischen Eisschollen herausragt. Seit 1958 und während des gesamten Kalten Krieges haben amerikanische Atom-U-Boote auf ihren Übungsfahrten in der Nähe des Nordpols die Eisdicke vermessen. Die Sonare der Boote sind dazu geeignet, die Dicke des Meereseises über dem U-Boot zu analysieren. Die Daten zeigten, dass die Eisdicke bis in die 1980er-Jahre unverändert war, seitdem aber drastisch dünner wird.[229]

Obwohl wir den Zusammenhang zwischen der CO_2-Konzentration in der Atmosphäre und der steigenden Durchschnittstemperatur seit Langem kennen, wurde dies erst in den 1980er-Jahren ein wichtiges Thema. Im Laufe dieses Jahrzehnts wuchs unser Verständnis der globalen Erwärmung, und als 1990 der erste Bericht des UN Weltklimarates (IPCC)[230] veröffentlicht wurde, war die Botschaft mehr als deutlich: Unser CO_2-Ausstoß ist mindestens zur Hälfte verantwortlich für den beobachteten Temperaturanstieg um 0,3–0,6° C im Laufe der letzten hundert Jahre. Ändern wir unser Verhalten nicht, wird sich der Planet pro Jahrzehnt um weitere 0,3° C erwärmen.

Auf einer Großleinwand wurde eine digitale Version der Erde in Echtzeit gezeigt, mit Meeresströmungen, Luftströmungen, kalten und warmen Zonen. Wir sahen ein mathematisches Modell der Erde, das mit allen verfügbaren Daten gefüttert wurde, um das Klimasystem des Planeten wiedergeben zu können. „Das Modell ist nicht perfekt“, hieß es, „aber wir können ziemlich realistisch simulieren, wie sich die Temperaturzunahme auf die unterschiedlichen Regionen der Erde auswirkt.“

1994 war ich erneut in den USA, um meine ehemalige Gastfamilie zu besuchen. Dabei habe ich auch meinen Gastbruder Peter besucht, der in Boulder, Colorado, studierte. Dort liegt eines der Forschungszentren der NOAA (National Oceanographic and Atmospheric Administration), in dem wir eine Führung unternahmen. In dem Forschungszentrum arbeitete man schon damals mit einem „Erdsystemmodell“, einem digitalen Zwilling des Klimasystems der Erde. Der dazugehörige Computer nahm einen ganzen Raum ein, der mich an die Kulisse des Films „2001: Odyssee im Weltraum“ von Stanley Kubrick erinnerte. Durch eine Glaswand, die die Elektronik abschirmte, sahen wir mehrere sich drehende Magnetbänder.

Schon seit den 1970er-Jahren zeigten die ersten, einfachen Klimamodelle, dass sich die Polregionen viel schneller erwärmen würden als andere Teile der Erde. Viele begegneten den Simulationen des Klimas mit großer Skepsis. Sie glaubten nicht an die Modelle, was vielleicht daran lag, dass die Wissenschaftler diese nicht plausibel genug erklärten. Wir nutzen mathematische Modelle für die Lösung etlicher Fragestellungen. Der tägliche Wetterbericht ist ein Beispiel dafür, und die Klimamodelle sind eine Weiterentwicklung dieser Wettermodelle. Die eigentliche Herausforderung besteht darin, die Skalierung durch immer neue Daten zu reduzieren, um Aussagen für enger umgrenzte Regionen machen zu können. Natürlich werden die Modelle damit auch immer komplexer, sodass zu ihrer Bearbeitung die jeweils neueste Computertechnik erforderlich ist.

Die Skepsis, die den Klimamodellen entgegengebracht wurde, hat sich als unberechtigt herausgestellt. Es gab Abweichungen und Fehler, aber leider zu unseren Ungunsten, da die Wissenschaft zu konservativ gedacht hat: Die Klimaänderungen in den wärmsten und kältesten Regionen des Planeten sind schneller vor sich gegangen, als es die meisten Modelle vorhergesagt haben, vermutlich weil die selbstverstärkenden Effekte der Erwärmung so schwer zu berechnen sind.

Die zunehmende Temperatur des Meerwassers, das in die Arktis strömt, hat dazu geführt, dass das Eis immer dünner und jünger geworden ist. Heute ist das Eis in der Arktis das jüngste und dünnste seit 1958. Seit

Anfang der 2000er-Jahre werden die Messungen durch die Satelliten des amerikanischen ICESat-Programms und des europäischen Cryo-Sat-Programms unterstützt. Mehr als 70 Prozent des Packeises in der Arktis ist jetzt einjährig, was heißt, dass es im Winter gefriert und im Sommer wieder auftaut. Verglichen mit dem mehrjährigen Eis ist es nicht nur dünner, sondern es schmilzt auch schneller und bricht bei Wind und Regen leichter auf. Große Teile des Polarmeeres sind mittlerweile im Sommer eisfrei, und mehrere Fjorde auf Spitzbergen frieren auch im Winter nicht mehr zu. Wenn das Wasser der Arktis eisfrei ist, wird durch den Verlust der Albedo mehr Sonnenenergie aufgenommen. Dieser selbstverstärkende Effekt und seine Größe sind wichtige Ursachen dafür, dass die Arktis sich schneller erwärmt hat, als die Modelle es vorhergesagt haben. Mittlerweile ist dieser Effekt in den Modellen aufgenommen worden, und neue Simulationen zeigen, dass schon bis 2030 das gesamte Polarmeer eisfrei sein könnte.[231] Die Erdsystemmodelle, die von den Wissenschaftlern überall auf der Welt weiterentwickelt wurden, werden heute genutzt, um gemeinsame Berechnungen und Prognosen zu erstellen. Dies führt dazu, dass mehr Aspekte berücksichtigt und die Aussagen genauer werden können.

Viele Meeresforscherkollegen haben in den letzten Jahren zu dem Verständnis weiterer Mechanismen beigetragen, die zu der raschen Änderung der klimatischen Verhältnisse der Arktis beitragen und Ökosystem und Tierleben beeinflussen. So ist das Treibeis aus dem Polarmeer wichtig, um die Schichtung und die kühlen Temperaturen der Barentssee beizubehalten. In der Barentssee herrscht in der Tiefe ein beständiger „Kampf" gegen das warme, salzige Atlantikwasser.[232] Das Süßwasser aus der Eisschmelze stärkt die Schichtung des Meerwassers, weil seine Dichte geringer ist und die Wassermassen sich auf das schwere, salzigere Wasser legen. Gelangt weniger Meereseis und damit Frischwasser in die Barentssee, verschwindet die Schichtung, wodurch eine vollständige Durchmischung des gesamten Wasserkörpers droht. Dann würde das salzige, warme Wasser aus dem Atlantik auch die Oberfläche erreichen. Das Resultat wäre, dass die Barentssee weniger arktisch und stattdessen atlantischer würde, was wiederum einen Einfluss auf die Artenvielfalt hätte, da die arktischen Arten weiter nach Norden verdrängt würden.[233] Wenn die am Boden lebenden Fischarten dann aber den nördlichen Rand der flachen Barentssee erreichen – wir sprechen hier von einem Sockelmeer – liegt vor ihnen das tiefe Polarmeer. Arten, die nicht an das Leben im Freiwasser angepasst sind, können deshalb nicht weiter vor den Klimaänderungen fliehen.

Der Polarkabeljau ist eine schmächtige, kleine Dorschart. Er wird kaum 25 Zentimeter groß und wiegt etwa 100 Gramm, ist aber hart im Nehmen und eine Schlüsselart der Barentssee.[234] Die Besonderheit dieser Fischart ist, dass sie eine Art „Frostschutz" in den Zellen hat und auch noch in unterkühltem Meerwasser (bis −1,8° C) leben kann. Der Polarkabeljau laicht unter dem Eis und ernährt sich von tierischem Plankton. Natürlich steht er auf dem Speiseplan von anderen Fischen, Seevögeln, Seehunden und Walen. Vermutlich ist das einer der Gründe dafür, weshalb er immer weiter im Norden der Barentssee ablaicht.[235] Die Areale, die für diese wichtige Art ideal sind, schrumpfen durch die Erwärmung immer weiter, sodass auch diese Art einer unsicheren Zukunft entgegenblickt.

Eisbären und viele andere Meeressäuger der Arktis brauchen in ihrem Lebenszyklus Eisschollen. Sei es für die Jagd, zum Ausruhen oder für die Geburt und die Aufzucht der Jungen. Derzeit laufen mehrere Forschungsarbeiten über die Zukunft dieser von der Klimaänderung stark betroffenen Arten. Einige werden sich anpassen können, wir müssen aber damit rechnen, dass andere Arten Schwierigkeiten bekommen, wenn die Arktis im Sommer eisfrei ist.

In der Antarktis ist ein Großteil des Eises in Gletschern über Land gebunden. Diese Gletscher fließen langsam zu den Küsten, wo sie teilweise bis auf den Meeresgrund reichen. Ihre Bewegung wird jedoch durch die gigantischen Schelfeisbereiche gebremst. Eine der großen Unsicherheitsfaktoren der Klimaforschung ist die Frage, was geschieht, wenn dieses Schelfeis abbricht. Wird dann das Abtauen an Land schneller vonstattengehen? Mit den entsprechenden Auswirklungen auf den Meeresspiegel?

Zwei alte Schelfeisbereiche am Norden des Kontinents sind bereits verschwunden. Nachdem sie seit der letzten Eiszeit vor etwa 12 000 Jahren stabil waren, brach der Schelfeisbereich „Larsen A" 1995 ab. Es gab keine Zeugen für die Ablösung dieses gigantischen schwimmenden Eisstroms, aber einige Jahre später geschah dasselbe mit dem Schelfeisbereich „Larsen B". Mithilfe von Satellitenaufnahmen konnte das Schicksal dieses Eisstroms verfolgt werden. 3250 km² Eis – das entspricht in etwa der Fläche des Schweizer Kantons Waadt, brachen mit einer durchschnittlichen Eisdicke von 200 Metern von dem Gletscher am Festland ab. Im Laufe der nächsten drei Wochen zerbrach das Schelfeis in kleinere Schollen und trieb davon. Erklärt wurde der Vorgang durch die verstärkte Antarktische Oszillation (AAO; *Southern Hemisphere Annular Mode*) – eine Folge der durch Treibhausgase bedingten, globalen Erwärmung –, die im Sommer an der Antarktischen Halbinsel ablandig blasende warme Föhnwinde verursacht.[236] Das Schmelzwasser floss durch Spalten und weichte das Eis so stark auf, dass der Wellenschlag, der bis dahin keinen Einfluss auf das harte Schelfeis gehabt hatte, mit einem Mal ausreichte, um es aufzubrechen. Neuere Forschungsergebnisse zeigen, dass auch das weiter südlich liegende Schelfeis noch in diesem Jahrhundert dasselbe Schicksal erleiden wird. Und das, selbst wenn es gelingen sollte, die Vereinbarungen des Pariser Abkommens einzuhalten und die globale Erwärmung auf 1,5° C zu begrenzen.[237]

Hitzewellen im Meer

Nach den langen, kalten Wintern hier oben im Norden sehnen sich viele Menschen nach ein paar Tagen mit angenehmem, warmem Sommerwetter. Hält diese Periode mit besonders hohen Temperaturen lange an, sprechen wir von einer Hitzewelle. Genau wie an Land, führt die Erwärmung auch im Meer zu Hitzewellen.[238] Große Flächen Oberflächenwasser können sich stark erwärmen und manchmal bilden diese Bereiche Wirbel, in denen die hohen Temperaturen lange erhalten bleiben. Organismen, die nicht an diese Wärme angepasst sind, bekommen dann Probleme und sterben im schlimmsten Fall ab. Im Frühjahr 2024 haben wir konstatiert, dass das Jahr 2023 das wärmste Jahr seit Beginn der Temperaturaufzeichnungen 1880 war. Im Laufe des nordischen Sommers erreichten die Temperaturen im Atlantik nie zuvor gekannte Werte. Ende August lag die Wassertemperatur in mehreren Meeresgebieten 3° C über dem langjährigen Durchschnitt. Auch wenn die zehn wärmsten Jahre alle in den letzten zehn Jahren lagen, kennen wir solche Hitzepeaks auch von früher. Zum Beispiel aus dem Jahr 1998, mit dem ich dieses Kapitel begonnen habe. Der damalige Peak liegt noch heute an vierzehnter Stelle. In diesem Jahr kam ich zum ersten Mal mit den Auswirkungen des Klimawandels in Berührung.

Es begann 1997, in einem der wärmsten Sommer der Mess-Serie am Meeresforschungsinstitut Flødevigen. Das Institut misst dort seit 1918 die Wassertemperaturen in einem Meter Tiefe. Im Sommer 1997 wurde über einen Zeitraum von ganzen 63 Tagen 18° C oder mehr gemessen, und diese Wärme hielt bis zum 9. September an.[239] In jenem Sommer begann ich als Taucher einer Firma, die Fischzuchtanlagen betreut. Eigentlich war ich Student, der Job war aber eine gute Gelegenheit, besser mit der Fischzucht bekannt zu werden. Der Sommer war lang und schön, das stille, warme Wetter hatte aber auch Auswirkungen auf die Fjorde – sie wurden wärmer. Wir waren zu einer Anlage gerufen worden, deren Betreiber sich Sorgen um den mangelnden Appetit der Fische machte. Selbst beim Füttern kamen dort nur noch selten Fische an die Oberfläche.

Zu dieser Zeit war es noch üblich, dass die Netzbecken dicht an dicht lagen, nicht selten zwölf Becken in zwei Sechserreihen. Und es gab kaum Kameras zur Überwachung des Fischverhaltens. Wir bereiteten uns zum Tauchgang vor. Das Wasser war klar, und das Sonnenlicht drang tief ein. Schon auf den ersten Blick war zu erkennen, wie gestresst die Fische waren. Sie schwammen dicht an dicht ganz unten in den Becken herum. Der Boden der Becken lief konisch zu, sodass dort, wo die Fische am liebsten sein wollten, am wenigsten Platz war. Einige Tiere waren durch den Kampf um die besten Plätze bereits sichtlich angeschlagen. Die Ursache war der abnehmende Sauerstoff in den oberen Schichten, eine Situation, die für die Fische zunehmend lebensbedrohlich wurde. Am schlimmsten waren diese Zustände in den mittleren Becken, wo wir bis tief in die Nacht tote Fische aus den Netzen bargen. Um die Situation zu verbessern, installierten wir ein Strömungsgerät in der Nähe der Anlage, eine Art Floß, unter dem ein großer, langsam drehender Propeller befestigt war, der das Wasser durch die Becken strömen ließ. Überdies wurden einige Becken vom Rest der Anlage gelöst und weiter in die Fjordmitte gezogen. Wir blieben derweil unter Wasser und beobachteten das Verhalten der Lachse. Ein Großteil der Fische konnte gerettet werden, aber die Geschehnisse ließen den Betreiber der Anlage zweifeln, ob dieser Fjordarm überhaupt geeignet war, um während einer Hitzeperiode eine so große Zuchtanlage zu beherbergen.

Die marinen Hitzewellen, die Südnorwegen Ende der 1990er-Jahre erreichten, sind in den Mess-Serien von Flødevigen dokumentiert. Die Geschichte glich sich immer wieder: Die Meeresoberfläche wurde warm, und diese Wärme hielt an. Eine Weile war es unklar, ob die rekordverdächtigen Sommer Einfluss auf die Tiere und Pflanzen an der Südküste Norwegens hatten. 2002 begannen Kollegen des Instituts für Wasserforschung (NIVA) über Tauchgänge Stationen zu begutachten, die seit 1996 nicht mehr kontrolliert worden waren. Die Küstenüberwachung hatte in der Zwischenzeit die äußere Küstenlinie priorisiert, wo man insbesondere auf frühe Anzeichen einer Verunreinigung durch Nährsalze achtete. Als die Forscher die besser geschützten Stationen besuchten, wurde schnell deutlich, dass der Zuckertang seit 1996 fast vollständig verschwunden war. Waren die wiederholten Phasen mit Wassertemperaturen über dem optimalen Wachstumsbereich die Ursache für das Verschwinden dieser Art? Später wurde diese Vermutung durch Vergleiche mit anderen Gebieten bestätigt.[240]

Viele der Gebiete, in denen früher Zuckertang wuchs, sind heute von schnellwüchsigen Fadenalgen besiedelt. Diese Algen nutzen die Nährsalze und das Sonnenlicht für schnelles Wachstum und sind damit ein effektiver Konkurrent um den Lebensraum. Leider bilden diese Fadenalgen aber ein wesentlich schlechteres Habitat für Meerestiere als der ursprünglich dort wachsende Zuckertang. Es gibt einen deutlichen Zusammenhang zwischen dem Kleintierwachstum und der Ausbreitung der Fadenalgen. Schnecken und Tangläufer beweiden die Fadenalgen effektiv und halten ihr Wachstum in Schach. Werden diese Kleintiere aber von zu vielen Kleinfischen gefressen, wachsen die Fadenalgen unkontrolliert weiter.[241] Wir können der Natur deshalb helfen, indem wir den Bestand der kleinfischfressenden Jäger – in erster Linie Seelachs, Kabeljau und Meerforelle –vergrößern und dafür sorgen, dass die gierigsten Exemplare in den Fjorden bleiben und nicht im Kochtopf landen. Ein Mittel der Wahl wäre die Einführung von Entnahmefenstern[242] und Maximalmaßen für diese Arten.

Das Geheimnis der verschwundenen Miesmuscheln

In den Jahren nach 2010 häuften sich die Meldungen, dass es in den früheren Verbreitungsgebieten im Øst- und Sørland keine Miesmuscheln mehr gebe. In der Nähe von Ferienhäusern oder Wohnorten wurden die Muschelvorkommen als leicht zugängliche und noch dazu schmackhafte

Ressource benutzt. Die Orte waren seit Generationen dieselben. Deshalb war es sehr erstaunlich, dass die Muscheln plötzlich verschwunden waren.

An einem kalten, klaren Wintertag wollte ich das selbst überprüfen. Ich ging an den Strand und zu den Felsen, an denen das marine Pflanzen- und Tierleben beginnt. Auf den Felsen war ein Eisrand, darunter der charakteristische Saum der schwarzen Flechte. Seepocken, eine festsitzende Krebstierart, die ihre Nahrung mit umfunktionierten Kiemen fangen, saßen dicht an dicht im unteren Bereich des Felsens. Einige davon so groß, dass sie hier schon eine ganze Weile sitzen mussten. Vielleicht waren sie im letzten Winter vom Schaben des Eises verschont geblieben. Die leeren Felder zwischen den Pocken-Kolonien könnten auf die Aktivität von Napfschnecken hindeuten. Diese kegelförmigen Schnecken schleifen den Rand ihrer Gehäuse, sodass sie sich eng an den Fels geschmiegt festsaugen und bei Ebbe die Feuchtigkeit halten können. Auf diese Weise werden sie nicht von Seevögeln gefressen. Die Schnecken bewegen sich, wenn die Wellen über ihren Lebensraum spülen oder wenn Ebbe oder Flut gerade auf ihrem Niveau sind. Dann weiden sie den Fels mit ihrer rauen Raspelzunge ab.

Zwischen den Seepocken saßen auch einige kleine Miesmuscheln, die sich mit ihren Byssusfäden festhielten. Die meisten schienen die Kalkplatten der Seepocken zu nutzen, und alle waren mit 1,5 Zentimeter etwa gleich groß. Genau nach diesen Jungmuscheln hatte ich gesucht. Diese Muscheln hatten sich hier irgendwann im vorigen Sommer als Larven festgesetzt, sahen jetzt aber einer ungewissen Zukunft entgegen. Eine Gruppe Eiderenten dümpelte in der Nähe, im Laufe des Winters würden sie sicher auch die nährstoffreichen Muscheln fressen. Auch die Gemeinen Seesterne haben die Muscheln auf dem Speiseplan. Sie können bei Hochwasser auf die Felsen kriechen und die Muscheln auf ihre ganz eigene Art töten: Sie schieben die Schalen auseinander, stülpen ihren Magen aus und schieben ihn in den Muschelspalt. Mit Enzymen, die aus der Oberfläche des Magens ausgesondert werden, töten sie die Muscheln, die der Seestern dann direkt verdaut.

Die Berichte über das Verschwinden der Miesmuscheln wurden natürlich ernst genommen, unser Problem war nur, dass es keine belastbaren Vergleichsdaten gab. Im letzten Kapitel habe ich von den Ausgrabungen gesprochen, aus denen hervorging, dass schon vor 9000 Jahren Muscheln gesammelt und gegessen wurden. Trotzdem sind die Muschelvorkommen in Norwegen nie kartiert worden. Ein Kollege und Muschelexperte hat deshalb ein ambitioniertes Projekt in die Wege geleitet: Er hat in den Fjorden Südnorwegens feste Orte zur Probenentnahme eingerichtet, die er regelmäßig kontrolliert, um die Entwicklung wenigstens in Zukunft verfolgen zu können.[243]

Unsere Kollegen in Schweden haben eine Änderung der Wachstumsorte und Vorkommen der Miesmuscheln dokumentiert. Früher besiedelten die Muscheln vorwiegend Felsen, Spalten oder die Bereiche zwischen Steinen. Heute muss man sie unter schwimmenden Stegen, Badeinseln oder auf der Unterseite von Bojen suchen. Andere Wissenschaftler sind der Meinung, dass wir an einem Kipppunkt sind. Das Leben im Spülsaum ist für Muscheln ziemlich stressig, bei guten Verhältnissen können sie dort aber überleben: Frost bei Niedrigwasser oder das Scheuern von Meereseis im Winter setzen ihnen ebenso zu wie heiße, trockene Tage im Sommer oder schmutziges Süßwasser nach heftigen Regenschauern. Neben diesen zeitweisen Störungen führt aber auch die Erwärmung zu Veränderungen. Das Küstenwasser wird durch das vermehrte Pflanzenwachstum an Land immer dunkler, da Huminsäuren und organisches Material auch den Weg ins Meer finden.[244] Dringt das Licht nicht mehr so tief ins Wasser, hat das Konsequenzen für die Algen, die Fotosynthese betreiben, um leben zu können. Auch die Tangfelder wachsen dadurch in immer geringerer Tiefe.[245]

Marine Hitzewellen, während denen die Muscheln über lange Zeit hohe Wassertemperaturen überstehen müssen, sind auch nicht gerade günstig. Durch den Klimawandel ist die Summe der Herausforderungen an einigen Stellen so groß geworden, dass sie einfach nicht mehr als Lebensraum für Muscheln geeignet sind. Das heißt aber nicht, dass die Muscheln für immer verschwunden sind. Es geht ihnen gut, nur dass sie eben etwas tiefer oder an Stellen leben, die etwas exponierter oder strömungsreicher sind. Miesmuscheln können an Tauen kultiviert werden, die von Stegen oder Bojen ins Wasser hängen, und sie sind noch immer ein klarer Kandidat für zukünftige Nahrungsressourcen aus dem Meer. Gleichzeitig können wir ihre Eigenschaften als Filtrierer nutzen, um die Wasserverhältnisse in den Fjorden und an zu nährstoffreichen Küstenstreifen zu verbessern.

Meeresversauerung – der böse Zwilling des Klimawandels

Meer und Atmosphäre sind eng miteinander gekoppelt. Eigentlich könnte man sie sogar als ein einziges System betrachten; die Atmosphäre enthält Wasserdampf anstelle von flüssigem Wasser, und im Meer sind dieselben Gase enthalten wie in der Atmosphäre, nur eben im Wasser gelöst. Zwischen der Meeresoberfläche und der Atmosphäre findet ein ständiger Gasaustausch statt. Dieser Austausch folgt physikalischen Regeln, und eines der Gesetze, die das Löslichkeitsverhalten von Gasen in Flüssigkeiten beschreiben, ist das Henry-Dalton-Gesetz.[246] Es besagt, dass der Partialdruck eines Gases direkt über einer Flüssigkeit proportional zur Konzentration des Gases in der Flüssigkeit ist. Wenn wir fossile Energieträger wie Kohle, Gas oder Öl verbrennen, nimmt der Partialdruck des CO_2 in der Atmosphäre zu. Laut dem Henry-Dalton-Gesetz wird entsprechend auch die im Wasser gelöste Menge an CO_2 steigen. Da das im Wasser gelöste CO_2 eine schwache Säure bildet, führt dies dazu, dass das Meerwasser saurer wird.

Ursprünglich war das Meerwasser alles andere als sauer, eher alkalisch oder basisch. Meerwasser schmeckt salzig, weil darin eine Menge von Mineralien gelöst sind, besonders Kalzium, Carbonate und andere „Anionen", die das Wasser basisch machen. Viele Meeresorganismen haben Schalen oder Exoskelette, die aus Kalziumcarbonat bestehen. Meistens reden wir da nur von Kalk. Dies gilt für viele Arten von Zoo- und Phytoplankton über Schnecken und Muscheln bis hin zu Garnelen, Krabben und Hummern. Da das Meerwasser von diesen Mineralien beinahe gesättigt ist, ist es ein Leichtes, die Carbonat-Ionen (CO_3^{2-}) dem Wasser zu entziehen, um so Kalziumcarbonat ($CaCO_3$) zu bilden. Voraussetzung dafür sind natürlich spezialisierte Zellen, über die diese Tiere verfügen. Wenn wir von einer Versauerung der Meere sprechen, meinen wir eigentlich eine Abschwächung der basischen oder alkalischen Eigenschaften. Sind weniger Carbon-Anionen im Wasser verfügbar, erfordert es mehr Energie, dem Wasser das Carbonat zu entziehen. Die Organismen müssen sich an diese neue Wirklichkeit anpassen und mit der weiteren Versauerung Schritt halten.

Aktuelle Studien deuten an, dass die untersuchten Meerestiere die Versauerung, die wir bis heute verursacht haben, tolerieren. Ein weiteres Absinken des pH-Wertes kann für viele schalenbildende Tiere aber zur echten Herausforderung werden. In der Arktis gibt es kleine, schwimmende Schnecken, Thecosomata, die man „Seeschmetterlinge" nennt. Sie leben im Freiwasser und spielen in der Nahrungskette eine wichtige Rolle. Einige dieser Arten haben dünne, leichte Gehäuse. In vor Spitzbergen durchgeführten Versuchen wurde der für 2100 erwartete Säuregehalt des Wassers simuliert.[247] Dabei wurde festgestellt, dass die Effektivität der schalenbildenden Zellen der Spiral Flügelschnecke um 28 Prozent reduziert war. Die Versuche belegten somit klar, dass es in einem saureren Umfeld schwieriger wird, Carbonat-Ionen aufzunehmen. Der Säuregehalt des Meeres hat sich seit der vorindustriellen Zeit um knapp 30 Prozent erhöht, und bis Ende des Jahrtausends könnten es 50 Prozent werden, wenn wir nicht weniger Klimagase in die Luft blasen.

Die Versauerung ist auf der Erde nicht gleichmäßig verteilt. Weil kälteres Wasser mehr Gas lösen kann, ist die CO_2-Aufnahme in der Arktis und Antarktis deutlich höher als am Äquator, weshalb die Versauerung in der Polregion schneller vonstattengeht. Im Norden kommen also zwei Probleme auf uns zu: sowohl die Versauerung als auch die Erwärmung gehen hier schneller voran. Was die Versauerung angeht, wird diese gebremst werden, sobald wir die „Netto-Null-Emission" erreicht haben oder kein CO_2 mehr in die Atmosphäre entlassen. Dies gilt aber nicht für das Tiefenwasser, da sich die Wassermassen mit mehr gelöstem CO_2 nur langsam mit dem Tiefenwasser vermischen werden.

Was, wenn es uns nicht gelingt, den CO_2-Ausstoß zu begrenzen?

Die maximale Erwärmung der Atmosphäre um 1,5° C ist ein Schwellenwert, den wir nicht überschreiten sollten, wollen wir verhindern, dass unser Planet weiteren gefährlichen Kipppunkten entgegengeht.[248] So ist das Risiko hoch, dass das Inlandeis auf Grönland und das Eis in der West-Antarktis destabilisiert werden und die Eiskörper abschmelzen, wenn die Erwärmung sich 2° C nähert. Der Permafrost in Sibirien und Nordkanada ist ebenso in Gefahr, dort taut der Boden schon jetzt auf. Dies ist in insofern problematisch, da mit dem Auftauen große Mengen des Klimagases

Methan (CH_4) freigesetzt werden. Dies geschieht, wenn zersetztes und teilweise zersetztes organisches Material, das im Permafrost gelagert ist, auftaut.

Zum Zeitpunkt, da dieses Buch in Druck geht, nähert sich die Temperaturerhöhung bereits 1,2° C. Was passiert mit dem Meer, wenn wir es nicht schaffen, die Emissionen rechtzeitig zu begrenzen und die Erwärmung aufzuhalten? Eine Studie aus dem Jahr 2016 berechnet ein solches Szenario und kommt zu dem Schluss, dass die Fähigkeit des Meeres, CO_2 aufzunehmen, zum Ende des 21. Jahrhunderts hin abnehmen wird, was eine Erhöhung der globalen Durchschnittstemperatur um etwa 8° C bis zum Jahr 2300 bewirken würde.[249]

Bei einem solchen Szenario besteht überdies die Gefahr, dass wir die wertvolle Tiefenwasserbildung verlieren, durch die Sauerstoff in tiefere Regionen transportiert wird, und stattdessen auf eine deutlich stabilere Schichtung der Meere zugehen. Aber was passiert, wenn kein Sauerstoff mehr in die Tiefe gelangt? Und könnte das tatsächlich eintreten?[250] Dies sind nur zwei der wichtigsten Fragen im Zusammenhang mit der globalen Erwärmung. Klar ist, dass das Meer die Erwärmung der Atmosphäre deutlich verzögert hat. Mehr als 90 Prozent der „Überschusswärme" ist seit 1970 von den Meeren aufgenommen worden – vor allem in den flacheren Zonen. Es gibt aber bereits Hinweise darauf, dass die Tiefenwasserbildung im Nordatlantik (Atlantic meridional overturning circulation AMOC) gebremst ist.[251] Neue Modellberechnungen deuten darauf hin, dass die Süßwasserzufuhr aus der Eisschmelze auf Grönland die AMOC schwächt und wir auf einen Kipppunkt zugehen, ab dem die Tiefenwasserbildung innerhalb von 100 Jahren komplett kollabiert.[252] Das hätte dramatische Konsequenzen für das Leben im Meer. Zum einen würde die Produktivität des Meeres deutlich geschwächt. Ein geschichtetes Meer, in dem nur die oberen Zonen Sauerstoff enthalten, wird schnell nährstoffarm. Das sieht man am Beispiel des Schwarzen Meeres, in dem es nur in den oberen 100 Metern Leben gibt. Darunter ist das Wasser anoxisch, dafür enthält es Hydrogensulfid (H_2S), das nach faulen Eiern riecht.

Die Aufströmung von Tiefenwasser (siehe Kapitel 2), die dort stattfindet, wo der Wind das Wasser von der Küste wegschiebt, ist ein zweischneidiges Schwert für das Leben in einem geschichteten Meer. Die Nährstoffe aus der Tiefe sind willkommen, aber das sauerstofffreie Tiefenwasser wird auch Hydrogensuldfid enthalten, das für die meisten Organismen giftig ist. Diese Giftschübe sind bereits aus anderen Bereichen mit kräftigen Aufströmungen bekannt. Ein Beispiel ist das Benguelasystem im Südatlantik vor der afrikanischen Küste. Nordwind führt dazu, dass der nach Norden gerichtete Benguelastrom in Richtung offenes Meer umgelenkt wird und kaltes, nährstoffreiches Wasser aus der Tiefe nach oben kommt. Die verfügbaren Nährstoffe führen zu einer raschen Phytoplanktonproduktion direkt an der Wasseroberfläche, doch die Algen, die nicht Teil der Nahrungskette werden, sterben ab und sinken in der Folge zum Meeresboden. Bei der Zersetzung wird der wenige, vorhandene Sauerstoff aufgebraucht, und es bildet sich Hydrogensulfid, angetrieben von Schwefelbakterien. In Namibia wird dieses „faule" Wasser immer wieder an die Oberfläche gedrückt, sodass es zu massiven Fischsterben kommt und die Menschen in den Häusern bleiben müssen, bis der Wind das giftige, stinkende Gas weggeblasen hat.[253]

Auch die andere wahrscheinliche Folge einer massiven Schichtung der Meere hätte große Konsequenzen für das Leben auf dem gesamten Planeten. Dank des riesigen Volumens des Meeres und der Fähigkeit, die Wärme auf große Bereiche und Tiefen zu verteilen, kann das Meer große Energiemengen aufnehmen. Wird die thermohaline Zirkulation gebremst und durch eine Schichtung des Wasserkörpers ersetzt, nimmt die Fähigkeit, Kohlenstoff und Wärme zu speichern, drastisch ab[254], sodass andere Teile des Klimasystems die Wärme absorbieren müssten. In der Praxis würde das bedeuten, dass Abkühlung nur noch durch Verdunstung und Emission von Wärmestrahlung stattfinden kann. Die Oberfläche des Meeres, die Atmosphäre und die Landoberfläche würden dabei langfristig eine Temperatur halten, die für das Leben, wie wir es kennen, zu hoch sein wird.

Der Klimawandel ist eine Gefahr für die Gesundheit der Meere und das Leben auf dem Planeten. Deshalb ist es wichtig, die Inhalte dieses Kapitel zu vermitteln. Ich selbst habe Hoffnung geschöpft, als ich 2015 mit der Erforschung der Korallenriffe und der kleinmaßstäblichen Fischerei im Roten Meer begann. Das kleine und fast geschlossene Meer stellt die dort lebenden Arten vor extreme Herausforderungen, sei es durch Austrocknung, Erwärmung oder Abgeschlossenheit. Da es so weit in den Norden reicht, variieren die Temperaturen von 24° C im Winter bis zu 34° C im Sommer, was für Korallen eine extreme Temperaturspanne ist. Das Meer ist auf allen Seiten von Wüsten umgeben, weshalb es kaum Zuflüsse gibt. Die Korallen sind die Erwärmung also gewohnt und reagieren damit ziemlich robust auf Änderungen. So findet sich an der Küste des Sudans eines der weltweit intaktesten Korallenriff-Ökosysteme.[255]

Im Mai 2024 wurde deutlich, dass sich das El-Niño-Phänomen, das im Vorjahr noch extreme Hitze gebracht hatte, abschwächte.[256] Das Australian Institute of Marine Science unternahm daraufhin Kontrollflüge, um die Entwicklung der Korallenbleiche am Great Barrier Reef zu dokumentieren. Die Wärme hatte erneut in verschiedenen Bereichen des 2300 Kilometer langen Riffs zu einer Massenbleiche geführt. Gleichzeitig konnte durch Tauchgänge aber nachgewiesen werden, dass die Bleiche nicht überall gleich stark war. Es gab lokal sehr unterschiedliche Auswirkungen. Möglicherweise sind die Korallen des riesigen Riffs gezwungen, sich einer neuen Normalität mit immer häufiger auftretenden Hitzewellen anzupassen.[257] Die empfindlichsten Arten sind seltener geworden, während wärmetolerantere Art weiterhin überdauern. Außerdem gibt es Beispiele dafür, dass intakte Ökosysteme widerstandsfähiger sind und weniger empfindlich auf Änderungen reagieren. Dies ist eine wichtige Erkenntnis, wollen wir die Natur bewahren und wiederherstellen. Die Zeit ist reif für den Naturschutz unter Wasser.

KAPITEL 10

NATURSCHUTZ UNTER WASSER

> *[Ein Meeresreservat] ist per definitionem ein geschützter Aufenthaltsort, an dem das Leben sowohl für ausgewachsene Tiere, die sich fortpflanzen, als auch für Jungtiere sicher ist; ein großes Areal zum Aufwachsen für gemischte Bestände, ein effektives Zentrum der Reproduktion […] Lassen Sie uns möglichst viele solcher Schutzgebiete einrichten – permanente, wenn die Verhältnisse es zulassen, und zwischenzeitliche in anderen Fällen.*
>
> Marcel Hérubel, 1911

Stahlgrau liegt das Meer im Winterlicht. Die Spuren des Trawlers, der gestern Abend am südwestlichen Horizont über den Skagerrak gefahren ist, sind von der Oberfläche aus nicht mehr zu erkennen. Trawler mit Grundschleppnetzen sind langsam, von meinem Schreibtisch am Fenster aus konnte ich die Lichter des Schiffes mehrere Stunden lang sehen. Die Fischer betrieben die völlig legale „Mischfischerei mit Kaisergranatnetzen". Am Meeresgrund hingegen sind die Spuren der zwei stählernen, seitlichen Scherbretter, die ein oder mehrere Netze durch den Wasserwiderstand aufstellen, und der massiven Mittelgewichte („Klumpen"), die wie kleine Dampfwalzen aussehen und bis zu vier Netze nebeneinander halten, deutlich sichtbar. Alles, was nicht durch die größeren Maschen im vorderen Bereich des Netzes oder die quadratischen Maschen der eingebauten „Fluchtfenster" entkommen ist, wird mit an Bord gezogen, wenn die Netze nach einem bis zu zwölf Stunden dauernden Einsatz eingeholt werden.[258] Viele Jahrzehnte der Fischerei mit Grundschleppnetzen haben den Meeresboden, der zu Beginn des vorigen Jahrhunderts noch unberührt war, grundlegend verändert. Langsam wachsende und festsitzende Tiere sind längst verschwunden, das Terrain ist eingeebnet, und Steine sind im Schlamm versunken, der wieder und wieder aufgewirbelt und plattgepflügt wird. Die Fischerei an den Rändern der Norwegischen Rinne basiert auf den letzten Resten eines ausgeschöpften Ökosystems: Tiefseegarnelen und Kaisergranat – beides Arten am unteren Ende der Nahrungskette – sowie etwas Fisch als wertvoller Beifang. Seewolf, Seeteufel, Leng und Lumb sind Luxusfische, die auf den dänischen Fischauktionen in Hirtshals, Hanstholm und Strandby gute Preise erzielen. Rochenflügel werden abgeschnitten und für teures Geld nach Südeuropa verkauft. Dänische und schwedische Trawler dürfen ebenfalls in der norwegischen Wirtschaftszone fischen, müssen sich aber vier Seemeilen (ca. sieben Kilometer) von der Küste entfernt halten. Das entspricht dem Abstand zum Horizont aus fünf Metern Seehöhe betrachtet. Der tiefste Punkt der Norwegischen Rinne – etwas über 700 Meter – liegt ca. 35 Kilometer von meinem Standpunkt entfernt. Die Trawler fischen bis in 500 Metern Tiefe, was bedeutet, dass sie den Grund der Rinne bald erreicht haben.

In Tiefen von weniger als 60 Metern dürfen die Trawler nicht fischen. Hier sind nur Stellnetze, Leinen und Reusen zugelassen. Die Bojen, die im Oktober ziemlich dicht nebeneinander schwammen und Hummerreusen markierten, sind verschwunden. Die Hummerfischerei ist im Grunde die letzte küstennahe Fischerei im Skagerrak, die trotz allem noch etwas für die vielen Menschen abwirft, die an dieser traditionellen Aktivität beteiligt sind. Jetzt liegen die meisten Reusen im Schuppen und warten aufs nächste Jahr, doch im Durchschnitt ging jede fünfte Hummerfalle im Laufe der zweimonatigen Saison verloren.[259] Sie bleiben am Grund liegen und häufen sich über die Jahre hinweg an. Leider funktionieren sie weiterhin, was bedeutet, dass Krabben, Hummer und Fische darin verenden. Die sogenannten „Geisterfallen“ sind vor allem ein Problem geworden, seit die abbaubaren Materialen Holz, Hanf und Baumwolle durch Nylon und Metall ersetzt wurden. Die Tiere, die darin verenden, locken als Köder weitere Tiere an, und so geht es jahrelang weiter. Vielerorts leisten Tauchclubs wichtige Umweltarbeit, indem sie Geisterfallen und andere verlorene Fanggeräte einsammeln, und zum Glück gibt es nun auch Reusen, die eine Öffnung aus abbaubaren Materialien haben.

Jetzt, im Winter, deutet nichts mehr auf all diese Aktivitäten hin. Steht man am Ufer und blickt übers Meer, vergisst man schnell, dass die Natur dort einem chronischen Raubbau ausgesetzt ist. Unsere Eingriffe haben das Ökosystem im Meer seit Jahrhunderten verändert. Der größte Eingriff ist die moderne Fischerei, wie sie seit etwa 1950 betrieben wird.[260] Zum Glück ist diese Entwicklung aber durch geeignete Maßnahmen wenigstens zum Teil umkehrbar. Seit der französische Zoologe Marcel Hérubel, ein Pionier der nachhaltigen Meeresökonomie, 1911 seine Vision von Meeresreservaten formulierte,[261] hat sich die Wissenschaft zum Schutz der Meere weiterentwickelt und handfeste Resultate erbracht, sodass nun international Einigkeit herrscht, die Erkenntnisse auch in die Tat umzusetzen.

Eine Idee, die die Welt verändern kann

Die Philippinen haben ein hohe Bevölkerungsdichte, und viele der Inselbewohner leben vom Meer. Die Inseln liegen dicht an den schier unersättlichen Märkten für Fisch und Meeresfrüchte in Ostasien. Eine solche Situation führt leicht zu Überfischung, die letztendlich den Lebensunterhalt der Fischer bedrohen würde. Inspiriert von der Arbeit kleiner landwirtschaftlicher Gemeinschaften, wie sie seit den 1950er-Jahren auf den Philippinen verbreitet sind, kam ein vielseitiger Biologe auf die Idee, ähnliche Initiativen in Küstengemeinschaften zu begründen, die von der Fischerei abhängig sind. Die Lage einiger Insel- und Küstengemeinschaften war bereits durch die Überfischung lokaler Bestände bedroht.[262] Konnten vielleicht kleinere Schutzgebiete zur Bewahrung der Lebensräume (Korallenriffe) und Fischbestände beitragen? 1974 setzte der Wissenschaftler die Einrichtung des ersten Meeresreservates auf der Insel Sumilon durch. Dabei arbeitete er eng mit der Lokalbevölkerung zusammen, die die unbewohnte Insel noch heute zum Fischen nutzt. Das Reservat umfasst ungefähr ein Viertel der Küstenlinie, einschließlich der Korallenriffe und des sandigen Bodens bis in größere Tiefen. Dort ist die Fischerei komplett verboten. Die Wissenschaftler beobachteten und dokumentierten die weitere Entwicklung, damit auch die Bevölkerung beurteilen konnte, ob und wie das Reservat funktionierte. Schon ab den späten 1970er-Jahren erzielten die Fischer bessere Fangergebnisse mit ihren traditionellen Reusen, und die Menschen verstanden, dass in dem Reservat mehr und größere Fische aufwuchsen.[263]

Wenn Fische und Schalentiere sich aus Reservaten bewegen oder permanent angrenzende Gebiete besiedeln, spricht man vom sogenannten „Spillover-Effekt“, der in aller Welt belegt ist.[264] Auch der „Rekrutierungseffekt“ trägt zur Erhaltung von Arten bei. Er entsteht, wenn große, ältere Fische in einem Schutzgebiet laichen. Sie produzieren mehr Laich als jüngere Exemplare, und die winzigen Eier und Larven werden anschließend mit den Meeresströmungen über große Gebiete verteilt.[265] Ein Reservat produziert wesentlich mehr Eier und Larven pro Gebietseinheit als befischte Areale. Unter diesem Aspekt sind Schutzgebiete eine lohnende Investition. Solange die Fischeltern dort geschützt sind, profitieren sowohl die Natur als auch wir vom „Überschuss“ der Reservate.

Nach mehreren Jahren der positiven Entwicklung stimmte die Gemeinde von Sumilon 1984 für eine Öffnung des Reservats, und im Folgejahr wurde der „Gewinn“ in Form von guten Fängen eingeholt. Danach gingen die Erträge jedoch rasch wieder zum alten Tief über, bis das Gebiet 1987 erneut geschützt wurde. Der Status wurde noch mehrmals geändert, ehe Sumilon zum dauerhaften Meeresreservat erklärt wurde. Deshalb besuchte ich das Gebiet 2015 mit einer gewissen Ehrfurcht und konnte es kaum erwarten, ins Wasser zu kommen. Ich gehörte zu einer Gruppe Meeresbiologen, die den Weidegang von Papageifischen in verschiedenen Reservaten und befischten Gebieten der Region erforschte und verglich.[266]

Eine der Arten, die wir studierten, *Chlorurus bleekeri*, ist ein proterogyner Hermaphrodit, was bedeutet, dass sie als Weibchen schlüpft und später ihr Geschlecht ändern kann. Die Männchen werden dabei noch farbenfroher. Im Reservat auf Sumilon waren sie groß und furchtlos, ein sicheres Zeichen dafür, dass dort nicht gefischt wird. Den Geschlechtswechsel vollzieht immer das jeweils größte Weibchen einer Gruppe.[267] In befischten Gebieten wird die Art längst nicht so groß und verhält sich schreckhaft und vorsichtig. Während mein Tauchpartner und ich das Weideverhalten der Fische observierten, führten unsere Kollegen eine Bestandsaufnahme im gesamten Transekt durch. Von den neun Gebieten, die wir miteinander verglichen, registrierten wir die höchste Dichte großer, fischfressender Arten im Sumilon-Reservat.

Ein ähnliches Reservat wurde 1982 auf Apo Island eingerichtet, dessen sesshafte Bevölkerung in drei kleinen Dörfern lebt und viel Fischerei betreibt. Dort wurde ein Zehntel der Küstenlinie und der Korallenriffe geschützt. Die meisten Fischer empfanden die Einschränkung als unnötig und befremdend. Die Gründer des Reservats sahen ein, dass die Akzeptanz der Lokalbevölkerung entscheidend für den Erfolg der Schutzmaßnahmen war. Naturschützer sprachen mit den Anwohnern, nahmen ihre Einwände und Gegenvorschläge ernst und mahnten, dass der Effekt der Schutzmaßnahmen nur feststellbar sei, wenn niemand wilderte.[268]

Schließlich stieg die Akzeptanz so weit, dass sogar nächtliche Wachen im Reservat aufgestellt wurden. Denn es hatte sich herumgesprochen, dass es dort mehr Fische gab, und manchmal kamen Wilderer von benachbarten Inseln dorthin. Leider besaßen sie schnellere Boote und entkamen immer wieder, wie die Fischer von Apo mir erzählten. Vielleicht trugen die fremden Raubzüge dazu bei, das Verantwortungsgefühl der Inselbewohner für ihre Naturschätze zu zementieren. Jedenfalls zahlte sich die geduldige Annäherung an die Inselbewohner letztendlich aus und wurde zum Vorbild und Modus Operandi bei der Einrichtung etlicher Meeresreservate auf den Philippinen.

Die anhaltende Unterstützung der Lokalbevölkerung ist durchaus einem weiteren Faktor geschuldet, nämlich dem wachsenden Tourismus. Die Menschen kamen nach Apo, um dort ein intaktes Korallenriff zu erleben.

Die wissenschaftliche Forschung leistet einen wesentlichen Beitrag zur Einrichtung und zum Erhalt dieser Reservate. Es war von Anfang an wichtig, den Effekt der Schutzmaßnahmen auf die Bestände und die Fischerei zu dokumentieren. Obwohl die Fischer von Sumilon und Apo auf ein Viertel, beziehungsweise ein Zehntel ihrer Jagdgründe verzichteten, wurde ihr Ertrag nicht geringer, sondern stieg sogar. Die Idee von Meeresschutzgebieten, die Lebensräume (Habitate) und Ressourcen (Fischbestände) schützen, war in die Praxis umgesetzt worden, und das in einer Region, in der die Gesundheit des Meeres besonders eng mit der Gesundheit der Bevölkerung verbunden ist. Heute gibt es auf den Philippinen 1500 marine Reservate, in denen das Fischen komplett verboten ist. 90 Prozent davon sind klein und werden auf kommunaler Ebene verwaltet. Das Meeresgebiet um die Philippinen ist noch immer überfischt, weshalb die Reservate ein wichtiger Beitrag zur Artenerhaltung und Verwaltung der Fischerei sind, obwohl sie insgesamt nur 3,5 Prozent der Korallenriff-Areale ausmachen.

Philippinische Kollegen haben die synergetischen Effekte der vielen kleinen Reservate untersucht.[269] Mithilfe genetischer Proben wiesen sie nach, dass die Fischlarven von Eltern aus Reservaten entweder dort verbleiben oder in benachbarte Reservate sowie dazwischenliegende Riffe, an denen gefischt werden darf, getrieben werden. Die Verteilung der Larven beschränkte sich zu 95 Prozent auf einen Radius von 83 Kilometern, 50 Prozent blieben bei einem Radius von 33 Kilometern und weniger. An diesem Ergebnis konnte die Lokalbevölkerung erkennen, dass die kleinen Schutzgebiete sowohl ihr selbst als auch den Nachbargemeinden zugutekam.

Unerwartete Veränderungen im Ökosystem

Der zweite Vorreiter beim Naturschutz unter Wasser war Neuseeland.[270] Einige Jahre vor den ersten Experimenten auf den Philippinen wurde dort die Idee geboren, unter der Aufsicht des Leigh Marine Laboratory der Universität Auckland ein Meeresschutzgebiet einzurichten. 1965 präsentierte der Leiter des Labors auf einer Konferenz das Vorhaben: „Wir brauchen ein marines Reservat [...] Sie wissen schon, ein Schutzgebiet, in dem wir forschen können, ohne dass die Tiere gefischt und gegessen werden, und in dem unsere Ausrüstung unangetastet bleibt!" Der Vorschlag traf bei den Behörden auf taube Ohren. Für so etwas gab es keine Gesetze, derartiges hatte man nie gehört. Mit aktiver Hilfe des Vereins für Meereswissenschaften und des Neuseeländischen Taucherverbands stießen die Wissenschaftler im ganzen Land eine Diskussion an. Sie arrangierten Versammlungen und hielten Vorträge an Schulen. Sechs Jahre später, 1971, erließ das neuseeländische Parlament den „Marine Reserves Act", ein Gesetz, das die Errichtung solcher Schutzgebiete ermöglichte. 1975 wurde der Antrag der Universität endlich angenommen, und 1977 wurde das *Leigh Island Marine Reserve* Wirklichkeit.

Selbstverständlich ging es bei der Einrichtung des Reservats nicht allein um die ungestörte Forschung. Die Wissenschaftler hofften auch, dass standorttreue Meerestierarten wie die Languste *Jasus edwardsii* – eine Art Hummer ohne die großen Scheren, die den Europäischen Hummer kennzeichnen – zahlreicher und größer werden würden. Die Erwartungen wurden erfüllt, und schon bald begannen die Menschen, an den Grenzen des Reservats zu angeln und Reusen aufzustellen. Dass man dicht an Reservaten bessere Fangergebnisse erzielt, ist ein bekanntes Phänomen, in Fachkreisen spricht man von „fishing the line".[271] Die neue Schutzzone brachte noch weitere, erstaunliche Neuerungen. Im Lauf der ersten Jahrzehnte stellten die Wissenschaftler fest, dass sich der dominante Lebensraumtyp am Meeresgrund veränderte. 1976 bestand der größte Teil des weniger tiefen Grunds aus Felsen und Steinboden, nur bedeckt von flachen rosa Kalkalgen, die von vielen Seeigeln abgeweidet wurden. 2006 war dieses Habitat vollständig mit Tang und Seegras bewachsen. Die stark vermehrten Langusten und Fische hatten die Seeigel reduziert. Jedoch stehen nur kleinere Exemplare auf deren Speiseplan, weshalb der Effekt erst ganz eintrat, nachdem auch die älteren und größeren Seeigel gestorben waren.[272] Kleine Seeigel gibt es noch immer im Leigh Reservat, aber sie verstecken sich vor ihren Fressfeinden. Heute hat Neuseeland ein umfassendes Netzwerk aus Meeresreservaten, und die Forscher des Landes leisten wichtige Beiträge zur Wirkung von Schutzmaßnahmen.

Der Wandel im Leigh Reservat ist ein anschauliches Beispiel für eine sogenannte trophische Kaskade (trophisch = die Ernährung betreffend). Der Ausdruck beschreibt Veränderungen, die Auswirkungen auf alle Glieder einer Nahrungskette haben, in diesem Fall von Prädatoren (Fische und Langusten) über ein Weidetier (Seeigel) bis zum lebendigen Habitat aus Algen und Tang. Ähnliche Auswirkungen sind in Schutzgebieten aller Art weltweit dokumentiert.

Auch an der norwegischen Küste hatte eine heimische Seeigelart, der *Strongylocentrotus droebachiensis*, in den 197034-Jahren große Areale von Tangwäldern abgeweidet. Gemeinsam mit vielen Kollegen forschte ich nach den Ursachen seiner explosionsartigen Vermehrung. Wir untersuchten alte Fischereidaten und sprachen mit älteren Fischern, woraus sich folgendes Bild ergab: Die intensive und zu wenig regulierte Küstenfischerei mit modernen Mitteln hatte die lokalen Bestände von Kabeljau und Schellfisch reduziert, sodass der Graue Seewolf als einzig effektiver Fressfeind der Seeigel übrig blieb.[273] Der Seewolf hatte lange Zeit als ungenießbarer „Unfisch" gegolten, doch als er plötzlich als Delikatesse entdeckt wurde, wurden auch seine Bestände in Fjorden und an der Küste rasch reduziert.

Die Fischer legten beköderte Leinen aus und erzielten gute Erträge. Der Lebenszyklus des Seewolfs hat wenig Spielraum für erhöhte Sterblichkeit durch Überfischung. Nachdem die natürlichen Feinde des Seeigels stark reduziert waren, hatte dieser freie Bahn in den Tangwäldern. Über 2000 Quadratkilometer des biologisch wertvollen Lebensraums gingen auf diese Weise verloren. Der Seewolf gilt in Norwegen nicht als gefährdete Art, doch die Leinenfischerei mit Köder könnte die Art bedenklich reduzieren, sodass sie nicht mehr ihre wichtige Rolle im Ökosystem der Küste erfüllen würde. Unsere Forschungsergebnisse wiesen auf diese Gefahr einer „funktionalen Ausrottung" hin.

Dank dieser und ähnlicher Studien und der Aufmerksamkeit, die sie erlangten, wurde allmählich ein neues Bewusstsein geschaffen. Die Menschen verstehen, dass es wichtig ist, einzelne Arten aufgrund ihrer Rolle im Ökosystem zu schützen und zu erhalten. Ein Fisch ist nicht bloß ein Fisch, sondern trägt zur Erhaltung eines einigermaßen stabilen Zustands bei. Diese Rolle kann sich in verschiedenen Lebensstadien ändern, weshalb nicht nur die Art an sich erhalten werden muss. Wir müssen auch dafür sorgen, das genügend Exemplare jeder Größe und jedes Alters vorhanden sind. Die Größe eines Fischmauls bestimmt die Größe der Beutetiere und welche anderen Bestände der Fisch kontrollieren kann. Große Fische produzieren nicht nur mehr Nachwuchs, sondern fressen auch größere „Schädlinge", in diesem Fall Seeigel. Die größten und am stärksten bedrohten Fischarten leben meist im offenen Meer. Die allergrößten Exemplare finden wir nur in streng geschützten Gebieten, zu denen wenig Menschen Zugang haben.[274] Große Grundfische in Küstengebieten sind hingegen relativ einfach zu schützen, ihre Bestände reagieren gut auf lokale Schutzmaßnahmen und Fangverbote.[275]

Erfolge mit Hummer-Schutzgebieten

Bereits 1989 beschloss das Meeresfischlaboratorium in Lysekil (eine Abteilung der Schwedischen Universität für Agrarwissenschaften), ein Schutzgebiet für Hummer bei der Insel Kåvra an der Westküste Schwedens einzurichten. Die Forscher entwickelten eine Methode, die Hummer mit Markierungen zu versehen, die auch beim Schalenwechsel der Tiere erhalten blieben.[276] So konnten sie das Wachstum und die Wege einzelner Tiere über Jahre hinweg verfolgen. Sie wollten sehen, wie sich der lokale Hummerbestand ohne Fischereidruck entwickelte. In Schweden und Norwegen stritt man seit Längerem, ob die Fischerei überhaupt eine Auswirkung auf die Hummerbestände hatte. Vielleicht gab es noch andere Gründe dafür, dass so wenig Hummer gefangen wurde, obwohl die Saisonerträge stark variierten. Das Schutzgebiet zeigte vielversprechende Resultate, der Bestand stieg von Jahr zu Jahr und es gab viel mehr große Hummer.

In den frühen 2000er-Jahren erfuhren die Meeresforscher in Flødevigen von den Erfahrungen ihrer schwedischen Kollegen und wollten ein entsprechendes Gebiet auch in Norwegen etablieren. In Zusammenarbeit mit Berufsfischern am Skagerrak suchte man nach geeigneten Arealen. Die Debatte um die Auswirkungen der Hummerfischerei war lebhaft, aber einige der älteren Fischer erzählten von legendären Fängen, als der Hummerfang nach dem Zweiten Weltkrieg wieder aufgenommen wurde. Der Krieg war für manche Arten eine Schonzeit gewesen, weil einige Fischereien eingestellt worden waren.

2013 veröffentlichten wir die Resultate der ersten vier Jahre mit Schutzzonen.[277] Sie zeigten, dass die Anzahl und Durchschnittsgröße der gefangenen Hummer in den Schutzzonen deutlich größer war als in Gebieten, in denen der Hummerfang mit Reusen wie gewohnt stattgefunden hatte. In den folgenden Jahren fanden wir heraus, dass die natürliche Selektion bei der Fortpflanzung wieder einsetzt, sobald die Fischerei aufhört. Letztere ist ein Selektionsdruck von außen, weil sie die Auswahl der Paarungspartner verringert. Zum Beispiel paaren sich weibliche Hummer am liebsten mit großen Männchen mit großen Scheren. Die aber sind in stark befischten Gebieten schwieriger zu finden, weil sie aufgrund ihrer Überlegenheit als Erste in die Fallen gehen. Diese Erkenntnis trug dazu bei, dass 2017 ein Maximalmaß für Hummer im Skagerrak eingeführt wurde. Alle Hummer über 32 Zentimetern müssen wieder freigelassen werden. Dadurch bleiben die produktivsten Individuen erhalten und tragen dazu bei, den Bestand nutzbarer Tiere zu vergrößern. Maximalmaße wären eine sinnvolle Schutzmaßnahme für viele Fischarten, die lange leben und groß werden. Vorläufig ist dies nur bei dem oben erwähnten Gefleckten Lippfisch der Fall.[278]

Ebenso fanden Kollegen heraus, dass die Hummer in den Schutzgebieten schneller wuchsen als in befischten Gebieten.[279] Ihre Erkenntnisse erregten international Aufsehen, weil sie einer grundlegenden Annahme der Fischereibiologie widersprechen, nämlich, dass die Produktivität eines Bestandes steigt, wenn dessen Dichte reduziert wird, und man dadurch einen fischbaren Überschuss erlangt. In den Hummer-Schutzgebieten war jedoch das Gegenteil der Fall, dort reduzierte sich die Produktivität keineswegs. Offenbar nutzten die Hummer die Chance, in Ruhe auszuwachsen, voll aus.

Wie wichtig sind die „richtigen Orte"?

Es ist heiß umstritten, ob wir genug über das Leben im Meer wissen, um die richtigen Orte für Meeresreservate zu finden. Der sogenannte repräsentative Schutz ist ein wichtiges Prinzip bei der Suche. Ein Schutzgebiet sollte entweder mehrere Lebensraumtypen aufweisen, oder die Summe aller Schutzgebiete sollte alle Lebensräume repräsentieren. Ist ein solcher Naturtyp selten oder häufig? Hat er eine wichtige Funktion als Habitat seltener Arten oder eines Lebensstadiums häufiger Arten, die wichtig für das Ökosystem sind? Zum Beispiel wäre es sinnvoll, die Laichgebiete des Norwegischen Frühjahrs-laichenden Herings zu schützen. Doch wissen wir genau, wo dieser laicht, und wird er trotz Klimawandel bei denselben Orten bleiben?

Natürlich ist gute Ortskenntnis essenziell. Wenn ein neues Kaltwasser-Korallenriff oder andere schützenswerte Lebensraumtypen entdeckt werden, ist der Weg zum Schutzstatus und dem Verbot von Grundschleppnetzen und anderen den Boden zerstörenden Gerätschaften eher kurz. Das ist gut, doch Funde von Leinen und Netzen an geschützten Korallenriffen zeigen, dass dies nicht ausreicht, um das fragile Ökosystem effektiv zu bewahren.[280]

Es gibt gute Gründe, stets die neuesten wissenschaftlichen Erkenntnisse bei der Einrichtung von Schutzgebieten zu berücksichtigen. Wenn genaue Daten zur Biodiversität eines Ortes fehlen, sollten wir auch andere Kriterien wie Tiefe, Bodentyp, Fischereidruck und Exponiertheit berücksichtigen. Außerdem gibt es eine äußerst günstige Alternative: Wir können den Schutzstatus dynamisch und flexibel vergeben. Mit anderen Worten können wir bestehende Schutzgebiete ändern, ihre Grenzen verschieben oder sie sogar ganz ersetzen, sobald neue Erkenntnisse vorliegen. Unser Wissen ist nicht endgültig, und was wir heute für richtig halten, muss morgen vielleicht schon wieder überdacht werden.

Die ersten Schutzgebiete sind Beispiele dafür, dass nicht immer die geeignetsten Orte ausgesucht wurden. Man wählte die Gebiete, weil sie einmal gute Fischgründe gewesen, nun aber für Berufsfischer nicht mehr relevant waren. Mit anderen Worten wurden die Grenzen der Schutzgebiete so gewählt, dass die Einbußen für die kommerzielle Fischerei so gering wie möglich gehalten wurden. Heute sollten wir kreativer sein und mehr auf lokale Ökosysteme achten, die letztendlich das gesamte Gleichgewicht fördern. Wir haben Vogelklippen und Brutkolonien seltener Seevögel, da wäre es sinnvoll, in deren Nähe „Kuchenstücke" des Meeres unter strengen Schutz zu stellen, damit die Vögel genug Nahrung finden. Keiner kann potenzielle Schutzgebiete besser aussuchen als die Fische, Wale und Seevögel selbst. Mit elektronischen Tags oder kleinen Satellitensendern versehen, zeigen sie uns, wo sie ziehen, fressen und schlafen.[281] Mithilfe dieser Daten können wir Reservate und sichere Korridore zwischen ihnen einrichten.

Ein hochinteressantes Vorbild ist der Ostatlantische Vogelzug, eine Route, die von Millionen Seevögeln auf dem Zug zwischen ihren Brutgebieten in der Arktis und den Überwinterungsquartieren in Südafrika genutzt wird.[282] Der Vogelzug im großen Maßstab ist nur möglich, wenn die Vögel an bestimmten Orten anhalten können, um sich auszuruhen und „Treibstoff" zu tanken. Letzterer besteht unter anderem aus kleinen, energiereichen Muscheln, die sie in Schlammböden finden, welche bei Ebbe freiliegen. Biologen und Naturschützer aus Afrika und ganz Europa inklusive Grönland und Russland setzen sich seit vielen Jahren dafür ein, diese „Haltestellen" zu Schutzgebieten zu erklären. Das bekannteste Beispiel ist das Wattenmeer auf dänischem, deutschem und niederländischem Boden. Schätzungsweise zehn bis zwölf Millionen Vögel rasten, überwintern oder brüten jährlich dort.

In der Arktis gibt es etliche Inseln, deren marine Ökosysteme unzureichend erforscht sind. Höchstwahrscheinlich haben auch sie eine wichtige Funktion im Ökosystem des Meeres und fungieren als Station für viele Arten. Es wäre sinnvoll, auch dort Schutzzonen einzurichten, in denen Fische und Seevögel von Fangverboten profitieren. Dort gibt es wenig Menschen und wenige Konflikte. Im Polarmeer nördlich von Spitzbergen wird die eisfreie Sommersaison immer länger. Unter der Eisdecke gab es große natürliche Refugien außerhalb der Reichweite von Trawlern, wo der Meeresboden in Ruhe gelassen wurde und die Biodiversität entsprechend groß war. Dort eilt es mit dem Schutz der extrem verwundbaren arktischen Natur! Trawler aus Norwegen und anderen Nationen, die sogenannte Fernfischerei betreiben, haben die bisher unberührten Gebiete schon in Gebrauch genommen.[283] Das Resultat sind Schäden, für deren Behebung die Natur mit langsam wachsenden, festsitzenden Organismen bis zu hundert Jahre braucht – sofern der Meeresboden in Ruhe gelassen wird.[284]

Diese Gedanken sind nicht neu. 2016 initiierte Barack Obama eine internationale Zusammenarbeit zum Schutz des zentralen Nordpolarmeers. Obama war vorausschauend und wollte das internationale Fahrwasser nördlich der jeweiligen 200-Meilen-Wirtschaftszonen unter strengen Schutz stellen, bevor der Klimawandel es eisfrei und somit zugänglich für Fischerei und Ölindustrie machen würde. Die Initiative führte zu dem „Übereinkommen zur Verhinderung der unregulierten Hochseefischerei im zentralen Nordpolarmeer"[285] (in Norwegen kurz „Polarmeerabkommen" genannt), das alle fünf Anrainerstaaten und vier weitere Fischereinationen sowie die Europäische Union unterzeichneten. Es trat 2021 – also schon zwei Jahre vor dem Hochseeabkommen der Vereinten Nationen[286] – in Kraft und enthält ein vorsorgliches Moratorium jeglicher kommerzieller Fischerei im betreffenden Gebiet für mindestens 16 Jahre, mit Aussicht auf Verlängerung.

Schutz um seiner selbst willen?

Ein zentrales Element beim Naturschutz unter Wasser sind also Gebiete, die wir komplett in Ruhe lassen. Das klingt so einfach und ist doch so schwer! Es verlangt, dass wir tief sitzende Triebe zügeln und systematisch Maß halten. In Norwegen haben die Fischereiverwaltung, Politiker, Bürokraten und auch manche Wissenschaftler wichtige Forschungsergebnisse zum Thema Meeresschutz verpasst oder ignoriert. Immer wieder haben wissenschaftliche Studien aus aller Welt bewiesen, dass ein effektiver Schutz nur erreicht werden kann, wenn die Schutzgebiete unbeeinträchtigt von der Fischerei bleiben. Wir können Bauprojekte oder Straßen oder den Abbau von Muschelsand verhindern und unsere Abwässer klären, aber wenn die Fischerei in Schutzgebieten unvermindert weitergeht, haben diese kaum Wirkung, wie viele Studien zeigen.

Der Grund dafür ist einfach: Es macht wenig Unterschied, welche Einwirkungen eine Fischart stressen können, wenn sie bereits so überfischt ist, dass der Bestand nicht überleben kann. Ergebnisloser oder unzureichender Naturschutz hat einen interessanten Effekt auf uns Menschen: Eine Studie der gesellschaftlichen Akzeptanz von teilweise geschützten Meeresgebieten weist nach, dass die Maßnahmen nur respektiert werden, wenn sie auch Erfolg zeigen. Wenn der Erfolg ausbleibt, werden die Betroffenen unzufrieden und halten sich nicht mehr an die Einschränkungen. Strenge Schutzmaßnahmen, die rasch deutliche Effekte zeigen, werden hingegen akzeptiert.[287]

Das Nachhaltigkeitsziel Nr. 14 der Vereinten Nationen „Leben unter Wasser – Bewahrung und nachhaltige Nutzung der Ozeane, Meere und Meeresressourcen" und der Globale Biodiversitätsrahmen der Weltnaturkonferenz in Montréal[288] haben die Wissenschaft des Naturschutzes unter Wasser auf die politische Agenda gebracht und dazu geführt, dass ein entsprechender Begriffsapparat in Politik und Bürokratie entstanden ist. Das ist zweifellos gut, dennoch glaube ich, dass es eine große Herausforderung wird, uns von ganzem Herzen der neuen Denkweise anzuschließen. Der Fischereisektor hat traditionell Anspruch auf die Verwaltung der lebendigen Ressourcen des Meeres erhoben und hat sich nur zaghaft dem ökologischen Denken angenähert.[289]

Die technologischen Möglichkeiten und die Kapazitäten der Fischerei schreiten weiter fort. Jahr für Jahr gibt es weniger natürliche Zufluchtsorte für die Meeresfauna und -flora. Unerreichbare Orte, an denen das Leben am Meeresgrund sich frei entfalten kann, werden durch moderne, effektive Fischereiflotten mit fortschrittlichen Hilfsmitteln immer seltener. Die Menschheit wächst ebenso wie der globale Markt für Fisch und Meeresfrüchte, was den Grad unserer Ausbeutung weiter erhöht. Deshalb brauchen wir strenge Maßnahmen zum Schutz der Meere, um in intakten

Reservaten verlorene Zufluchtsorte wiederherzustellen, dem Fischereidruck entgegenzuwirken, lebenswichtige natürliche Prozesse in marinen Ökosystemen aufrechtzuhalten – und nicht zuletzt, um uns vor Unwissenheit zu bewahren. Solche Schutzgebiete dienen nicht nur dem Naturschutz, sondern letztendlich auch der Fischerei. Nur dort ist es der Forschung möglich, zwischen den Auswirkungen der Fischerei und den Auswirkungen anderer Faktoren wie Umweltverschmutzung und Klimawandel zu unterscheiden.

KAPITEL 11
DIE WILDNIS IN DER TIEFE

Das Challenger-Tief am südlichen Ende des Marianengrabens ist mit 10935 Metern die tiefste Stelle des Meeres. Der Ort ist nach dem Schiff HMS Challenger benannt, von dem aus 1875 die ersten Tiefenmessung im Marianengraben vorgenommen wurde. Die durchschnittliche Tiefe der Weltmeere beträgt infolge der neuesten topografischen Modelle mit 3682 Metern etwa ein Drittel davon.

Das Wrack der berühmten Titanic liegt in ungefähr 3800 Metern Tiefe. Auf den Bildern des Wracks sieht man überall am Schiffsrumpf Rostflecken. In diesem Rost leben Bakterien, die sich von dem Eisen des Schiffs ernähren. Das Bakterium mit dem hübschen Namen *Halomonas titanicae* wird die 50 000 Tonnen Eisen langsam, aber sicher zersetzen[290], sodass diejenigen, die das Wrack noch einmal sehen wollen, sich beeilen sollten. Gleichzeitig muss man sich aber auch über den Druck von ca. 380 Atmosphären bewusst sein, der dort unten herrscht.

Es ist ebenso teuer wie kompliziert, Fahrzeuge zu bauen und in Schuss zu halten, die einem derart großem Druck standhalten können. Deshalb wissen wir so gut wie nichts über das größte Habitat der Welt[291] – die enormen unterseeischen Ebenen mit unterschiedlich dicken Sedimenten oder die unterseeischen Gebirgsketten, die dort entstanden sind, wo die Kontinentalplatten auseinanderdriften. Dennoch wissen wir Einiges über das Leben in großer Wassertiefe oder in den Sedimenten.

Seit den 1990er-Jahren ist uns bekannt, dass der Meeresboden auch noch in großer Tiefe vor Mikroben wimmelt. Mikroskopisch kleine marine Pilze[292] sind gut an das dunkle, kalte und anoxische Leben in den Sedimenten angepasst[293]. Darüber hinaus gibt es massenhaft Prokaryoten, einzellige Organismen ohne Zellkern, wie Bakterien und Archaeen.

Das fotosynthetisierende Blaugrünbakterium, das das Meer langsam und kontinuierlich mit Sauerstoff angereichert hat, zählt ebenfalls zu den Prokaryoten. Am Meeresboden finden sich diese Lebensformen meist in unmittelbarer Sedimentnähe, aber die tiefe Biosphäre reicht durch das Sediment hindurch bis zum anstehenden Fels, der manchmal noch mehrere Tausend Meter unter dem Meeresboden liegt. Noch in den tiefsten Gräben, die Millionen Jahre alt sind, gibt es in einem Gramm Sediment genug Energie für Tausende Prokaryoten. Aufgrund des großen Volumens der Tiefseesedimente bilden diese Mikroben das größte organische Kohlenstofflager der Welt[294]. Überdies haben die Mikroben große Bedeutung für den Abbau von organischem Material und die Einlagerung des Kohlenstoffs im Meeresboden – und somit auch für die chemische Zusammensetzung der Weltmeere und der Atmosphäre. Das Leben in der Tiefsee ist geprägt von Dunkelheit, Kälte und extrem langsam ablaufenden Prozessen. Aber nicht überall in der Tiefe ist dies so.

Der Meer im Kontakt mit dem warmen Kern der Erde

1912 publizierte Alfred Wegener seine Theorie über die Kontinentaldrift. Seine Überlegungen basierten hauptsächlich darauf, dass die Kontinente wie Puzzleteile aneinanderpassten, erst recht, wenn man die Kontinentalsockel vor den Küsten betrachtet. Die Idee war zum ersten Mal 1595 von dem niederländischen Kartografen Abraham Ortelius geäußert worden, was damals aber nicht sonderlich Beachtung fand. Drei Jahrhunderte später waren die Karten deutlich besser als zu Ortelius‘ Zeiten, außerdem führte Wegener die auffällige Ähnlichkeit der Fossilien auf den jeweils zueinanderpassenden Seiten der Kontinente als weiteres Argument an. Er ging davon aus, dass die Kontinente einmal als eine Art Superkontinent zusammengehangen hatten und noch immer auseinanderdrifteten. Des Weiteren sagte er voraus, dass man im Bereich der mittelozeanischen Rücken Orte finden würde, an denen flüssige Lava aus dem Erdinneren aufsteigt. Für seine Ideen erntete er viel Spott von damaligen Experten. Dabei waren seine Vorstellungen richtig und zeugten von tiefem Naturverständnis und einer offenen Denkweise.[295] Die kulturellen Barrieren bremsten die Annahme seiner Erkenntnis über fünfzig Jahre hinweg aus und führten zu derart kontroversen Diskussionen, dass nicht einmal Rachel Carson sie in ihr populärwissenschaftliches Buch *„Geheimnisse des Meeres"* aufnahm[296].

Nachdem die Kontinentaldrift[297] schließlich im Laufe der 1960er-Jahre akzeptiert wurde, waren Zeit und Technologie auch reif genug, um sich auf die Suche nach der vulkanischen Aktivität im Bereich der Mittelozeanischen Rücken oder Grabenbrüche zu machen, an denen die tektonischen Platten auseinanderdrifteten. 1977 entdeckte man auf der berühmten Expedition mit dem bemannten Forschungs-U-Boot „Alvin" bei einem Tauchgang vor den Galapagosinseln in 2500 Metern Tiefe zum ersten Mal hydrothermale Quellen. Die Spalten, die sich an den Stellen bilden, wo die tektonischen Platten auseinanderdriften, führen dazu, dass das Wasser tief in den Erdmantel eindringt und dort in Kontakt mit Magma kommt. Das Wasser nimmt bei dieser Zirkulation Minerale und Metalle auf, ändert seine Eigenschaft und wird zu einer sogenannten hydrothermalen Lösung[298]. Schwarze Raucher sind hydrothermische Schornsteine, die eine Flüssigkeit ausstoßen, die mehrere hundert Grad warm sein kann (bis zu 350-400°C). Trifft dieser Flüssigkeitsstrom auf das kalte umgebende Meerwasser, fallen Metallsulfide aus, was dann wie schwarzer Rauch aussieht. Die eigentlichen Schornsteine bestehen aus diesen ausgefällten Stoffen und werden zu hohlen Röhren, die an die Formationen in Tropfsteinhöhlen erinnern. Weiße Raucher sind kühlere Varianten dieser hydrothermalen Quellen, bei denen der Lösungsstrom Mineralien wie Barium, Silizium und Kalzium enthält, die im ausgefällten Zustand weiß wirken.

Auch in der Nordsee wurden mehrere Felder mit hydrothermalen Schornsteinen entdeckt. Lokis Schloss ist ein solches Feld mit mehreren aktiven Schornsteinen. Der Bereich ist mehrmals von ferngesteuerten U-Booten erkundet worden, seit er von Forschern der Universität Bergen 2008 entdeckt wurde. Es ist heute eine weit verbreitete wissenschaftliche Theorie, dass der Beginn des Lebens, der zweifellos im Meer stattfand, mit Prozessen zusammenhängt, die im warmen Wasser rund um diese tiefen hydrothermalen Schornsteine vor sich gehen[299]. Heute sind diese Quellen Hotspots für das Leben in der Tiefe. Sie beherbergen eine einzigartige Tiefseefauna, deren Leben auf der chemischen Energie basiert, die chemoautotrophe Bakterien freisetzen. Diese Bakterien ziehen in vollkommener Dunkelheit alle Stoffe, die sie zum Leben brauchen, aus dem mineralreichen Wasser in der Umgebung der Schornsteine. Ein ganzes Ökosystem basiert auf der Primärproduktion dieser Bakterien (analog zu der Primärproduktion des Phytoplanktons, die von der Sonnenenergie angetrieben wird).

Einige der in der Tiefe lebenden Bakterien und Tiere sind sogenannte extremophile Arten, die zum Beispiel in außergewöhnlich hohen Temperaturen leben können, ohne gekocht zu werden. Seit Anfang der 1990er-Jahre wird das Leben rund um die hydrothermalen Quellen untersucht – mit immer neuen, spannenden Entdeckungen. Während eines Tauchgangs mit der Alvin beschrieben Forscher inmitten der heißen Strömung dichte Schwärme von Amphipoden, einem Krebstier, das mit den Meer-Flohkrebsen verwandt ist, die man am Meeresufer findet[300]. Man muss sich nur ein Leben in einer Tretmühle vorstellen, die niemals anhält! Die hohe Dichte der Krebstiere und ihre Schwimmgeschwindigkeit sind sichere Indizien für ein produktives Ökosystem und eine nährstoffreiche Kost in Form von chemoautotrophen Bakterien.

Bis jetzt haben wir nur wenige Orte der Tiefsee mit unseren Unterwasserfahrzeugen besucht. Wenn wir Expeditionen in neue Gebiete unternehmen und ferngesteuerte Fahrzeuge mit Licht, Kamera, Greifarm und Pumpen in die Tiefe schicken, um Wasser und Tierproben zu nehmen, finden wir fast immer etwas Neues. Hydrothermale Unterwasserquellen können bedingen, dass das Wasser auch in großer Tiefe glühend heiß oder angenehm warm ist. 2018 entdeckte ein Forschungsteam bei einer Expedition vor der Küste Kaliforniens in 3100 Metern Tiefe etwas vollkommen Neues. In der Nähe eines unterseeischen Gipfels, den sie untersuchen wollten, fanden sie durch Zufall ein Areal, in dem zahlreiche Tiefseetintenfische nebeneinander ihre Eier bewachten.[301] Die Forscher wollten herausfinden, warum die Tiere sich ausgerechnet dort aufhielten. Nachdem sie der Welt von ihrem überraschenden Fund berichtet hatten, bekamen sie die Möglichkeit, zurückzukehren und auf dem Laichgebiet auf dem Tiefseeboden moderne Messgeräte zu platzieren, die Temperatur und Sauerstoffgehalt maßen. Als diese Datenlogger Monate später wieder abgeholt wurden, zeigte sich, warum die Tintenfische sich gerade dort versammelt hatten. Dem Ort wurde Wasser aus einer hydrothermalen Quelle zugeströmt, sodass die Wassertemperatur unmittelbar am Boden konstant 5° C betrug. Ziemlich warm, verglichen mit den 1,6° C der Umgebung außerhalb dieses

Stroms.

Es ist die Summe der Tagesgrade, die entscheidend für die Entwicklung eines Embryos in einem Ei ist. Die Tintenfische nutzen dieses warme Areal, damit ihre Jungen sich schnellstmöglich entwickeln. Die Weibchen bewachen die Eier in der ersten Zeit und schützen sie mit ihren Tentakeln. Vermutlich wandern die Tiefseetintenfische in diese warmen Zonen, um sich zu paaren und die Eier abzulegen. Da die Tintenfische bald nach dem Ablaichen sterben, bilden die vielen toten Tiere eine zusätzliche Energiezufuhr für das Ökosystem in der Tiefe. Die Aufnahmen dieses Tintenfischkindergartens belegen zudem, dass es auch in der Tiefsee eine reiche Bodentierfauna gibt, die sogar die Grundlage für ein Laichgebiet bietet.

Die Industrie will an die Ressourcen in der Tiefe

Meine Meeresforscherkollegen und ich finden so gut wie nie unnützes Leben im Meer. Wenn eine neue Art entdeckt wird, wissen wir eigentlich von Anfang an, dass sie Teil eines größeren Prozesses und für irgendetwas wichtig ist. Das Leben in der Tiefsee ist ein Bestandteil der biologischen Pumpe, durch die Kohlenstoff aus dem Kreislauf entnommen und auf lange Zeit im Meeresboden gespeichert wird. Es ist essenziell, dass diese Pumpe mit voller Kraft weitergeht, während wir alles daran setzen müssen, unseren CO_2-Ausstoß in die Atmosphäre zu verringern – eine Aufgabe, die sich als schwer genug für die Menschheit erwiesen hat.

Während ich dieses Buch schrieb, hat die norwegische Regierung per Mehrheitsbeschluss die Suche nach Mineralien am Meeresboden gestattet. Ziel ist die kommerzielle Nutzung. Rund um die hydrothermalen Quellen fallen Metalle und Mineralien aus. Proben aus dem Umfeld dieser Quellen enthalten auch wertvolle Metalle und seltene Erden. Kobalt, Lithium, Nickel und Kupfer sind Metalle, die wir für die Technologie der neuen Energiesysteme brauchen, die die fossilen Brennstoffe ersetzen sollen.

Die Lobbyisten und Politiker, die sich für den Abbau der Mineralien am Meeresboden stark gemacht haben, versichern uns, dass die Tätigkeit unter strengsten Umweltvorschriften stattfinden wird, dass man vorsichtig vorgehen wird und die Erfahrungen nutzt, die wir bei der Gewinnung von Öl und Gas gesammelt haben.[302] Das hört sich gut an, das Problem ist nur, dass man die beiden Dinge nicht vergleichen kann. Öl und Gas werden durch ein Bohrloch aus Formationen weit unter dem Meeresboden gewonnen. Nachdem ein Brunnenkopf montiert worden ist, den man sich als Ventil und Öffnung für den Bohrstrang vorstellen muss, geht die gesamte weitere Arbeit unter dem Meeresboden vor sich. Es ist sogar möglich, von einer statischen oder schwimmenden Plattform mehrere Kilometer seitlich zu bohren. Aus einer größeren Perspektive betrachtet, ist die Öl- und Gasförderung nicht mehr als ein Nadelstich in den Meeresboden. Eine Art Grubenbetrieb am Meeresboden wäre da etwas ganz Anderes.

Der Abbau der verschiedenen Mineralien oder Erden kann durch Sammeln, Schürfen, Saugen und Pumpen erfolgen. Schürfen und Sammeln kommt vermutlich in der Nähe alter, toter hydrothermischer Schornsteine infrage. Dort können die metallhaltigen Formationen wie die weichen Gesteine des Oberjuras abgebaut und mit Spezialfahrzeugen an die Oberfläche gebracht werden. Metallhaltige Knollen, sogenannte Manganknollen[303] finden sich häufig an Hängen oder lose auf weichem Sediment. Solche Metallklumpen bilden sich in der Tiefe nährstoffarmer Meeresgebiete mit geringer Sedimentzufuhr weitab von Kontinenten oder Flüssen.

Ihre Gewinnung wurde bereits in der riesigen Clarion-Clipperton-Zone im Stillen Ozean getestet. Die Wassertiefe beträgt dort 4000-6000 Meter. Die dort in großer Zahl vorhandenen Knollen sind durch extrem langsam ablaufende Metall-Ausfällungsprozesse aus dem Meerwasser entstanden, vermutlich wachsen sie im Laufe von einer Million Jahre nur um einige wenige Millimeter. Um die Knollen zu sammeln, die wie kleine Kartoffeln aussehen und in der Regel einen Durchmesser von drei bis fünf Zentimeter haben, braucht man ein Scheunendrescher-artiges Fahrzeug, das die Knollen in einem Streifen vom Meeresboden saugt und sich dabei langsam über den Boden fortbewegt. Die aufgesaugten Knollen müssen entweder vorübergehend in dem Fahrzeug gelagert oder durch ein Rohr zu einem Produktionsschiff gepumpt werden. Das Schiff muss dafür der Position des Unterwasserfahrzeugs exakt folgen, wofür es mehrere Motoren und eine größere Mannschaft braucht.

Der Meeresboden, auf dem die Knollen liegen, ist wie die Oberfläche der Knollen selbst von Tiefseeorganismen besiedelt, die wir kaum kennen, auch wenn in dieser Tiefseezone seit 1970 diverse Expeditionen durchgeführt wurden. Von den letzten Expeditionen gibt es gute Videoaufnahmen. Einige der darauf zu sehenden Tiere ähneln Arten, die wir aus flacheren Meeresbereichen kennen, darunter Schwämme, Schlangensterne, Pfauenfederwürmer, Garnelen und Tintenfische. Andere sind seltsame Geschöpfe, die unser Verständnis bekannter Lebensformen herausfordern. Eine erst vor Kurzem durchgeführte Studie kam zu dem Schluss, dass von den 5578 in diesem Gebiet zum ersten Mal gesammelten Arten bislang nur 436 beschrieben wurden. 88 bis 92 Prozent der in diesem Tiefseegebiet lebenden Arten sind der Wissenschaft noch unbekannt.[304] Diese unbekannte Welt ist überdies der Lebensraum von Tiefsee-Mikroorganismen, die nahe des Sediments, im Sediment oder sogar in den tiefen lehmigen Schichten leben – der sogenannten tiefen Biosphäre. Uralte Sedimente werden bei der Förderung der Knollen aufgewirbelt, und auch wenn es sich lohnen sollte, das Mangan noch am Meeresboden vom Lehm zu trennen, kommt immer etwas Sediment mit an die Meeresoberfläche.

Wie riskant ist die Förderung von Mineralien aus der Tiefsee?

Die Konsequenzen eines möglichen Mineralabbaus am Meeresboden für die Umwelt sind schwer einzuschätzen, solange man nicht weiß, welche Abbaumethoden zum Einsatz kommen, wie groß die betroffenen Bereiche sein werden und welche Abraummengen anfallen. Die Konsequenzen für die Tiefseeökosysteme sind weitestgehend unbekannt, trotzdem kann man einige mögliche Szenarien skizzieren. Bei mir leuchten in diesem Fall einige Warnlampen auf. Die Forschung muss die Möglichkeit bekommen, das betroffene Gebiet über längere Zeit zu untersuchen und kontrollierte Experimente am Meeresboden zu unternehmen, die uns die nötigen Kenntnisse verschaffen, bevor wir mit dem Abbau beginnen. Erst vor Kurzem wurde entdeckt, dass die elektrische Spannung der Manganknollen ausreicht, um am Tiefseeboden Sauerstoff zu produzieren, indem Wassermoleküle direkt an der Oberfläche der Knollen durch Elektrolyse in Wasserstoff und Sauerstoff aufgespalten werden.[305] Die Entdeckung könnte großen Einfluss auf den möglichen Tiefseebergbau haben, wie auch auf unser Verständnis von der Entstehung des Sauerstoffs und damit des Lebens auf der Erde.

Die negativen Auswirkungen des Tiefseebergbaus bleiben unsicher, bis wir die entsprechenden Gebiete kartiert und experimentelle Studien durchgeführt haben. Aus globaler Sicht ist es wichtig, eine gute Regulierung des Tiefseebergbaus in den internationalen Gewässern wie der Clarion-Clipperton-Zone sicherzustellen, und die Mineralien und den eventuellen Profit aus dem Bergbau gerecht zu verteilen.

In Anbetracht dieser Unsicherheit ist der Widerstand gegen den Tiefseebergbau verständlich. Andererseits ist dies auch erstaunlich, schließlich lassen wir zu, dass weite Teile des Meeresbodens regelmäßig von Trawlern umgepflügt werden, sogar innerhalb von Schutzgebieten. Seit 2006 ist bekannt, dass sich die Grundschleppnetzfischerei mehr und mehr in die Tiefe ausbreitet.[306] Im Nordatlantik nahm diese Entwicklung ab den 1990er-Jahren Fahrt auf. Die fischereiliche Nutzung tieferer Meeresgebiete hat dazu geführt, dass Haie und Rochen, die in der Tiefe leben, immer mehr aus den Ökosystemen verschwinden.[307] Die Arten werden für ihr Fleisch und ihr Öl gefangen, das auf dem globalen Markt gut zu verkaufen ist. Die Fischerei ist im Begriff, in der Tiefe denselben Schaden anzurichten, den sie schon seit geraumer Zeit in den flacheren Zonen verursacht hat. Haie, Rochen und Seekatzen, mehrere Hundert Millionen Jahre alte Arten, die fünf Massenausrottungen überlebt haben, sind heute zum ersten Mal durch die Grundschleppnetzfischerei in ihrem Bestand bedroht.

In der EU wird daran gearbeitet, die Fischerei mit Grundschleppnetzen bis 2030 aus den Schutzgebieten zu verbannen. Berechnungen zeigen, dass 79 Prozent der küstennahen Meeresböden durch diese Art der Fischerei beeinträchtigt sind.[308] Wir wissen mit großer Sicherheit, dass sie dem Meeresboden und dem Leben darauf schadet und die Biozönosen verändert. Auf weichem Grund wird überdies das Sediment aufgewirbelt. Vermutlich sind wir bereit, dies zu akzeptieren, weil es eine etablierte Praxis ist, die sich über die Jahre entwickelt und auf weitere Bereiche ausgebreitet hat. Würde die Weltgemeinschaft plötzlich vor die Frage gestellt, ob die Grundschleppnetzfischerei auf noch unberührte Meeresböden ausgeweitet werden darf, wäre die Skepsis vielleicht ebenso groß.

KAPITEL 12
WAS NÜTZT UNS DAS MEER?

Muscheln, Schnecken und Fische gibt es in intakten Küstenökosystemen zuhauf. Vielleicht hat das dazu geführt, den Menschen *smart from the start* zu machen, da er auch in schwierigen Zeiten Zugang zu wertvoller Nahrung hatte. Wir haben früh gelernt, was das Meer uns bietet und wie wir die Ressourcen am effektivsten nutzen können. Anfangs jeder für sich mit seinem Verstand und später in den Kulturen, die ihr Wissen von einer Generation zur nächsten weitergaben.

Das Jahrzehnt von 2021 bis 2030 wurde von den Vereinten Nationen als Dekade der Meeresforschung für nachhaltige Entwicklung ausgerufen. Ziel ist es, vom jetzigen Zustand (*the ocean we have*) zum gewünschten Zustand (*the ocean we want*) zu kommen.[309] Für mich lassen diese Worte wenig Zweifel daran, dass wir die Möglichkeiten haben, Prioritäten zu setzen – gute oder schlechte, – die Einfluss darauf haben werden, wie das Meer der Zukunft aussehen wird. Sind wir, die wir so viel über die Meere wissen, nicht in der Pflicht, das notwendige Verständnis für die Natur und die Ozeane weiterzugeben? Ich meine schon. Das Wissen, das wir in all den Jahren gesammelt haben, reicht mittlerweile aus, um die wichtigsten physikalischen und biologischen Prozesse im Meer zu verstehen. Und wir wissen überdies, welche Aktivitäten den größten Einfluss auf die Lebensfähigkeit des Meerökosystems haben. Die Kenntnis dieser Prozesse war niemals so wichtig wie heute, denn sie sind essenziell, wollen wir uns dem menschgemachten Klimawandel anpassen und ihn bremsen. Diese Prozesse basieren aber auf einer intakten, lebendigen Natur mit zahlreichen Arten in hoher Dichte, damit die biologische Pumpe auch den größtmöglichen Effekt haben kann. Es ist nicht schwer, Praktiken zu nennen, die wir ändern müssen, um dieses Ziel zu erreichen: Wir müssen mit der Überdüngung der Flüsse aufhören, die zu viel Nährstoffe in die Seen spülen, wo der Wasseraustausch gering ist; wir müssen die Fischbestände wieder aufbauen, damit sie ihre Funktionen in den lokalen Ökosystemen erfüllen können; wir müssen aufhören, große Mengen an Energie zu verschwenden, um Fische in Futter für Hühner, Schweine, Vieh und Fischzuchtanlagen zu verwandeln.

Wir Menschen haben das Meer mit Lärm gefüllt, obwohl wir wissen, dass dies für viele Arten ein Problem ist.[310] Das Laichverhalten des Kabeljaus wird von den niederfrequenten Vibrationen beeinflusst, die auf der Suche nach Öl und Gas genutzt werden, und die Geräusche der Motoren und Schrauben großer Schiffe können die Kommunikation der Tiere komplett überlagern.[311] Die Verunreinigungen mit den sogenannten persistenten organischen Umweltgiften, also nicht- oder nur geringfügig abbaubaren Stoffen, führt zu einer Akkumulation dieser Gifte vor allem bei Tieren am Ende der Nahrungspyramide, wie Orcas oder Eisbären.[312] Solche Stoffe bleiben auch lange nach ihrem Verbot in den Ökosystemen erhalten und richten dort Schaden an. Netz- und Seilreste von Fischerbooten und deren Ausrüstung sowie die Verunreinigung mit Plastik, das über die Flüsse ins Meer gespült wird, sind Beispiele für die Trägheit und Ignoranz der Menschen im Umgang mit der Natur unserer Meere. Wir müssen gemeinsam und zielgerichtet arbeiten, um diese offensichtlich negativen Auswirkungen zu minimieren. Wir müssen die noch existierende Natur bewahren und fördern, um ihre Kapazität, Kohlenstoff langfristig zu lagern, auch nutzen zu können: Seegraswiesen, Tangwälder, Mangrovenwälder und Sümpfe, und nicht zuletzt der weite, weiche Meeresboden, in dem sich Unmengen von Kohlenstoff sammeln können. Deshalb müssen wir größere Teile des Meeresbodens in Ruhe lassen und von Grundschleppnetzen und anderen tiefreichenden Fangvorrichtungen verschonen. Andernfalls werden die Ökosysteme am Boden zerstört und Sedimente in Unmengen aufgewirbelt.[313]

Die Aufgaben sind zahlreich, die Interessen divergierend und Änderungen grundsätzlich schwierig. Nicht selten ist die Kluft zwischen der geltenden Praxis und den besten, ökologischen Empfehlungen schier unüberwindlich. Wir können wichtige Maßnahmen nicht schnell genug umsetzen und fahren mit unserem destruktiven Verhalten viel zu lange fort. Diese Diskrepanz gilt es schleunigst zu überwinden[314]. 2023 wurde in über

250 wissenschaftlichen Zeitschriften ein gemeinsamer Leitartikel mit dem Titel „Es ist Zeit, die Klima- und Naturkrise als einen unteilbaren globalen Gesundheitsnotstand zu behandeln“ veröffentlicht[315]. Die Autoren dieses Artikels und auch die Redakteure der Zeitschriften wollten damit den Gesundheitsbegriff in Verbindung mit dem Zustand der Erde bringen: Die Gesundheit der Menschheit und deren Zukunft kann nicht vom Zustand der Erde und dem der Natur getrennt werden.

Ein Kreis von etwa 30 internationalen Wissenschaftlerinnen und Wissenschaftlern um Johan Rockström vom Stockholm Resilience Centre publizierte im Jahr 2009 den Fachartikel „A safe operating space for humanity“ (Ein sicherer Handlungsraum für die Menschheit). Die Autorinnen und Autoren formulierten darin sogenannte planetare Belastbarkeitsgrenzen für neun zentrale biophysikalische Systeme und Prozesse der Erde, die zusammen einen sicheren Handlungsraum ausmachen. Ein Artikel, der 2023 im Journal *Science* veröffentlicht wurde, schloss damit, dass sechs dieser neun planetaren Grenzen bereits überschritten seien.[316] Dies gilt für (1) die Veränderung der biogeochemischen Kreisläufe (Stickstoff- und Phosphorkreislauf); (2) die Veränderung von Süßwassersystemen; (3) die Änderung der Ökosysteme an Land; (4) den Zustand und die Integrität der Biosphäre (Verlust der Artenvielfalt); (5) den Klimawandel und (6) die Überladung mit neuartigen Stoffen (synthetische Chemikalien und Materialien – einschließlich Mikroplastik und radioaktive Stoffe sowie modifizierte Organismen und evolutionäre Prozesse).

Die drei verbliebenen planetaren Grenzen, die infolge der Wissenschaftler noch nicht erreicht oder überschritten sind, sind (7) die Verunreinigung der Meere; (8) die Aerosole in der Atmosphäre und (9) die Funktion der Ozonschicht.

Wie können wir eine nachhaltige Nutzung der Meere erreichen?

Überall im Meer existieren Arten in mehr oder minder lokalen Beständen, deren Lebenszyklen an bestimmte Orte und physikalische Phänomene geknüpft sind. Die Meeresströmungen und die Bewegungen der oberflächennahen Schichten sorgen dafür, dass Plankton, Fischeier und Larven dort landen, wo sie leben sollen. Unsere Aufgabe ist es, den lokalen, erwachsenen Fisch dort zu schützen, wo er lebt, wandert und ablaicht, damit die Tiere und ihre Nachkommen für lange Zeit im Ökosystem verbleiben. Wir können den küstennahen Meeresbereichen nicht bestimmte Arten und Bestände entnehmen und dann darauf hoffen, dass die Fische auf magische Weise zurückkommen oder ersetzt werden. Nichts wirkt sich so negativ auf das Vorkommen von Arten aus wie die langjährige, rücksichtslose Entnahme von großen Teilen der Bestände. Ist dieses Morden zu effizient, sind letztendlich keine Tiere mehr da, die man fischen kann, und der Wiederaufbau von Beständen ist langwierig oder gar nicht mehr möglich.

Zahlenmäßig große, produktive Bestände ertragen die Jagd deutlich besser, als kleine, wenig produktive Bestände. Hering, Sprotte, Lodde und Makrele sind Beispiele für produktive Arten mit zahlenmäßig hohen Beständen. Befischen wir diese Arten umsichtig, ist das Risiko für den Artbestand relativ gering. Trotzdem sind lokale Bestände von Hering und Sprotte in vielen Gegenden stark zurückgegangen, weshalb es ratsam wäre, diese Bestände zu fördern. Diese Arten sind ein wichtiger Bestandteil des lokalen Nahrungsnetzes und damit von großer Bedeutung für den Rest des Ökosystems. Fische mit langsamen, verletzbaren Lebenszyklen, wie zum Beispiel der Seewolf oder bestimmte Haiarten, eignen sich nicht zur kommerziellen Befischung. Die Funktion dieser Arten als Top-Prädatoren ist zu bedeutsam, um sie einfach als Nahrung für uns Menschen zu nutzen. Zum Glück gibt es im Meer genug andere Arten, die dafür infrage kommen.

Unten am Anleger hängt ein großer Korb im Wasser. Er ist aus perforiertem Plastik, wie man ihn in vielen Teilen der Welt auf Fischerbooten wie auch an Bord von Forschungsbooten findet. Durch die Löcher gibt es einen beständigen Wasseraustausch. In diesem Korb lagere ich das ganze Jahr über lebende Miesmuscheln. Ich sammle die Muscheln, wenn ich sie bei der Arbeit finde. Für mich gibt es kaum etwas Besseres als frisch gedünstete Miesmuscheln. Wenn die orangen Gonaden voller heranreifender Eier sind, schmecken sie geradezu süßlich, da sie Glykogen speichern.

Miesmuscheln sind ein Beispiel für gesunde und sehr nahrhafte Nahrung aus dem Meer, von Tieren, die sich in der Nahrungspyramide sehr weit unten befinden. Sie ernähren sich vom Phytoplankton, das wiederum nur Nährsalze, CO_2 und Sonnenlicht braucht. Für mich ist das eine der wichtigsten Antworten auf die Frage, wie wir das Meer nachhaltig nutzen können. Es geht darum, die Vielfalt am Boden der Nahrungspyramide zu nutzen, denn mit jedem trophischen Niveau gehen 90 Prozent der Energie verloren.[317] Während die Fischerei zur Jagd gehört, ist die Zucht von Muscheln, Seescheiden und Tang ein Beispiel für eine im großen Maßstab mögliche Nahrungsmittelproduktion.

Kleine, pelagische Fische, Schwarmfische die im Freiwasser leben, nehmen in der Nahrungspyramide eine ähnliche Position ein wie die Muscheln. Sardinen und Sprotten leben von Phyto- und kleinem Zooplankton, während Hering und Makrele größeres Zooplankton zu sich nehmen. Diese produktiven Arten verkraften die Jagd besser als viele der großen, alten Fische am Meeresboden. Über lange Zeit hinweg bildeten eingesalzener Hering und Kartoffeln die Basis der Ernährung vieler Menschen Nordeuropas. Heute werden große Mengen des Herings, den wir fischen, zu Fischmehl und Öl verarbeitet. Wir sollten den Hering lieber direkt als Nahrung nutzen und größere Teile der Bestände in den Ozeanen belassen. Ein kleiner Fisch, am besten als Ganzes mit Haut und Gräten zubereitet, ist ein Paket an Mikronährstoffen, das uns hilft, gesund zu bleiben.[318]

Ich schreibe dies auf dem Rückweg von Brüssel, wo ich an einem Seminar teilgenommen habe, auf dem eine Gruppe Meeresforscher Beispiele für Forschungsgebiete zur zukünftigen Verwaltung und Nutzung des Meeres unter den unterschiedlichsten Prämissen vorgestellt haben. Offshore-Windanlagen in Verbindung mit Muschel- und Tangzucht, Insektenlarven als Zutat für das Futter von Zuchtfischen, autonome Fahrzeuge für die Suche nach Fischen und das Sammeln von Daten für die Bestandsforschung und Fischereiverwaltung. Eine gesteigerte Nachhaltigkeit war das Ziel all dieser Präsentationen. Aber was bedeutet das im Licht der großen Herausforderungen, vor denen wir stehen? Wir kommen nicht umhin, diesen etwas überstrapazierten Begriff zu diskutieren.

1987 definierte die Brundtland-Kommission die nachhaltige Entwicklung wie folgt:

> „Nachhaltige Entwicklung ist eine Entwicklung, die den Bedürfnissen der heutigen Generation entspricht, ohne die Möglichkeiten künftiger Generationen zu gefährden, ihre eigenen Bedürfnisse zu befriedigen."

Heute könnte man leicht sagen, dass wir die Möglichkeiten für die kommenden Generationen bereits reduziert haben, man denke nur an die planetaren Belastungsgrenzen, die wir bereits überschritten haben. In Anbetracht der Klima- und Naturkrise wäre es vielleicht ehrlicher, über die Notwendigkeit eines „nachhaltigen Abwendens“ von allen destruktiven Vorgehensweisen und Praktiken zu sprechen, um die Lebensbedingungen der kommenden Generationen zu verbessern. Aber eine solche Annäherung an das Thema ginge den meisten sicher zu weit.

2015 verabschiedete die Weltgemeinschaft die Agenda 2030, die 17 globale Nachhaltigkeitsziele (*Sustainable Development Goals,* abgekürzt SDGs) enthält. Es ist ein beeindruckendes Rahmenwerk, das wichtige Richtlinien für alle Nationen, Institutionen und Organisationen der Welt setzt. Innerhalb dieses Rahmenwerks hat die Definition für nachhaltige Entwicklung drei klare Dimensionen festgelegt, die alle berücksichtigt werden müssen, nämlich die soziale, die wirtschaftliche und die ökologische. Das ist natürlich richtig und wichtig. Wenn wir anstreben, unsere Energiesysteme und unsere Nahrungsmittelproduktion zu transformieren, müssen wir auch dafür sorgen, dass diese Entwicklung gerecht vor sich geht und die Würde der Menschen gewahrt wird. Vielleicht ist eine solche gesamtheitliche Transformation unser eigentliches Ziel?

Persönlich war ich sehr froh darüber, dass das „Leben unter Wasser“ unter der Nummer 14 als ein eigenes Nachhaltigkeitsziel formuliert wurde. Und dies mit einer ganzen Reihe von konkret definierten Unterpunkten. Dies führte dazu, dass Politiker und Entscheidungsträger begannen, Worte und Begriffe aus meinem eigenen Fachbereich – des marinen Umweltschutzes – in den Mund zu nehmen.

Gegen Ende der Dekade für biologische Vielfalt (2011–2020) publizierte die UN (UNEP[319]) ihren Bericht über die Beeinflussung der Ökosysteme. Darin eingeschlossen waren auch die marinen Ökosysteme.

Das *High-Level Panel for a Sustainable Ocean*, kurz Ocean Panel, wurde 2018 von Erna Solberg lanciert.[320]

2022 erhielt die Welt mit dem Globalen Diversitätsrahmen von Kunming-Montreal einen wichtigen, völkerrechtlichen Vertrag.

Darüberhinaus wurde die Dekade 2021–2030 der Wiederherstellung von Ökosystemen gewidmet. Die Beschreibungen der aktuellen Situation all dieser Initiativen überlappen sich deutlich. Mit anderen Worten gibt es einen breiten, internationalen Konsens über die richtigen Prioritäten. Aber werden wir es auch wagen, diese umzusetzen?

Können wir unsere Meeresaktivitäten den Änderungen anpassen?

Die Temperaturen steigen, der Meeresspiegel ebenso – und so wird es auch in Zukunft weitergehen, selbst wenn wir mit der Verbrennung fossiler Energieträger aufhören oder die Netto-Null der CO_2-Emissionen erreichen. Die Menschen haben in tiefliegenden Bereichen in der Nähe des Wassers eine Vielzahl von Städten gebaut, Häuser, Industrieanlagen und Infrastruktur. Ganz besonders gilt dies für den Bereich der Flussmündungen.

Wir sollten langsam damit anfangen, diese Bereiche von einem Großteil der deplatzierten Infrastrukturanlagen zu befreien. Denn auch bei wärmerem Klima mit einem immer höheren Meeresspiegel sind die Küsten und die Flussmündungen von zentraler Bedeutung für die Ökosysteme, überdies bilden sie Habitate für unzählige Arten. Tiefliegende Landzungen oder Schären werden heute zum Beispiel von Flussseeschwalben und Lachmöwen genutzt, Arten, die laut der Roten Liste stark oder kritisch bedroht sind. Diese Bereiche werden früher oder später unter dem Wasser verschwinden und nicht mehr als Brutplätze zur Verfügung stehen. Wir müssen jeweils vor Ort planen, wo diese Vögel in Zukunft brüten können. Möglich ist dies, wie Versuche in den USA zeigen. Dort haben Seeschwalben eine künstliche Insel angenommen, auf denen Lockvögel platziert worden waren.[321]

An den Flussmündungen wird es durch Sedimentablagerungen weiterhin zur Ausbildung von Deltas kommen, und gerade der nährstoffreiche Schlammboden ist ein Hotspot für die biologische Diversität. Die Menschen werden diese Bereiche verlassen müssen, das Meer und die Natur werden sie übernehmen. In Norwegen wäre es für die Kommunen eine spannende Aufgabe, Planungen für die nächsten 50, 100 oder 300 Jahre anzustellen, um Mietverträge rechtzeitig zu kündigen oder Menschen zu entschädigen, die aus Überflutungsgebieten wegziehen müssen. Vielleicht wird irgendwann auch die letzte Betonmauer entfernt, sodass die Natur die Küsten wieder selbst modellieren kann.

Unsere Boote werden wir auch in Zukunft brauchen, Norwegens produktive Fischerei hat uns dank der Nahrung aus dem Meer wohlhabend gemacht, die Tatsache, dass die Fischereiflotte noch heute existiert und in den meisten Fällen auch noch rentabel ist, hat uns allerdings zu der Fehlannahme verleitet, dass es dem marinen Ökosystem weiterhin gut geht. Diese Annahme verwehrt uns den Blick darauf, dass das Ökosystem eine Reihe von kryptischen Ausrottungen hinter sich hat.[322] Sensible Arten sind verschwunden, und manche Funktionen kann das Ökosystem nicht mehr leisten. Produktive, lokale Fischbestände gehen ebenso zurück wie Meeresvögel. Die Tatsache, dass sie immer wieder Schwierigkeiten haben, ihre Jungen durchzubringen, sollte uns die Augen öffnen. Fischer, die neue Ressourcen und Fischgründe entdeckt haben, mussten oft feststellen, dass die guten Fänge nicht lange anhielten und schließlich ganz versiegten. Es gibt keinen Unterschied zwischen unseren Küsten- und Meeresgebieten zu denen vor den Philippinen oder Neuseeland. Das Leben im Meer ist lokal, und die Gesundheit des Ökosystems ist abhängig vom lokalen Leben vor Ort. Will die Küstenfischerei nachhaltig sein, muss sie sich viel mehr an die lokale Dynamik anpassen.

Küstennahe Gebiete sind vermutlich am besten geeignet für die Zucht von Muscheln, Seescheiden und Algen, die zusätzlich auch noch dazu beitragen, die Wasserqualität zu verbessern, da sie Plankton und Nährstoffe aus dem Wasser filtern. Die zukünftige Küstenfischerei muss anpassungsfähig sein und auf viele verschiedene Wege setzen. Dazu gehört sicher die Reusenfischerei auf gut bezahlte Arten wie Krabben, Hummer, Kaisergranat und Garnelen. Die Entwicklung in der Lyme Bay in England könnte dabei durchaus ein Vorbild für uns sein: Dort ist die destruktive Grundnetz-Schleppfischerei aufgegeben worden. Stattdessen praktiziert man dort jetzt eine Fischerei, die den Meeresboden schützt und den Fischern bessere Lebensbedingungen gewährleistet.[323,324]

Auch in Zukunft wird es noch möglich sein, große Mengen Fisch für unsere Ernährung zu fischen. Es ist jedoch wichtig, dass die Bestände der Schwarmfische nachhaltig bewirtschaftet werden. Diese Fische nutzen auf ihren Wanderungen große Meeresbereiche und schwimmen dabei häufig über Grenzen, weshalb die unterschiedlichen Nationen ihre Fischereiverwaltung koordinieren müssen. Für die Suche nach den Fischen wird viel Treibstoff verschwendet.

Fremde Arten stellen in unseren Ökosystemen ein Dilemma dar. Wir können sie verwalten und nutzen oder sie bekämpfen und ihre Verbreitung begrenzen. Vielleicht auch beides. Die Kamtschatkakrabbe ist ein Beispiel für eine pragmatische Vorgehensweise, denn im Norden ist sie bereits ein ökonomisch wichtiger Teil der Fischerei. Sie stammt ursprünglich aus der Barentssee, wurde aber auf der russischen Seite der Halbinsel Kola ausgesetzt, um die dortige Küstenfischerei zu bereichern. Auf der norwegischen Seite wird sie östlich des Nordkaps nach fischereibiologischen Prinzipien einer nachhaltigen Nutzung befischt. Westlich des Nordkaps kann sie frei befischt werden, damit die Art sich nicht noch weiter an der Küste entlang nach Westen und Süden ausbreitet.

Die Pazifische Auster, die mittlerweile an der Küste Südnorwegens verbreitet ist, ist möglicherweise eine andere Art, zu der wir ein pragmatisches Verhältnis entwickeln und die wir in unseren Speiseplan aufnehmen sollten. Es gibt keinen Zweifel daran, dass diese Art gekommen ist, um zu bleiben, und sie hat durchaus Qualitäten. Schließlich handelt es sich bei ihr um ein gut etabliertes Produkt mit einem globalen Markt, überdies filtriert sie das Wasser an ihrem Lebensraum, wächst schnell und baut auf diese Weise Riffe, die wiederum wichtige Lebensräume für andere Arten sind. Ich denke, dass wir recht bald an typischen Retentionsorten, wo die Larven von Natur aus zurückgehalten werden, die ersten Austernfarmen sehen werden, die diese Art kultivieren.

Der Klimawandel und die Meereserwärmung führen dazu, dass marine Arten ihren Lebensraum ändern oder sich weiter in nördliche oder südliche Richtung ausbreiten. Dies wird langsam vor sich gehen. Erst werden einige wenige Exemplare auftauchen, dann zeitweise mehrere, aber es braucht mehr, damit sich ein stabiler Laichbestand aufbaut, der die neuen Areale dauerhaft besiedelt. Ein provokanter Vorschlag wäre, aktiv etwas zu unternehmen, damit dieser Prozess schneller vonstattengeht und wir die neue Ressource nutzen können. Schließlich sollen unsere Ökosysteme ja belebt sein. Stark befischte Areale scheinen Barrieren für die Ausbreitung zu sein. Es ist aber möglich, dass marine Schutzgebiete, in denen wir nicht fischen, auch von den neuen Arten als sichere Bereiche erkannt und genutzt werden. Offshore-Windparks, die das kommerzielle Fischen erschweren oder unmöglich machen, können von Nutzen sein und als Rückzugsort für lokale Arten wie auch als Trittsteine für die Ausbreitung neuer Arten dienen. Es ist kein Geheimnis, dass sich rund um die Beine der Ölbohrplattformen mehr und größere Fische finden, weshalb manche Fischer diese Regionen bis zum Rand der Sicherheitszone befischen.

Die ökologischen Rahmenverträge ermuntern uns, bis zum Jahr 2030 dreißig Prozent der Ozeane als marine Schutzgebiete auszuweisen oder anderweitig effektiv zu schützen. Wollen wir dem nachkommen, müssen neue Schutzgebiete ausgewiesen oder die Vorschriften für diese Regionen drastisch verändert werden. Es gibt also durchaus die Möglichkeit, Natur und Biodiversität zu schützen, wollen wir nicht so weitermachen wie bisher.

Ich hoffe, dass wir uns von den guten Beispielen anspornen lassen, die bereits deutlich gezeigt haben, wie effektiv der Schutz des Lebens im Meer sein kann. Wir müssen diese Chance nutzen, um dem Meeres-Ökosystem mehr Widerstandskraft für die kommenden Herausforderungen zu geben.[325]

EPILOG
(DU UND ICH UND DAS MEER)

Mein Vater ist ein Naturmensch, der sich gut auskennt, er verfügt über ein großes fachliches Wissen und ein intuitives Naturverständnis. Er hat die Erkenntnisse der Klimawissenschaften und ihre Botschaft vor den meisten anderen verstanden und schon früh die Verringerung der Artenvielfalt erkannt. Die Mechanisierung der Landwirtschaft und den Einzug des Kunstdüngers, der große Veränderungen im Pflanzen- und Insektenbestand mit sich brachte, hat er noch selbst miterlebt. Als Kind habe ich oft gesehen, wie es ausging, wenn mein Vater seine Besorgnis über den Klimawandel und den Rückgang der Natur ausdrückte und darüber diskutieren wollte. Die Leute rollten mit den Augen, seufzten und versuchten, das Gespräch auf heitere Themen zu lenken. Er behielt recht, doch das bringt ihm heute wenig Genugtuung.

Norwegen war 1972 eines der ersten Länder, das ein Umweltministerium einführte, und ich wuchs in einer Zeit auf, in der der Naturschutz allmählich ins Bewusstsein der Menschen drang und sich auch in der Politik niederschlug. An der Universität studierte ich eifrig die Umweltwissenschaften, die heute das fachliche Fundament notwendiger Maßnahmen sind, über die international Konsens herrscht. Die Wissenschaft hat bewiesen und demonstriert, dass es möglich ist und allen nützt, die Natur effektiv zu restaurieren und zu bewahren.

Wir Menschen haben das Leben im Meer radikal verändert, besonders durch Jagd und Fischerei, die Zerstörung oder Veränderung von Habitaten (zum Beispiel durch Grundschleppnetze, Küstenverbauung oder Aquakulturen) sowie Verschmutzung. Nun ist die Gesundheit dieses fantastischen biologischen Systems durch den Klimawandel und Übernutzung in Gefahr. Obwohl diese Erkenntnis ziemlich spät gekommen ist, bin ich froh, dass wir noch immer Zeit haben, viele der negativen Trends umzukehren.

Gleichzeitig befürchte ich, dass wir uns nicht über die notwendigen Maßnahmen einigen können und die vorhandenen Ressourcen nach alter Gewohnheit weiter ausbeuten.

Mit diesem Buchprojekt habe ich versucht, zum Verständnis des Meeres beizutragen, indem ich von meiner persönlichen Bindung zum Meer erzähle und von dem Abenteuer, als welches ich meine wissenschaftliche Arbeit empfinde. Eigentlich sind wir ein Teil der Natur, genau wie das Meer. In diesem Punkt können wir viel von indigenen Völkern lernen. Der Umweltpsychologe Per Espen Stoknes ist der Meinung, dass die westlichen Wertesysteme von einer Distanzierung von der Natur geprägt sind. Wir haben den Verbrauch der Natur rationalisiert und betrachten ihn als Notwendigkeit, um die Ökonomie und ihr Wachstum aufrechtzuhalten.[326] In Wahrheit jedoch können wir uns nicht von der Natur lösen, so sehr wir es auch wollen. Wenn Sie bezweifeln, dass Sie ein Teil der Natur sind, gönnen Sie sich einmal folgendes Erlebnis: Setzen Sie sich eine Zeitlang ans Ufer oder auf einen Steg und stecken Sie die Füße ins Wasser. Nach einer Weile tauchen die ersten Garnelen auf und fangen an, abgestorbene Partikel Ihrer Haut zu weiden. Ihr Körper wird als ein Stück Natur erkannt, und Sie sind ein Teil des Ökosystems.

Während der Arbeit an diesem Buch fragte mich ein Kollege, den ich sehr schätze: „Wirst du auch über den immanenten Wert des Meeres schreiben?" „Ja", antwortete ich, und fügte hinzu, dass gerade die Idee vom Wert der Natur an sich – nicht bloß als Quelle nutzbarer Ressourcen – einer meiner Beweggründe sei, ein besseres Verständnis des Meeres bei den Lesern zu wecken. Seine Frage brachte mich ins Grübeln, denn ich glaube, es steckte noch mehr dahinter. Unsere Forschung und Beratung hat das Ziel, die Natur zu bewahren. Sie baut auf der bestmöglichen wissenschaftlichen Erkenntnis auf, die wir gewissenhaft präsentieren und in objektive Sprache kleiden. Dennoch verlieren unsere fachlichen Ratschläge oft gegen andere Interessen, die als wichtiger gelten. In unserer Gesellschaft sind wir es gewohnt, dies zu akzeptieren. Wir nehmen eine geschäftliche Rolle an und lassen uns nicht mehr von Gefühlen leiten. In unseren Ratschlägen ist nur Platz für harte Fakten. Begriffe wie „der immanente Wert des Meeres" haben in diesem Dialog wenig oder keinen Platz. Und doch: Wir, die das Glück haben, alltäglich mit dem Meer zu arbeiten, *lieben* es. Doch das Liebesverhältnis wird gestört, wenn wir sehen, dass die Natur zu kurz kommt.

Obwohl das Meer, wie wir es kennen, bedroht ist, wird es nicht vor den Augen unserer Generation sterben. Es wird weiterhin eine Quelle der Inspiration für uns Menschen sein, und wir werden es aus diesem Grund weiterhin aufsuchen. Fischer und Seeleute werden weiter die Freiheit fühlen, die mit einem „Meeresberuf" verbunden ist. Segler und Surfer werden sich weiter aufs Meer begeben, um Herausforderungen zu meistern. Taucher werden weiter die Schwerelosigkeit suchen und die Freude, die maritime Natur aus der Nähe zu erleben. Sie sind außerdem wichtige Augenzeugen der Veränderungen und zeigen auch Landratten die Meeresnatur auf Fotos und Filmen. Sonnenanbeter werden weiter die Erholung am Strand und kühle Bäder genießen.

Auch zukünftige Generationen werden die Möglichkeit haben, sich für die weite, offene Fläche und die interessanten Lebensformen im Wasser zu begeistern. Trotz aller Veränderungen wird das Meer die gleiche Faszination auf sie ausüben wie auf ältere Generationen. Anstatt die Hoffnung aufzugeben, sollten wir dafür sorgen, dass zukünftige Generationen lernen, das Meer so gut wie möglich zu verstehen, damit sie auf der Basis dieses Wissens Prioritäten setzen. Psychologen und Naturphilosophen bezeichnen die Biophilie, die Liebe zur Natur, als grundlegende Eigenschaft des Menschen. Erich Fromm schrieb 1973:

> „Die Biophilie ist die leidenschaftliche Liebe zum Leben und allem Lebendigen; sie ist der Wunsch, das Wachstum zu fördern, ob es sich nun um einen Menschen, eine Pflanze, eine Idee oder eine soziale Gruppe handelt."[327]

Diese Eigenschaft gilt es bei der heute aufwachsenden Generation zu fördern. Trotz der unvermeidlichen Veränderungen können die Freude an einer artenreichen und intakten Natur und ein fundiertes Wissen über sie mit der Zeit wichtiger werden als unser Streben nach materiellem Reichtum.

Ein intaktes Ökosystem finden Forscher und andere Besucher des Bikini-Atolls heute, 70 Jahre nachdem die Inseln und Korallenriffe für Kernwaffentests missbraucht wurden. Die Explosionen hatten katastrophale Auswirkungen auf das Leben über und unter Wasser, doch mit der Zeit kam das Tierleben zurück, dank der Bestände auf Inseln und an Riffen im Umkreis. Durch die Vernetzung mit der biologischen Nachbarschaft wurden Eier, Larven und Jungfische mit der Strömung zum Bikini-Atoll getrieben. Manche kamen schon bald zurück, andere später, und wieder andere – zum Beispiel Haie, die weite Distanzen zurücklegen – waren am Anfang nur sporadische Besucher. Bald wuchsen die Korallen wieder und kolonisierten den harten Grund aus alten, toten Korallen. Als auch die Papagei- und Doktorfische in Schwärmen zurückkehrten und den Algenbewuchs in Schach hielten, gewannen die Korallen wieder die Überhand. Die Korallenkolonien wuchsen in Höhe und Breite und ermöglichten es großen Raubfischen, versteckt auf der Lauer zu liegen. Damit war das Ökosystem beinahe intakt, doch komplett war es erst, als es erneut zu einem attraktiven Ort für Seevögel, ozeanische Haie und andere Gäste wurde.

Es gibt keinen Grund anzunehmen, dass wir nicht ähnliche Resultate in anderen Meeresgebieten erreichen können, die es dringend nötig haben, dass wir ihre Natur in Frieden lassen.[328]

DANKSAGUNG

Mein langes Verhältnis zum Meer ist vor allem durch die Menschen geprägt, die ich auf meinem Weg getroffen habe: bei der Ausbildung, auf Reisen und auf der Arbeit. Am liebsten würde ich allen persönlich danken, die meine Neugier geweckt haben, mir von interessanten Beobachtungen erzählt oder ihr Wissen mit mir geteilt haben. Im Nachhinein ist es oft schwer zu sagen, woher man sein Wissen hat, denn es baut sich Schicht für Schicht auf, füllt Lücken, baut Brücken und bereitet den Weg für neue Fragen. Bei meiner Arbeit als Forscher habe ich das Privileg, von meiner Neugier und der meiner Kollegen zu leben.

An der James Cook University in Queensland, Australien, waren die Kurse und Ratschläge von Geoff Jones und Garry Russ ausschlaggebend für meine Berufswahl. Dank gebührt auch meinen Mentoren und den Betreuern meiner Doktorarbeit, die heute meine Kollegen sind. Ihr seid weiterhin wichtig für mich.

Ich danke Christopher Sjuve, der vorgeschlagen hat, ich solle ein Buch zum besseren Verständnis des Meeres schreiben, und den Kontakt zu Mari Bjørkeng im Verlag Cappelen Damm hergestellt hat. Vielen Dank an meine Probeleser: Henning Røed, Heidi Lagerqvist Moland, Monica Moland, Anders Moland, Thomas Breien, Bjørnar Burdahl und Kristian Rønning. Und an Stig Arild Pettersen, der so lange über einen passenden Titel mit mir diskutiert hat, bis dieser saß.

Gute Kollegen am Meeresforschungsinstitut und der Universität von Agder lasen und kommentierten Kapitel, die ihre Forschungsgebiete berührten, oder Versionen des gesamten Manuskripts: Jan Atle Knutsen, Øystein Skaala, Carla Freitas Brandt, Kjell Magnus Norderhaug, Marte Sodeland, Alf Ring Kleiven, Jon Albretsen, Maria Fossheim und Geir Huse. Herzlichen Dank an euch.

Ich danke Odd Nakken, dem pensionierten Meeresforscher und früherem Direktor des Meeresforschungsinstituts, dafür, dass er seine wertvollen Erfahrungen aus der Zeit des großen Heringskollaps mit mir geteilt hat.

Danke auch an die Studenten, die ich die Freude hatte, durch ihr Studium zu führen, und die alle zur Erweiterung meines Horizonts beigetragen haben. Und an die tüchtigen Vermittler der Forschung in der Kommunikationsabteilung, die unsere Forschung nach außen tragen und mir über die Jahre hinweg beigebracht haben, aus wissenschaftlichen Ergebnissen engagierte Erzählungen zu machen.

Und ich danke meiner lieben Tochter Karin Lagerqvist Moland, die mich inspiriert hat, dieses Buch zu schreiben, alle Kapitel gelesen und mir ebenso ausführliche wie nützliche Rückmeldungen aus der Perspektive einer Siebzehnjährigen gegeben hat.

Last, but not least, ein großes, warmes Dankeschön an meine fürsorgliche Frau Heidi, die mich während des Schreibprozesses stets aufgemuntert und zu jeder Tages- und Nachtzeit meinen Ideen und Entwürfen geduldig zugehört hat. Sie gab mir Zeit zum Schreiben und schickte mich auch ab und zu allein auf die Hütte, damit ich weiterkam.

BIBLIOGRAFIE UND QUELLENVERZEICHNIS

„A Shark out of Water“ Aus *Great Barrier Reef with David Attenborough*, Episode 3. BBC One, 16. Januar 2016. https://www.bbc.co.uk/programmes/p03dl5nm (Abgerufen 27. August 2025)

Aarestrup, K. et al. (2022) „First tagging data on large Atlantic bluefin tuna returning to Nordic waters suggest repeated behaviour and skipped spawning“. *Scientific Reports* 12, 11772. https://doi.org/10.1038/s41598-022-15819-x

Aasjord, B. (2001) „Norsk-russisk rulett“ In: Album/Wiik/Aasjord 2001, S. 219–232.

Aasland, Terje/Andreas Bjelland Eriksen (2024) „Hensynet til miljøet skal veie tungt når Norge åpner for mineralvirksomhet på havbunnen.“ *Forskning.no*, 19.1.2024. https://www.forskersonen.no/debattinnlegg-havforskning-klima/hensynet-til-miljoet-skal-veie-tungt-narnorge-apner-for-mineralvirksomhet-pa-havbunnen/2311631 (Abgerufen 16. Juni 2024.)

Abaker, K. Y. I. et al. (2024) „Assessment of coral communities along Sudan's Red Sea coast.“ In: Rasul, Najeeb M./Ian C. F. Stewart (Hgg.) *Coral Reefs and Associated Marine Fauna around the Arabian Peninsula*. Boca Raton: CRC Press.

Abbasi, K. et al. (2023) „Time to treat the climate and nature crisis as one indivisible global health emergency.“ *Canadian Journal of Fisheries and Aquatic Sciences* 80(12), i–iii. https://doi.org/10.1139/cjfas-2023-0324

Abesamis, R. A. et al. (2017) „Reef-fish larval dispersal patterns validate no-take marine reserve network connectivity that links human communities“. *Coral Reefs* 36, 791–801. https://doi.org/10.1007/s00338-017-1570-0

Aguzzi, J. et al. (2007) „The activity rhythm of berried and unberried females of Nephrops norvegicus (Decapoda, Nephropidae)“. *Crustaceana* 80, 1121–1134. https://doi.org/10.1163/156854007782008577

Ainge Roy, Eleanor (2017) „'Quite odd': coral and fish thrive on Bikini Atoll 70 years after nuclear tests“. *The Guardian*, 15.7.2017. https://www.theguardian.com/world/2017/jul/15/quite-odd-coral-and-fish-thrive-on-bikini-atoll-70-years-after-nucleartests (Abgerufen 6. Juni 2024)

Album, Gunnar/Veronica Wiik/Bente Aasjord (2001) *Bærekraftig fiskeri i Nord-Norge*. Oslo: Novus Forlag.

Alcala, A.C. et al. (2005) „A long-term, spatially replicated, experimental test of the effect of marine reserves on local fish yields“. *Canadian Journal of Fisheries and Aquatic Sciences* 62, 98–108. https://doi.org/10.1139/f04-176

Andrews, A. J. et al. (2022) „Exploitation history of Atlantic bluefin tuna in the eastern Atlantic and Mediterranean – insights from ancient bones“. *ICES Journal of Marine Science* 79, 247–262. https://doi.org/10.1093/icesjms/fsab261

Artsdatabanken [Arten-Datenbank, ein Projekt des Norwegischen Ministeriums für Klima und Umwelt]:

—- s. v. Lamna nasus (Bonnaterre, 1788). https://artsdatabanken.no/lister/rodliste-forarter/2021 (Abgerufen 8. Juni 2024)

—- s. v. Lunde Fratercula arctica (Linnaeus, 1758). https://www.artsdatabanken.no/Pages/186679/Lunde (Abgerufen 8. Juni 2024)

—- s. v. Pigghå Squalus acanthias. https://www2.artsdatabanken.no/faktaark/Faktaark88.pdf (Abgerufen 8. Juni 2024)

Atmore, L. M. et al. (2022) „Population dynamics of Baltic herring since the Viking Age revealed by ancient DNA and genomics“. Proceedings of the National Academy of Sciences 119(45), e2208703119. https://doi.org/10.1073/pnas.2208703119

Audobon Society (o. D.) „Nesting Platform Initiative Launched for Endangered Birds in Maryland Coastal Bays“. https://md.audubon.org/news/nesting-platform-initiative-launched-endangered-birds-marylandcoastal-bays? (Abgerufen 01. Januar 2024)

Baden, S. et al. (2012) „Shift in seagrass food web structure over decades is linked to overfishing“. *Marine Ecology Progress Series* 451, 61–73. https://doi.org/10.3354/meps09585

Badenhorst, S. et al. (2016) „Large mammal remains from the 100 ka Middle Stone Age layers of Blombos Cave, South Africa“. *South African Archaeological Bulletin* 71, 46–52. https://www.jstor.org/stable/i24894818

Ballantine, B. (2014) „Fifty years on: lessons from mine reserves in New Zealand and principles for worldwide network“. *Biologarical Conservation* 176, 297–307. https://doi.org/10.1016/j.biocon.2014.01.014

Barrett, J. H. (2019) „An environmental (pre)history of European fishing: past and future archaeological contributions to sustainable fisheries“. *Journal of Fish Biology* 94, 1033–1044. https://doi.org/10.1111/jfb.13929

Barrett, T. J. et al. (2022) „Spatial and temporal differences in fecundity of Atlantic herring (Clupea harengus) off Nova Scotia and consequences for biological reference points“. *Canadian Journal of Fisheries and Aquatic Sciences* 79, 1086–1096. https://doi.org/10.1139/cjfas-2021-0269

Barry, J. P. Et al. (2023) „Abyssal hydrothermal springs–Cryptic incubators for brooding octopus“. *Science Advances* 9, eadg3247. https://www.science.org/doi/10.1126/sciadv.adg3247

Batsleer, J. et al. (2015. Highgrading and over-quota discarding in mixed fisheries. Reviews in Fish Biology and Fisheries 25:715736. https://doi.org/10.1007/s11160-015-9403-0

Becker, Emily (2024) „May 2024 ENSO update: we're 10!“. *NOAA Climate Prediction Center*. https://www.climate.gov/news-features/blogs/enso/may-2024-enso-update-were-10 (Abgerufen 18. Mai 2024)

Bekkevold, D. et al. (2023) „Mixed-stock analysis of Atlantic herring (Clupea harengus): a tool for identifying management units and complex migration dynamics“, *ICES Journal of Marine Science* 80, 173.184. https://doi.org/10.1093/icesjms/fsac223

Bellwood, D. R. (1996) „The Eocene fishes of Monte Bolca: the earliest coral reef fish assemblage“. *Coral Reefs* 15, 11–19. https://doi.org/10.1007/BF01626074

Berglihn, Harald (2018) „Går til kamp mot spøkelsesfisket på hummer“ Interview mit Alf Ring Kleiven. *Dagens Næringsliv*, 1.10.2018. https://www.dn.no/fiske/arendal/alf-ring-kleiven/skagerak/gar-til-kamp-mot-spokelsesfiske-pa-hummer/2-1-430418 (Abgerufen 18. Juni 2024)

Bergmann, M. (2017) „Citizen scientists reveal: Marine litter pollutes Arctic beaches and affects wildlife“. *Marine Pollution Bulletin* 125, 535–540. https://doi.org/10.1016/j.marpolbul.2017.09.055

Bergsvik, K. A. (2016) „Fiske i eldre steinalder på Vestlandet“. *Årbok for Universitetsmuseet i Bergen 2016*, 6–14. https://www.uib.no/sites/w3.uib.no/files/attachments/2016umb_arbok_fiske_i_eldre_steinalder.pdf

Bertheussen, B. A. (2023) „Perspectives on rent generation and rent appropriation in fisheries“. *Arctic Review on Law and Politics* 14, 4–20. https://doi.org/10.23865/arctic.v14.3721

Beverton, R. (1998) „Fish, fact and fantasy: a long view“. *Reviews in Fish Biology and Fisheries* 8, 229–249. https://doi.org/10.1023/A:1008888411100

Biggar, H. P., Hg. (1911) *The precursors of Jacques Cartier 1497–1534: A Collection of Documents relating to the Early History of the Dominion of Canada.* Ottawa: Government Printing Bureau. https://www.heritage.nf.ca/articles/exploration/soncino-letters.php

Blévin, P. et al. (2020) „Pelagic vs. coastal key drivers of pollutant levels in Barents Sea polar bears with contrasted space-use strategies“. *Environmental Science and Technology* 54, 985–995. https://doi.org/10.1021/acs.est.9b04626

Blix, Anna (2022) „Gambler vi med skreien?“ *Klassekampen*, 6.11.2022. https://klassekampen.no/artikkel/2023-11-06/gambler-vi-med-skreien (Abgerufen 28. Juni 2024)

Bodø kommune (2022) Forskrift om forbud mot fangst av steinbit i Saltstraumen marine verneområde. https://lovdata.no/dokument/LF/forskrift/2024-08-26-2022 (Abgerufen 01.10.2024)

Boonnawa, C. et al. (2023) „Hydrotermiske fluider: Fra jordens dyp til livets opprinnelse?“ *Naturen* Nr. 3, 107–114. https://doi.org/10.18261/naturen.147.3.2

Bourgeois, T. et al. (2022) „Stratification constrains future heat and carbon uptake in the Southern Ocean between 30 °S and 55 °S“. *Nature Communications* 13, 340. https://doi.org/10.1038/s41467-022-27979-5

Bradshaw, C. et al. (2012) „Bottom trawling resuspends sediment and releases bioavailable contaminants in a polluted fjord“. *Environmental Pollution* 170, 232–241. https://doi.org/10.1016/j.envpol.2012.06.019.

Broecker, W. S. (1991) „The great ocean conveyor." *Oceanography* 4, 79–89. https://doi.org/10.5670/oceanog.1991.07

Bubley, W. J. et al. (2013) „Using a multi-parameter approach to reassess maturity of spiny dogfish, Squalus acanthias, following increased fishing pressure in the Western North Atlantic". *Fisheries Research* 147, 202–212. https://doi.org/10.1016/j.fishres.2013.06.004

Budalen, Andreas/Sondre Skjelvik (2022) *Norge og nabolandene trosser anbefaling: Har fisket flere millioner tonn for myemakrell.* NRK Nordland, 19.10.2022. https://www.nrk.no/nordland/norge-og-statene-rundt-nordsjoen-har-fisket-3.5-millioner-tonn-for-mye-makrell-1.16143449 (Abgerufen 15. Juni 2024)

Buhl-Mortensen, Pål (2022) im Gespräch mit Beate Hoddevik: „Store mengder trålspor nord for Svalbard". *Havforskningsinstituttet (HI.NO)*, 24.11.2022. https://www.hi.no/hi/nyheter/2022/november/store-mengder-tralspor-nordfor-svalbard (Abgerufen 16. Juni 2024)

CAFSAC Advisory Document 86/25. In: Harris 1998.

Canadian Broadcasting Company (2012) „This Island that we cling to." *The National*, 3.7.2012. https://youtu.be/qSqDFT2z0b8 (Abgerufen 15. Juni 2023)

Cardinale, M. et al. (2017) „The «easy restriction» syndrome drive local fish stocks to extinction: the case of the management of Swedish coastal populations". *Marine Policy* 83, 179–183. https://doi.org/10.1016/j.marpol.2017.06.011

Cardinale, M. et al. (2023) „Spatially explicit stock assessment uncovers sequential depletion of northern shrimp stock components in the North Sea". *ICES Journal of Marine Science* 80, 1868–1880. https://doi.org/10.1093/icesjms/fsad111

Carson, Rachel (1952) *Geheimnisse des Meeres.* München: List.

Charlson, R. J. et al. (1987) „Oceanic phytoplankton, atmospheric sulphur, cloud albedo and climate". *Nature* 326, 655–661. https://doi.org/10.1038/326655a0

Clarke, M. R. et al. (1993) „The diet of sperm whales (Physeter macrocephalus Linnaeus 1758) off the Azores". *Philosophical Transactions: Biological Siences* 339, 67–82. https://doi.org/10.1098/rstb.1993.0005

Colla, Linda (2020) „La storia di Enzo Maiorca." *saivivere.it*, 10.11.2020. https://www.saivivere.it/contenuti-tematiche/natura-ed-ecologia/item/393-la-storia-di-enzo-maiorca (Abgerufen 8. Juni 2024)

Collin, S. P. (2009) „Evolution of the visual system in fishes". In: Binder, M. D./N. Hirokawa/U. Windhorst (Hgg.) *Encyclopedia of Neuroscience*. Berlin, Heidelberg: Springer. https://doi.org/10.1007/978-3-540-29678-2_3178

Comeau, S. et al. (2009) „Impact of ocean acidification on a key Arctic pelagic mollusc (Limacina helicina)." *Biogeosciences* 6, 1877–1882. https://doi.org/10.5194/bg-6-1877-2009

Curtis, T. H. et al. (2016) „Status review report: Porbeagle Shark (Lamna nasus)". Final Report to National Marine Fisheries Service, Office of Protected Resources. February 2016.

Cury, P. M. et al. (2011) „Global Seabird Response to Forage Fish Depletion–One-Third for the Birds“. *Science* 334, 1703–1706. https://www.science.org/doi/10.1126/science.1212928

Cushing, D. H. (1984) „The gadoid outburst in the North Sea“. *ICES Journal of Marine Science* 41, 159–166. https://doi.org/10.1093/icesjms/41.2.159

Cushing, D. H. (1990) „Plankton production and year-class strength in fish populations: an update of the match/mismatch hypothesis“. In: Blaxter, J. H. S./A. J. Southward (Hgg.) *Advances in Marine Biology.* San Diego, CA: Academic Press Limited.

Dannevig, A. (1936) „Hummer og hummerkultur“. *Fiskeridirektoratets skrifter. Serie Havundersøkelser.* 4(12).

Dehnhard, N. et al. (2023) „Foraging behaviour of black guillemots at three Norwegian sites during the breeding season“. *Marine Biology* 170, 87. https://doi.org/10.1007/s00227-023-04228-x

Devold, Finn (1949) „Flyndrefisk“. In: Føyn, Bjørn/Gudrun Ruud/Hagbart Røise (Hgg.) *Norges dyreliv, Bind III: Krypdyr, amfibier og fisker.* Oslo: Cappelen.

Diesing, M. et al. (2024) „Glacial troughs as centres of organic carbon accumulation on the Norwegian continental margin“. *Communications Earth & Environment* 5, 327. https://doi.org/10.1038/s43247-024-01502-8

Dietz, R. S. (1977) „Plate tectonics: A revolution in geology and geophysics“. *Tectonophysics* 38, 1–6. https://doi.org/10.1016/0040-1951(77)90197-4

Ditlevsen, P. /S. Ditlevsen (2023) „Warning of a forthcoming collapse of the Atlantic meridional overturning circulation“. *Nature Communications* 14, 4254. https://doi.org/10.1038/s41467-023-39810-w

D'Mello, Y. et al. (2022) „Solar energy harvesting mechanisms of the frustules of Nitzschia filiformis diatoms“. *Optical Materials Express*12, 4665–4681. https://doi.org/10.1364/OME.473109

Dobzhansky, T. (1973) „Nothing in Biology Makes Sense except in the Light of Evolution“. *The American Biology Teacher* 35, 125–129. https://doi.org/10.2307/4444260

Døving, K. B. et al. (1994) „Experimental evidence of chemokinesis in newly hatched cod larvae (Gadus morhua L.)“. *Marine Biology* 120, 351–358. https://doi.org/10.1007/BF00680208

Durant, J. M. et al. (2024) „Large biomass reduction effect on the relative role of climate, fishing, and recruitment on fish population dynamics“. *Scientific Reports* 14, 8995. https://doi.org/10.1038/s41598-024-59569-4

Duren, L. A. van/J J. Videler (2003) „Escape from viscosity: the kinematics and hydrodynamics of copepod foraging and escape swimming“. *Journal of Experimental Biology* 206, 269–279. https://doi.org/10.1242/jeb.00079

Durif, C. M. F. et al. (2013) „Magnetic Compass Orientation in the European Eel“. *PLoS ONE* 8, e59212. https://doi.org/10.1371/journal.pone.0059212

Eddy, T. D. et al. (2021) „Energy flow through marine ecosystems: confronting transfer efficiency". *Trends in Ecology & Evolution* 36, 76–86. https://doi.org/10.1016/j.tree.2020.09.006

Ehlers, J. Et al. (2013). „Glaciations – Middle Pleistocene in Eurasia". In: Elias, S.A./C. J. Mock (Hgg.) *Encyclopedia of Quaternary Science*. Amsterdam: Elsevier. https://doi.org/10.1016/B978-0-444-53643-3.00123-0.

Ehrlich, P. R./A. H. Ehrlich (2010) „The culture gap and its needed closures". *International Journal of Environmental Studies* 67, 481–492. https://doi.org/10.1080/00207233.2010.510825

Eldevik, T./P. M. Haugan (2020) „That's a lot of water". *Nature Physics* 16, 496. https://doi.org/10.1038/s41567-020-0866-0

Eriksen, E. (2015) „Fem millioner tonn brennmaneter i Barentshavet kan påvirke fisk og yngel på vondt og godt". In: Bakketeig, I. et al. (Hg.) „Havforskningsrapporten 2015". *Fisken og havet*, Sondernummer 1-2015, 120–121.

Eurich, J. G. et al. (2024) „Diverse pathways for climate resilience in marine fishery systems". *Fish and Fisheries* 25, 38–59. https://doi.org/10.1111/faf.12790

Europäische Union (2025) *Delegierte Verordnung (EU) 2025/2191 der Kommission vom 16. Juli 2025 zur Änderung der Delegierten Verordnung (EU) 2017/118 hinsichtlich Erhaltungsmaßnahmen für die Doggerbank und einige Gebiete im Kattegat*. https://eur-lex.europa.eu/eli/reg_del/2025/2191/oj?eliuri=eli%3Areg_del%3A2025 %3A2191 %3Aoj&locale=de (Abgerufen 3. November 2025)

Europäische Union (2019) *Übereinkommen zur Verhinderung der unregulierten Hochseefischerei im zentralen Nordpolarmeer*. https://eur-lex.europa.eu/DE/legal-content/summary/agreement-to-prevent-unregulated-high-seas-fisheries-in-the-central-arctic-ocean.html (Abgerufen 12. November 2025)

European Commision, Oceans and fisheries (2024) *Baltic Sea: Agreement reached on 2024 fishing opportunities*. https://oceans-and-fisheries.ec.europa.eu/news/baltic-sea-agreement-reached-2024-fishing-opportunities-2023-10-24_en (Abgerufen 15. Juni 2024)

European Commission (o. D.) „Marine environment: EU policies to protect Europe's ocean, seas and coasts" https://environment.ec.europa.eu/topics/marine-environment_en (Abgerufen 27. Juni 2024)

European Commission (2025) „North-East Atlantic fisheries sway over serious disagreements on sustainable fishing despite alarming scientific advice". Press Release of the Directorate-General for Maritime Affairs and Fisheries, 14/11/2025 https://www.publicnow.com/view/92D1E85599FC137BB6EA81BEE2E1E6133A-7D9EC8?1763138848 (Abgerufen 02. Dezember 2025)

Fagtermer: Institutt for biovitenskap, Universitetet i Oslo: *Fagtermer A-Å* [Webseite für Fachbegriffe des Instituts für Biowissenschaft an der Universität Oslo]

—- s. v. Biofiliahypotesen. https://www.mn.uio.no/ibv/tjenester/kunnskap/plantefys/leksikon/b/biofiliahypotesen.html (Abgerufen 17. Juni 2024)

—- s. v. Coriolis effekt. https://www.mn.uio.no/ibv/tjenester/kunnskap/plantefys/leksikon/c/coriolis.html (Abgerufen 6. Juni 2024)

Fallmyr, Synnøve S./Susanne S. Lysvold (2020) „Dykkere fulgte steinbit – Forlatt av fruen, og satt til å vokte egg i månedsvis uten mat". *NRK Nordland*, 9.5.2020. . https://www.nrk.no/nordland/dykker-og-undervannsfotografvebjorn-karlsen-har-fulgt-steinbit-i-saltstraumen-i-flere-maneder-1.15009752 (Abgerufen 8. Juni 2024)

Faltinsen, T. (2018) *Skipshelleren – En analyse av fiskebein i de mesolittiske lagene*. Magisterarbeit in Archäologie. Institutt for arkeologi, historie, kultur- og religionsvitenskap, Universitetet i Bergen. https://hdl.handle.net/1956/19005

Fanoro, T. F-R. et al. (2023) „Intertidal gleaning exclusion as a trigger for seagrass species and fauna recovery and passive seagrass rehabilitation". *Diversity* 15, 772. https://doi.org/10.3390/d15060772

Fernández Castro, B. et al. (2022) „Intense upper ocean mixing due to large aggregations of spawning fish". *Nature Geoscience* 15, 287–292. https://doi.org/10.1038/s41561-022-00916-3

Filbee-Dexter, K. et al. (2020) „Marine heatwaves and the collapse of marginal North Atlantic kelp forests". *Scientific Reports* 10, 13388. https://doi.org/10.1038/s41598-020-70273-x

Finucci, B. et al. (2024) „Fishing for oil and meat drives irreversible defaunation of deepwater sharks and rays". *Science* 383, 1135–1141. https://www.science.org/doi/10.1126/science.ade9121

Fischbestände online: https://www.fischbestaende-online.de [Nützliche Informationen zu Arten, Beständen, Fangmethoden und Quoten.]

Fitzner, Z. (2018) „How the once-sprawling Mediterranean forests were destroyed". *Earth.com*. https://www.earth.com/news/mediterranean-forests-destroyed/ (Abgerufen 16. Juni 2024)

Fossheim, M. et al. (2015) „Recent warming leads to a rapid borealization of fish communities in the Arctic". *Nature Climate Change* 5, 673–677. https://doi.org/10.1038/nclimate2647

Fossheim, Maria/Alf Håkon Hoel (2021) „Ny avtale om Polhavet trer i kraft". *Nordlys* 24.06.2021. https://www.hi.no/hi/nyheter/2021/juni/ny-avtale-om-polhavet-trer-i-kraft (Abgerufen 16. Juni 2024)

Francis, M. P. et al. (2008) „The Biology and Ecology of the Porbeagle Shark, Lamna nasus." In: Camhi, M. D./E. K. Pikitch/E. A. Babcock (Hgg.) *Sharks of the Open Ocean: Biology, Fisheries and Conservation*. Hoboken, NJ: Blackwell Publishing.

Francis, R. C. et al. (2007) „Tencommandments for ecosystem-based fisheries scientists. *Fisheries* 32, 217–233. https://doi.org/10.1577/1548-8446(2007)32[217:TCFBFS]2.0.CO;2

Freeman, L. A./S. E. Freeman (2016) „Rapidly obtained ecosystem indicators from coral reef soundscapes". *Marine Ecology Progress Series* 561, 69–82. https://doi.org/10.3354/meps11938

Freitas, C. et al. (2023) „Nutrient concentrations in minke whale faeces and the potential impact on dissolved nutrient pools off Svalbard, Norway". *Progress in Oceanography* 210, 102927. https://doi.org/10.1016/j.pocean.2022.102927

Frigstad, H. et al. (2020) „Influence of Riverine Input on Norwegian Coastal Systems". *Frontiers in Marine Science* 7, 332. https://www.frontiersin.org/articles/10.3389/fmars.2020.00332/full

Frigstad, H. et al. (2023) „Three decades of change in the Skagerrak coastal ecosystem, shaped by eutrophication and coastal darkening". *Estuarine, Coastal and Shelf Science* 283, 108193. https://doi.org/10.1016/j.ecss.2022.108193

Fromm, Erich (2015 [1973]) *Anatomie der menschlichen Destruktivität* (15. Aufl.). Hamburg: Rowohlt.

Fuglevik, L. (1938) *Om selen, dens liv og levnet i gamle dager og hvorledes den blev utryddet*, S. 29–48: „Selfangst og hummerfiske i gamle dager". Mandal: Marna historielag, Lindesnes Boktrykkeri.

Geffen, A. J. (2002) „Length of herring larvae in relation to age and time of hatching". *Journal of Fish Biology* 60, 479–485. https://doi.org/10.1111/j.1095-8649.2002.tb00295.x

Godfrey-Smith, Peter (2020) *Metazoa: Animal Minds and the Birth of Consciousness*. London: William Collins.

Gorvett, Zaria (2023) „What would happen if we stopped fishing?". BBC, 23.7.2023. https://www.bbc.com/future/article/20230721-what-would-happen-if-westopped-fishing (Abgerufen 27. Juni 2024)

Goñi, R. et al. (2010) „Net contribution of spillover from a marine reserve to fishery catches". *Marine Ecology Progress Series* 400, 233–243. https://doi.org/0.3354/meps08419

Grantham, R. et al. (2020) „Gleaning: beyond the subsistence narrative". *Maritime Studies* 19, 509–524. https://doi.org/10.1007/s40152-020-00200-3

Greenberg, Paul (2010) *Four fish: The Future of the Last Wild Food*. New York: Penguin Press.

Grémillet, David (2021) *The Ocean's Whistleblower. The Remarkable Life and Work of Daniel Pauly*. Vancouver: Greystone Books.

Gunnarsson, Á. (2017) „Spatio-temporal variability in fecundity and atresia of Atlantic wolffish (Anarhichas lupus L.) population in Icelandic waters". *Fisheries Research* 195, 214–221. https://doi.org/10.1016/j.fishres.2017.07.023

Hage, Ø. (2024) „Kiil gir disse skylden for krisen". *Fiskeribladet*, 11.9.2024. https://www.fiskeribladet.no/fiskeri/kiil-gir-disse-skyldenfor-krisen/2-1-1705756 (Abgerufen 01. Oktober 2024)

Hanley, K. A./E. A. Widder (2017) „Bioluminescence in dinoflagellates: evidence that the adaptive value of bioluminescence in dinoflagellates is concentration dependent". *Photochemistry and Photobiology* 93, 519–530. https://doi.org/10.1111/php.12713

Hansen, A. M./E. U. Wammer (2015) „Kulturtrekk i det vestnorske maritime kulturlandskapet sett i Christer Westerdahls lys". In: Arbin, S. von et al. (Hgg.) *Tjop-tjop! Vänbok til Christer Westerdahl med anledning av hans 70-årsdag den 13 november 2015*. Skärhamn: Båtdokgruppen.

Hardin, Garrett (1968) „*The Tragedy of the Commons*". *Science*. 162, 1243–1248. doi:10.1126/science.162.3859.1243

Harris, Michael (1998) *Lament for an ocean: the collapse of the Atlantic cod fishery, a true crime story*. Toronto: McClelland & Stewart.

Harrison, H. B. et al. (2012) „Larval export from marine reserves and the recruitment benefit for fish and fisheries". *Current Biology* 22, 1023–1028. https://doi.org/10.1016/j.cub.2012.04.008

Heier, O-H./A. Haga (2023) „Ferskvannsfisk i Østfold". *Østfold-Natur* Nr. 77.

Henry, R. (2018) *As worlds divide* [Film]. Indigenous Education Foundation. http://www.asworldsdivide.com/

Hérubel, Marcel-Adolphe (1911) *Pêches maritimes d'autrefois et d'aujourd'hui*. Paris, E. Guilmoto.

Henshilwood, C. S. Et al. (2018) „An abstract drawing from the 73,000-year-old levels at Blombos Cave, South Africa". *Nature* 562, 115–118. https://doi.org/10.1038/s41586-018-0514-3

Hopkins, C. C. E. et al. (1993) „Total lipid content, and lipid and fatty acid composition of the deepwater prawn Pandalus borealis from Balsfjord, northern Norway: growth and feeding relationships". *Marine Ecology Progress Series* 96, 217–228. http://www.jstor.org/stable/24833550

Hoydal, K. S. et al. (2015) „Legacy and emerging organic pollutants in liver and plasma of long-finned pilot whales (Globicephala melas) from waters surrounding the Faroe Islands". *Science of the Total Environment* 520, 270–285. https://doi.org/10.1016/j.scitotenv.2015.03.056

Huse, G. et al. (2010) „Establishment of new wintering areas in herring co-occurs with peaks in the 'first time/repeat spawner' ratio". *Marine Ecology Progress Series* 409, 189–198. https://doi.org/10.3354/meps08620

Huserbråten, M. B. O. et al. (2019) „Polar cod in jeopardy under the retreating Arctic sea ice". *Communications Biology* 2, 407. https://doi.org/10.1038/s42003-019-0649-2

Hutchings, J. A./R. W. Rangeley (2011) „Correlates of recovery for Canadian Atlantic cod (Gadus morhua)". *Canadian Journal of Zoology* 89, 386–400. https://doi.org/10.1139/z11-022

Huxley, T. H. (1883) *Inaugural address to the Fishery Congress, International Fisheries Exhibition*. London: William Clowes and Sons Ltd.

Hylen, A. et al. (2008) „Northeast Arctic cod: fisheries, life history, stock fluctuations and management" In: Nakken, O. (Hg.) *Norwegian Spring-Spawning Herring & Northeast Arctic Cod: 100 Years of Research and Management*, S. 83–118. Trondheim: Tapir Academic Press.

ICES [International Council for the Exploration of the Sea] (2022): „Porbeagle (Lamna nasus) in subareas 1–10, 12, and 14 (The Northeast Atlantic and adjacent waters)". In: *Report of the ICES Advisory Committee, 2022*. ICES Advice 2022. por.27.nea. https://doi.org/10.17895/ices.advice.19754584

ICES (2016): „Report of the second workshop on Management Plan Evaluation on Northeast Arctic cod and haddock and Barents Sea capelin" (WKNEAMP-2), 25–28 January 2016, Kirkenes, Norway. ICES CM 2016/ACOM, 47.

IPBES [Intergovernmental Platform on Biodiversity and Ecosystem Services, UN-Organisation] (2019): „Global assessment report on biodiversity and ecosystem services of the Intergovernmental Science-Policy Platform on Biodiversity and Ecosystem Services", hg. Brondizio, E. S. et al. https://doi.org/10.5281/zenodo.3831673

IPCC [Intergovernmental Panel on Climate Change] (2014): „Klimaänderung 2014: Synthesebericht. Beitrag der Arbeitsgruppen I, II und III zum Fünften Sachstandsbericht des Zwischenstaatlichen Ausschusses für Klimaänderungen", hg. Pachauri, R. K. et al. https://www.ipcc.ch/site/assets/uploads/2018/02/IPCC-AR5_SYR_barrierefrei.pdf

Jackson, J. B. C. et al. (2001) „Historical Overfishing and the Recent Collapse of Coastal Ecosystems". *Science* 293, 629–637. https://www.science.org/doi/10.1126/science.1059199

Jackson, Jeremy B.C. /Karen E. Alexander/ Enric Sala (2011) *Shifting Baselines – The past and the future of ocean fisheries.* Washington DC: Island Press.

Jakobsen, Anders (2018) „Hvorfor er det ikke flo og fjære utenfor Egersund?" *Havforskningsinstituttet* (HI.NO), 18.5.2018. https://www.hi.no/hi/nyheter/2018/mai/hvorfor-ikke-flo-og-fjare-utenfor-egersund (Abgerufen 6. Juni 2024)

Jakobsen, Marianne (2014) „Rekordhøy sjøtemperatur på Sørlandet" Interview mit Jon Albretsen. NRK Sørlandet. 16.08.2014. https://www.nrk.no/sorlandet/rekordhoy-sjotemperatur-1.11881560 (Abgerufen 16. Juni 2024)

Jardin, Timothy D. (2019) „Indigenous knowledge as a remedy for shifting baseline syndrome". *Frontiers in Ecology and the Environment* 17/1, Februar 2019, 13-14. https://esajournals.onlinelibrary.wiley.com/doi/10.1002/fee.1991

Järnegren, J. (2023) „Koraller." In: *Kunnskapsstatus Trondheimsfjorden*, Trøndelag fylkeskommune, S. 168–185 (Kapitel 8). https://www.trondelagfylke.no/contentassets/3f3e42db94344407941a25ad3c475640/kunnskapsstatus-trondheimsfjorden-komprimert.pdf

Johnson, G. C. (2008) „Quantifying Antarctic bottom water and North Atlantic deep water volumes". *Journal of Geophysical Research* 113, C05027. https://doi.org/10.1029/2007JC004477

Jónasdóttir, S. H. (2019) „Fatty acid profiles and production in marine phytoplankton". *Marine Drugs* 17, 151. https://doi.org/10.3390/md17030151

Jónasdóttir, S. H. et al. 2015. „Seasonal copepod lipid pump promotes carbon sequestration in the deep North Atlantic". *Proceedings of the National Academy of Science USA* 112, 12122–12126. https://doi.org/10.1073/pnas.1512110112

Jørgensen, A./G. Hønneland (2013) „In cod we trust: konjunkturer i det norsk-russiske fiskerisamarbeidet". *Nordisk Østforum* 27, 353-376.

Jørgensen, S. L. (2023) „Mineraler, havbunnen og den dype biosfære". *Naturen* Nr. 3, 144–147. https://doi.org/10.18261/naturen.147.3.7

Kaartvedt, S. et al. (1994) „Amphipods on a deep-sea hydrothermal treadmill". *Deep Sea Research Part I: Oceanographic Research Papers* 41, 179–195. https://doi.org/10.1016/0967-0637(94)90032-9

Karlstrøm, R. Et al (2024) „Stopp kjøp og salg av fiskekvoter". *Klassekampen*, 16.2.2024. https://klassekampen.no/artikkel/2024-02-16/stopp-kjop-og-salg-av-fiskekvoter (Abgerufen 16. Juni 2024)

Kelly, R. et al. (2022) „Connecting to the oceans: supporting ocean literacy and public engagement". *Reviews in Fish Biology and Fisheries* 32, 123–143. https://doi.org/10.1007/s11160-020-09625-9

Kelly, S. et al. (2002) „The value of a spillover fishery for spiny lobsters around a marine reserve in northern New Zealand". *Coastal Management* 30, 153–166. https://doi.org/10.1080/089207502753504689

Kerwath, S. et al. (2013) „Marine protected area improves yield without disadvantaging fishers". *Nature Communications* 4, 2347. https://doi.org/10.1038/ncomms3347

Kettemer, L. E. et al. (2022) „Round-trip migration and energy budget of a breeding female humpback whale in the Northeast Atlantic". *PLoS ONE* 17, e0268355. https://doi.org/10.1371/journal.pone.0268355

Kim, Y. H. et al. (2023) „Observationally-constrained projections of an ice-free Arctic even under a low emission scenario". *Nature Communications* 14, 3139. https://doi.org/10.1038/s41467-023-38511-8

Kittinger, J. N. et al. (2015) *Marine historical ecology in conservation: applying the past to manage for the future*. Berkeley: University of California Press. https://www.jstor.org/stable/10.1525/j.ctt13x1hgh

Kjøllesdal, Bente (2024) „Lågaste skreirådet på over 20 år." *Havforskningsinstituttet (HI.NO)*, 21.6.2024. https://hi.no/hi/nyheter/2024/juni/lagaste-skreiradet-pa-over-20-ar (Abgerufen 27.6.2024)

Krause-Jensen, D. et al. (2018) „Sequestration of macroalgal carbon: the elephant in the Blue Carbon room". *Biology Letters* 14, 20180236. http://doi.org/10.1098/rsbl.2018.0236

Kurlansky, Mark (1997) *Cod: A Biography of the Fish that Changed the World*. New York: Walker Publishing Company.

Kwok, R. (2018) „Arctic sea ice thickness, volume, and multiyear ice coverage: losses and coupled variability (1958–2018)". *Environmental Research Letters* 13, 105005. https://doi.org/10.1088/1748-9326/aae3ec

Landmark, A. et al. (1920) *Beretning for 1920*. Foreningen til fremme av fiskeriet i Kristianiafjorden indenfor Drøbak.

Langenes, T./J. H. Fladmark (2021) „Håbrannfiske". In: Nerland, E. M. (Hg.) *Søgne Historielag Årbok 2021*. Oslo:Forlaget Gaveca.

Lawrence, D. et al. (2022) „The unseen effects of deforestation: biophysical effects on climate". *Frontiers in Forests and Global Change* 5, 756115. https://doi.org/10.3389/ffgc.2022.756115

Lebreton, L. et al. (2022) „Industrialized fishing nations largely contribute to floating plastic pollution in the North Pacific subtropical gyre". *Scientific Reports* 12:12666. https://doi.org/10.1038/s41598-022-16529-0

Leleu, K. et al. (2012) „Mapping habitat change after 30 years in a marine reserve shows how fishing can alter ecosystem structure". *Biological Conservation* 155, 193–201. https://doi.org/10.1016/j.biocon.2012.05.009

Lenton, T. M. et al. (2025) „The Global Tipping Points Report 2025". University of Exeter. https://global-tipping-points.org/

Letessier et al. (2024) „Divergent responses of pelagic and benthic fish body-size structure to remoteness and protection from humans". *Science* 383, 976–982. https://www.science.org/doi/10.1126/science.adi7562

Letessier, T. B. et al. (2019) „Remote reefs and seamounts are the last refuges for marine predators across the Indo-Pacific". *PLoS Biol* 17, e3000366. https://doi.org/10.1371/journal.pbio.3000366

Libes, S. (2011) *Introduction to Marine Biogeochemistry.* Chapter 26: „The origin of petroleum in the marine environment". Amsterdam: Elsevier Science.

Lind, S. et al. (2018) „Arctic warming hotspot in the northern Barents Sea linked to declining sea-ice import". *Nature Climate Change* 8, 634–639. https://doi.org/10.1038/s41558-018-0205-y

Løchen, Liv Eva W. (2020) „Torskegytingens forunderlige verden" (Interview mit Rebekah Oomen). *Havforskningsinstituttet (HI.NO)* 16.3.2020. https://www.hi.no/hi/nyheter/2020/mars/torskegytingensforunderlige-verden (Abgerufen 10. Juni 2024)

Løkkeborg, S. et al. (2023) „Effekter av bunntråling: Sammenstilling av kunnskap om bunnpåvirkning fra trål og snurrevad relevant for norske farvann". *Rapport fra havforskningen 2023-1.* https://www.hi.no/hi/nettrapporter/rapport-frahav-forskningen-2023-1

Lough, J. M./N. E. Cantin (2014) „Perspectives on massive coral growth rates in a changing ocean". *Biological Bulletin* 226, 187–202. https://doi.org/10.1086/BBLv226n3p187

Lov om Norges territorialfarvann og tilstøtende sone [Gesetz zu Norwegens Territorialfahrwasser und angrenzende Zone] https://lovdata.no/dokument/NL/lov/2003-06-27-57 (Abgerufen 15.6.2024)

Lövin, Isabella (2007) *Tyst hav: jakten på den sista matfisken.* Stockholm: Ordfront Förlag.

Ma, S. et al. (2024) „Recruitment regime shifts and nonstationarity are widespread phenomena in harvestable stocks experiencing pronounced climate fluctuations". *Fish and Fisheries* 25, 320–348. https://doi.org/10.1111/faf.12810

MacArthur, R./E. O. Wilson (1967) *The Theory of Island Biogeography.* Princeton: Princeton University Press.

Marean, C. W. (2012) „When the Sea Saved Humanity." *Scientific American Special Editions* 22, 52–59. https://www.scientificamerican.com/article/when-the-sea-saved-humanity-2012-12-07/

Marteinsdottir, G. et al. (2005) „History of the North Atlantic cod stocks“ *ICES CM* 2005/AA, 19. https://www.ices.dk/sites/pub/CM%20Doccuments/2005/AA/AA1905.pdf

Martin, A. H. et al. (2023) „Integral functions of marine vertebrates in the ocean carbon cycle and climate change mitigation“. *One Earth* 4, 689–693. https://doi.org/10.1016/j.oneear.2021.04.019

McClenachan, L. (2009) „Documenting loss of large trophy fish from the Florida Keys with historical photographs“. *Conservation Biology* 23, 636–643. https://doi.org/10.1111/j.1523-1739.2008.01152.x

McKay, D. I. A. et al. (2022) „Exceeding 1.5 °C global warming could trigger multiple climate tipping points“. *Science* 377, eabn7950. https://www.science.org/doi/10.1126/science.abn7950

McQueen, K. et al. (2024) „Continuous sound from a marine vibrator causes behavioural responses of free-ranging, spawning Atlantic cod (Gadus morhua)“. *Environmental Pollution* 344, 123322. https://doi.org/10.1016/j.envpol.2024.123322

Miljødirektoratet [Abteilung des Norwegischen Ministeriums für Umwelt und Klima]: „Klimaendringer og havet. Miljøstatus“. https://miljostatus.miljodirektoratet.no/tema/klima/globale-klimaendringer/klimaendringer-og-havet/ (Abgerufen 16. Juni 2024)

Moland, E. et al. (2011) „Home range of European lobster (Homarus gammarus) in a marine reserve: implications for future reserve design“. *Canadian Journal of Fisheries and Aquatic Sciences* 68, 1197–1210. https://doi.org/10.1139/f2011-053

Moland, E. et al. (2013) „Lobster and cod benefit from small-scale northern marine protected areas: inference from an empirical before-after control-impact study“. *Proceedings of the Royal Society B* 280, 20122679. https://doi.org/10.1098/rspb.2012.2679

Morato, T. et al. (2006) „Fishing down the deep“. *Fish and Fisheries* 7, 24–34. https://doi.org/10.1111/j.1467-2979.2006.00205.x

Myers, R. A. et al. (1997) „Why do fish stocks collapse? The example of cod in Atlantic Canada“. *Ecological Applications* 7, 91–106. https://doi.org/10.1890/1051-0761(1997)007[0091:WDFSCT]2.0.CO;2

Nagelsen, Veronika (2018) „Slik bestemte de alderen til kjempetorsken“. *Havforskningsinstituttet (HI.NO)*, 11.6.2018. https://www.hi.no/hi/nyheter/2018/juni/slik-bestemte-dealderen-til-kjempetorsken (Abgerufen 10. Juni 2024)

Nash, K. L. Et al. (2016) „Drivers of herbivory on coral reefs: species, habitat and management effects“. *Marine Ecology Progress Series* 554, 129–140. https://doi.org/10.3354/meps11795

Naughten, K. A. et al. (2023) „Unavoidable future increase inWest Antarctic ice-shelf melting over the twenty-first century“. *Nature Climate Change* 13, 1222–1228. https://doi.org/10.1038/s41558-023-01818-x

Nielsen, J. et al. (2016) „Eye lens radiocarbon reveals centuries of longevity in the Greenland shark (Somniosus microcephalus). *Science* 353, 702-704. https://www.science.org/doi/10.1126/science.aaf1703

Nilsen, J. E. Ø./E. Falck (2006) „Variations of mixed layer properties in the Norwegian Sea for the period 1948–1999". *Progress in Oceanography* 70, 58–90. https://doi.org/10.1016/j.pocean.2006.03.014

NOAA Fisheries, s. v. Pacific Spiny Dogfish. https://www.fisheries.noaa.gov/species/pacific-spiny-dogfish (Abgerufen 8. Juni 2024)

Norderhaug, K. M. et al. (2021) „Depletion of coastal predatory fish sub-stocks coincided with the largest sea urchin grazing event observed in the NE Atlantic". *Ambio* 50, 163–173. https://doi.org/10.1007/s13280-020-01362-4

Norges Fiskarlag (2024) „Rekekvoten går ned", Fiskarlaget, 19.06.2024. https://fiskarlaget. no/rekekvoten-gar-ned/ (Abgerufen 27. Juni 2024)

Nøttestad, L. Et al. (2020)" The comeback of Atlantic bluefin tuna (Thunnus thynnus) to Norwegian waters". *Fisheries Research* 231, 105689. https://doi.org/10.1016/j.fishres.2020.105689

Ohde, T./I. Dadou (2018) „Seasonal and annual variability of coastal sulphur plumes in the northern Benguela upwelling system". *PLoS ONE* 13, e0192140. https://doi.org/10.1371/journal.pone.0192140

Ohlberger, J. et al. (2022) „Age structure affects population productivity in an exploited fish species". *Ecological Applications* 32, e2614. https://doi.org/10.1002/eap.2614

Olafsen, T. et al. (2012) „Verdiskaping basert på produktive hav i 2050. Rapport fra en arbeidsgruppe oppnevnt av Det Kongelige Norske Videnskabers Selskab og Norges Tekniske Vitenskapsakademi". *SINTEF rapport*. https://www.sintef.no/globalassets/upload/fiskeri_og_havbruk/publikasjoner/verdiskaping-basert-pa-produktive-hav-i-2050.pdf

Olsen, E. M. et al. (2023) „Large females connect Atlantic cod spawning sites". *Science* 382, 1181–1184. https://www.science.org/doi/10.1126/science.adi1826

Olsen, Erik/Peter Haugan (2021) „Tema: Havforskningstiåret." *Havforskningsinstituttet (HI.NO)*, 4.1.2021. https://www.hi.no/hi/temasider/satsinger/havforskningstiaret (Abgerufen 27. Juni 2024)

Olsen, M. T. et al. (2018) „The history and effects of seal-fishery conflicts in Denmark". *Marine Ecology Progress Series* 595, 233-243. https://doi.org/10.3354/meps12510

Omand, M. M. et al. (2015) „Eddy-driven subduction exports particulate organic carbon from the spring bloom." *Science* 348, 222–225. https://www.science.org/doi/10.1126/science.1260062

Opdal, A. F. (2010) „Fisheries change spawning ground distribution of northeast Arctic cod". *Biology Letters* 6, 261–264. https://doi.org/10.1098/rsbl.2009.0789

Opdal, A. F. et al. (2023) „Tracking freshwater browning and coastal water darkening from boreal forests to the Arctic Ocean". *Limnology and Oceanography Letters* 8, 611–619. https://doi.org/10.1002/lol2.10320

Opdal, A. F./C. Jørgensen (2015) „Long-term change in a behavioural trait: truncated spawning distribution and demography in Northeast Arctic cod." *Global Change Biology* 21, 1521–1530. https://doi.org/10.1111/gcb.12773

Østhagen, A. et al. (2020) „Collapse of cooperation? The North-Atlantic mackerel dispute and lessons for international cooperation on transboundary fish stocks". *Maritime Studies* 19, 155–165. https://doi.org/10.1007/s40152-020-00172-4

Owen, K. et al. (2021) „Natural dimethyl sulfide gradients would lead marine predators to higher prey biomass". *Communcations Biology* 4, 149. https://doi.org/10.1038/s42003-021-01668-3

Palazzo Corner, S. et al. (2023) „The Zero Emissions Commitment and climate stabilization". *Frontiers in Science* 1, 1170744. https://doi.org/10.3389/fsci.2023.1170744

Partensky, F. et al. (1999) „Prochlorococcus, a marine photosynthetic prokaryote of global significance". *Microbiology and Molecular Biology Reviews* 63, 106–127. https://doi.org/10.1128/mmbr.63.1.106-127.1999

Passow, U. (2002) „Transparent exopolymer particles (TEP) in aquatic environments". *Progress in Oceanography* 55,287–333. https://doi.org/10.1016/S0079-6611(02)00138-6

Pauly, D. (1993) „From growth to Malthusian overfishing: stages of fisheries resources misuse. South Pacific Commission". *Traditional Marine Resource Management and Knowledge Information Bulletin* 3, 7–14.

Pauly, D. (1995) „Anecdotes and the shifting baseline syndrome of fisheries". *Trends in Ecology and Evolution* 10, 430. https://doi.org/10.1016/S0169-5347(00)89171-5

Peleg, O. et al. (2023) „Long-term marine protection enhances kelp forest ecosystem stability". *Ecological Applications* 33, e2895. https://doi.org/10.1002/eap.2895

Perälä, T. et al. (2022) „Allee effects and the Allee-effect zone in northwest Atlantic cod". *Biology Letters* 18, 20210439. http://doi.org/10.1098/rsbl.2021.0439

Pitcher, C. R. et al. (2022) „Trawl impacts on the relative status of biotic communities of seabed sedimentary habitats in 24 regions worldwide". *Proceedings of the National Academy of Science USA* 119, e2109449119. https://doi.org/10.1073/pnas.2109449119

Prokosch, P., Hg. (2024) *The East Atlantic Flyway of Coastal Birds: 50 Years of Exciting Moments in Nature Conservation and Research*. Barcelona: Lynx Nature Books.

Rabone, M. et al. (2023) „How many metazoan species live in the world's largest mineral exploration region?" *Current Biology* 33, 2383–2396.e5. https://doi.org/10.1016/j.cub.2023.04.052

Rédou, V. et al. (2015) „Species richness and adaptation of marine fungi from deep-subseafloor sediments". *Applied Environmental Microbiology* 81, 3571–3583. https://doi.org/10.1128/AEM.04064-14

Regjeringen: *Skagerrakavtalen* [Skagerrak-Abkommen der norwegischen Regierung] https://www.regjeringen.no/no/dokumenter/Prop-129-S-20132014/id763851/?ch=2 (Abgerufen 15. Juni 2024)

Renn, C. Et al. (2024) „Lessons from Lyme Bay (UK) to inform policy, management, and monitoring of Marine Protected Areas". *ICES Journal of Marine Science* 81, 276–292. https://doi.org/10.1093/icesjms/fsad204

Renn, C. et al. (2024) „Lessons from Lyme Bay (UK) to inform policy, management, and monitoring of Marine Protected Areas“. *ICES Journal of Marine Science* 81, 276–292. https://doi.org/10.1093/icesjms/fsad204

Richards, Z. T. et al. (2008) „Bikini Atoll coral biodiversity resilience five decades after nuclear testing“. *Marine Pollution Bulletin* 56, 503–515. https://doi.org/10.1016/j.marpolbul.2007.11.018

Richardson, K. et al. (2023) „Earth beyond six of nine planetary boundaries“. *Science Advances* 9, eadh2458. https://www.science.org/doi/10.1126/sciadv.adh2458

Righton, D. et al. (2016) „Empirical observations of the spawning migration of European eels: The long and dangerous road to the Sargasso Sea“. *Science Advances* 2, e1501694. https://www.science.org/doi/10.1126/sciadv.1501694

Roberts, Callum (2007) *The Unnatural History of the Sea*. Washington DC: Island press.

Robinson, J. P. W. et al. (2022) „Small pelagic fish supply abundant and affordable micronutrients to low- and middle-income countries“. *Nature Food* 3, 1075–1084. https://doi.org/10.1038/s43016-022-00643-3

Røed, Henning (2013) *Fiskehistorier. Hvem skal eie havet?* Oslo: Forlaget Manifest.

Røed, Henning (2020) *Et hav av muligheter: Hva skal vi leve av etter oljen?* Oslo: Humanist forlag.

Rogan, Bjarne (2023) *Kapitler av Nordsjøens historie. Revtorsk, sørlandsklippfisk og reker til Boulogne*. Oslo, Novus forlag.

Rogne, Sissel/Gaute Lenvik (2019) „Biologi spiser teknologi til frokost“. *Dagens Næringsliv*, 3.10.2019. https://www.dn.no/teknologi/bioteknologi/teknologi/oppdrett/biologi-spiser-teknologi-til-frokost/2-1-681163 (Abgerufen 6. Juni 2024)

Rooker, J. R. et al. (2014) „Crossing the line: migratory and homing behaviors of Atlantic bluefin tuna“. *Marine Ecology Progress Series* 504, 265–276. https://doi.org/10.3354/meps10781

Rowland, M. J./S. Ulm (2011) „Indigenous fish traps and weirs of Queensland.“ *Queensland Archaeological Research* 14, 1–58. https://researchonline.jcu.edu.au/17602/1/rowland%26ulm_2011.pdf

Rumyantseva, A. et al. (2019) „Phytoplankton spring bloom initiation: The impact of atmospheric forcing and light in the temperate North Atlantic Ocean“. *Progress in Oceanography* 178, 102202. https://doi.org/10.1016/j.pocean.2019.102202

Ruzzante, D. E. et al. (1998) „A nuclear DNA basis for shelf- and bank-scale population structure in NWAtlantic cod (Gadus morhua): Labrador to Georges Bank“. *Molecular Ecology* 7, 1663–1680. https://doi.org/10.1046/j.1365-294x.1998.00497.x

Sætra, Gunnar (2023) „Forskarane tilrår kraftig kutt i fiske – ikkje nok for Kystfiskarlaget“. NRK Troms og Finnmark, 17.07.2023. https://www.nrk.no/tromsogfinnmark/forvaltningsregel-set-grenser-for-kvoterada-fra-havforskarane-1.16477335 (Abgerufen 15.6.2024)

Sala, E. et al. (2021) „Protecting the global ocean for biodiversity, food and climate“. *Nature* 592,397–402. https://doi.org/10.1038/s41586-021-03371-z

Sánchez-Porro, C. et al. (2010) „Halomonas titanicae sp. nov., a halophilic bacterium isolated from the RMS Titanic". *International Journal of Systematic and Evolutionary Microbiology* 60, 2768–2774. https://doi.org/10.1099/ijs.0.020628-0

Sang-mog, L. (2019) „Artistic legacy of neolithic whale hunters in Daegok-ri". *Korean Heritage Article* No. 242. http://www.koreanheritage.kr/feature/view.jsp?articleNo=242 (Abgerufen 8. September 2023)

Santana, C. A. et al. (2020) „Importance of suspended particulate organic matter in the diet of Nephrops norvegicus (Linnaeus, 1758)". *Scientific Reports* 10, 3387. https://doi.org/10.1038/s41598-020-60367-x

Savoca, M. S. et al. (2016) „Marine plastic debris emits a keystone infochemical for olfactory foraging seabirds". *Science Advances* 2, e1600395. https://www.science.org/doi/10.1126/sciadv.1600395

Savoca, M. S./G. A. Nevitt (2014) „Evidence that dimethyl sulfide facilitates a tritrophic mutualism between marine primary producers and top predators". *Proceedings of the National Academy of Science USA* 111, 4157–4161. https://www.pnas.org/doi/pdf/10.1073/pnas.1317120111

Schneider, F. et al. (2018) „Collected marine litter – A growing waste challenge". *Marine Pollution Bulletin* 128,162–174. https://doi.org/10.1016/j.marpolbul.2018.01.011

Shermer, M. (2002) *In Darwin's Shadow: The Life and Science of Alfred Russel Wallace*. Oxford: Oxford University Press.

„Shifting Baseline – Wie sich unsere Sicht auf die Natur verändert" (2023). Wissen macht Klima, 14 Oktober 2023. https://www.wissenmachtklima.de/shifting-baseline-umweltforschung/

Siegel, V. /V. Loeb (1994) „Length and age at maturity of Antarctic krill". *Antarctic Science* 6, 479–482. https://doi.org/10.1017/S0954102094000726

Simon, M. et al. (2012) „Keeping momentum with a mouthful of water: behavior and kinematics of humpback whale lunge feeding". *Journal of Experimental Biology* 215, 3786–3798. https://doi.org/10.1242/jeb.071092

Sims, D./A. Southward, (2006) „Dwindling fish numbers already of concern in 1883". *Nature* 439, 660. https://doi.org/10.1038/439660c

Skagseth, Ø. et al. (2020) „Reduced efficiency of the Barents Sea cooling machine". *Nature Climate Change* 10, 661–666. https://doi.org/10.1038/s41558-020-0772-6

Skaret, Georg (2019) „Tema: Lodde – Barentshavet". *Havforskningsinstituttet (HI.NO)* 28.3.2019. https://www.hi.no/hi/temasider/arter/lodde–barentshavet (Abgerufen 10. Juni 2024)

Skerritt, D. J. /U. R. Sumaila (2021) „Broadening the global debate on harmful fisheries subsidies through the use of subsidy intensity metrics". *Marine Policy* 128, 104507. https://doi.org/10.1016/j.marpol.2021.104507.

Skumsvoll, Nils Frithjof et al. (2023) *Dansker må punge ut etter ulovlig kveitefisking*. NRK Vestfold og Telemark, 17.01.2023. https://www.nrk.no/vestfoldogtelemark/danske-kveitefiskere-botelagt-for-ulovlig-fiske-i-norge-1.16227618 (Abgerufen 15. Juni 2024)

Slabbekoorn, H. et al., Hgg (2018) „Effects of Anthropogenic Noise on Animals“ *Springer Handbook of Auditory Research* 66, 277–309. https://doi.org/10.1007/978-1-4939-8574-6_10

Slotte, A. et al. (2025) “Herring spawned poleward following fishery-induced collective memory loss.” *Nature* 642: 965-972. https://doi.org/10.1038/s41568-025-08983-3

Sodeland M. et al. (2022) „Stabilizing selection on Atlantic cod supergenes through a millennium of extensive exploitation“. *Proceedings of the National Academy of Sciences USA* 119, e2114904119. https://doi.org/10.1073/pnas.2114904119

Solberg, E. (2018) „Science can boost ocean health and human prosperity“. *Nature* 588. https://doi.org/10.1038/d41586-020-03302-4

Sørdalen, T. K. et al. (2022) „Protection from fishing improves body growth of an exploited species“. *Proceedings of the Roay Society B* 289, 20221718. https://doi.org/10.1098/rspb.2022.1718

Spencer, T. et al. (2000) „Coral bleaching in the Southern Seychelles during the 1997–1998 Indian Ocean warm event.“ *Marine Pollution Bulletin* 40, 569–586. https://doi.org/10.1016/S0025-326X(00)00026-6

Sprintall, J. et al. (2009) „Direct estimates of the Indonesian Throughflow entering the Indian Ocean: 2004–2006“. *Journal of Geophysical Research* 114, C07001. https://doi.org/10.1029/2008JC005257

Stamland, R. et al. (2007) *Bamblefiskerne – deres liv og virke.* Skien, Bokbinderiet Johnsen.

Steinrücken, P. et al. (2017) „Bioprospecting North Atlantic microalgae with fast growth and high polyunsaturated fatty acid (PUFA) content for microalgae-based technologies“. *Algal Research* 26, 392–401. https://doi.org/10.1016/j.algal.2017.07.030

Steneck, R. S. et al. (2019) „Managing recovery resilience in coral reefs against climate-induced bleaching and hurricanes: a 15 year case study from Bonaire, Dutch Caribbean“. *Frontiers in Marine Science* 6, 265. https://doi.org/10.3389/fmars.2019.00265

Stenevik, Erling Kåre (2023) „Dette er årsaken til at kvoterådet på nvg-sild går ned“. *Fiskeribladet*, 30.9.2023. https://www.hi.no/hi/nyheter/2023/oktober/dette-er-arsaken-til-at-kvoteradet-pa-nvg-sild-gar-ned (Abgerufen 15. Juni 2024)

Stoknes, Per Espen (2015) *What We Think About When We Try Not To Think About Global Warming: Toward a New Psychology of Climate Action.* Chelsea (VT): Chelsea Green Publishing.

Strandmann, Pogge von. et al. (2015) „Selenium isotope evidence for progressive oxidation of the Neoproterozoic biosphere“. *Nature Communications* 6, 10157. https://doi.org/10.1038/ncomms10157

Strohmeier, Tore et al. (2021) „Er det mindre blåskjell i fjordene våre nå enn før?“ *Forskersonen* 09.01.2021. https://www.hi.no/hi/nyheter/2021/januar/er-det-mindre-blaskjell-i-fjordene-vare-na-enn-for (Abgerufen 16. Juni 2024)

Stukel, M. R. et al. (2023) „Carbon sequestration by multiple biological pump pathways in a coastal upwelling biome". *Nature Communications* 14, 2024. https://doi.org/10.1038/s41467-023-37771-8

Sumaila, U. R./D. Pauly (2011) „The «March of Folly» in Global Fisheries". In: Jackson/Sala 2011. https://doi.org/10.5822/978-1-61091-029-3_2

Svendsen, Ketil (2023) „Det tredje og siste fartøyet er overlevert. Pris? En halv milliard". *Fiskeribladet* 15.12.2023. https://www.fiskeribladet.no/kystens-naringsliv/det-tredje-og-siste-fartoyet-er-overlevert-pris-enhalv-milliard-/2-1-1570194 (Abgerufen 16. Juni 2024)

Svensson, Patrik (2022) *Den lodande människan: havet, djupet och nyfikenheten.* Stockholm: Albert Bonniers Förlag.

Sverdrup-Thygeson, Anne (2020) *På naturens skuldre. Hvordan ti millioner arter redder livet ditt.* Oslo: Kagge forlag.

Sverdrup-Thygeson, Anne (2024) "Seriøst? En samfunnsdebatt uten forskere?" *Klassekampen*, 18.3.2024. https://klassekampen.no/artikkel/2024-03-18/seriost-en-samfunnsdebatt-uten-forskere (Abgerufen 6. Juni 2024)

Sweetman, A. K. et al. (2024) „Evidence of dark oxygen production at the abyssal seafloor". *Nature Geoscience* 17, 737–739. https://doi.org/10.1038/s41561-024-01480-8

Syakilla, N. et al. (2022) „Review on nutrients, phytochemicals, and health benefits of green seaweed, Caulerpa lentillifera". *Foods* 11, 2832. https://doi.org/10.3390/foods11182832

Syversen, T. et al. (2020) „Slitasje på fiskeredskap – kvantifisering av slitasje fra ulike redskapstyper". *Sintef rapport* 2020:01296.

Thurstan, R. et al. (2010) „The effects of 118 years of industrial fishing on UK bottom trawl fisheries". *Nature Communications* 1, 15. https://doi.org/10.1038/ncomms1013

Todal, Per Anders (2018) *Havlandet – Historia om hava som skapte Noreg.* Oslo: Vigmostad & Bjørke.

Tokarska, K. et al. (2016) „The climate response to five trillion tonnes of carbon". *Nature Climate Change* 6, 851–855. https://doi.org/10.1038/nclimate3036

Turnbull, J. W. et al. (2021) „Evaluating the social and ecological effectiveness of partially protected marine areas". *Conservation Biology* 35, 921–932. https://doi.org/10.1111/cobi.13677

Vecchione, M./O. A. Bergstad (2022) „Numerous sublinear sets of holes in sediment on the northern Mid-Atlantic Ridge point to knowledge gaps in understanding mid-ocean ridge ecosystems". *Frontiers in Marine Science* 9:812915. https://doi.org/10.3389/fmars.2022.812915

Verdien av norsk sjømateksport 2018. https://seafood.no/aktuelt/nyheter/sjomateksport-for-99-milliarder-i-2018-/ (Abgerufen 16. Juni 2024)

Wächtershäuser, G. (2006) „From volcanic origins of chemoautotrophic life to Bacteria, Archaea and Eukarya". *Philosophical Transaction of the Royal Society B Biological Sciences* 361, 1787–1808. http://doi.org/10.1098/rstb.2006.1904

Weidberg, N. et al. (2022) „Large scale patches of Calanus finmarchicus and associated hydrographic conditions off the Lofoten archipelago“. *Journal of Marine Systems* 227, 103697. https://doi.org/10.1016/j.jmarsys.2021.103697
Welch, Craig (2016) „The blob that cooked the Pacific“. *National Geographic* September 2016. https://www.nationalgeographic.com/magazine/article/warm-water-pacific-coast-algae-nino
Westen, R. M. van et al. (2024) „Physics-based early warning signal shows that AMOC is on tipping course“. *Science Advances* 10, eadk1189. https://www.science.org/doi/10.1126/sciadv.adk1189
Wille, J. D. et al. (2022) „Intense atmospheric rivers can weaken ice shelf stability at the Antarctic Peninsula“. *Communications Earth and Environment* 3, 90. https://doi.org/10.1038/s43247-022-00422-9
Wilson, Edward O. (1984) *Biophilia. The Human Bond with Other Species*. Cambridge (Mass.): Havard University Press.
World Bank (2017) *The Sunken Billions Revisited: Progress and Challenges in Global Marine Fisheries*. Washington DC: World Bank, Environment and Development http://hdl.handle.net/10986/24056
Wright, J. S. et al. (2017) „Rainforest-initiated wet season onset over the southern Amazon“. *Proceedings of the National Academy of Science USA* 114, 8481-8486. https://www.pnas.org/doi/abs/10.1073/pnas.1621516114
Wright, R. M. et al. (2022) „First direct evidence of adult European eels migrating to their breeding place in the Sargasso Sea“. *Scientific Reports* 12,15362. https://doi.org/10.1038/s41598-022-19248-8
Ytreberg, Esben (2023) *Utryddelsen. Historien om den norske industrielle hvalfangsten*. Oslo: Forlaget Press.
Yu, L./M. M. Rienecker (2000) „Indian Ocean warming of 1997–1998“. *Journal of Geophysical Research* 105, 16923–16939. https://doi.org/10.1029/2000JC900068

ANMERKUNGEN

1 Ainge Roy 2017.
2 Richards et al. 2008.
3 Nielsen et al. 2016.
4 In Norwegen sind diese Algenarten unter dem Sammelbegriff *lurv* bekannt, was so viel wie „kurzes Zottelzeug" bedeutet. (Anm. d. Übers.)
5 Carson 1952 (deutsche Ausgabe).
6 Dietz 1977.
7 https://ozeandekade.de/ (Anm. d. Übers.)
8 Vecchione/Bergstad 2022.
9 Beispiele globaler Zusammenarbeit sind das Übereinkommen über die biologische Vielfalt (Biodiversitätskonvention, englische Abkürzung CBD, 1993), die Aichi-Ziele (2010), Das Ziel für nachhaltige Entwicklung (SDG) Nr 14: Leben unter Wasser (2015, s. u.), der Globale Biodiversitätsrahmen von Kunming-Montreal (2022) und die Anwendung der UN-Seerechtskonvention auf die Biodiversität jenseits nationaler Gesetzgebung (BBNJ, 2023).
10 Rød 2013.
11 Olafsen et al. 2012.
12 Kelly et al. 2022.
13 Rogne/Lenvik 2019.
14 Jakobsen 2018.
15 Freeman/Freeman 2016.
16 Z. B. bei Olaus Magnus, Peter Dass, in Herman Melvilles *Moby Dick,* Jules Vernes *20.000 Meilen unter dem Meer* oder Edgar Allen Poes *A Descent into the Maelstroem.* (Die Bezeichnung „Mahlstrom" für gefährliche Wirbel in Gezeitenströmen stammt ebenfalls vom Moskstraumen, der auch Malstrom genannt wird.)
17 Broecker 1991.
18 Johnson 2008.
19 Eldevik/Haugan 2020.
20 IPCC 2014.
21 Sprintall et al. 2009.
22 Shermer 2002.
23 Nielsen/Falck 2006.
24 *Corioliseffekt:* Eine geradlinige Bewegung in einem gedachten Koordinatensystem wird bogenförmig abgelenkt, wenn das Koordinatensystem rotiert. (Anm. d. Übers.) Die durch den Zufluss bedingte Strömung dreht sich also nach rechts, was ich beim Einsammeln unserer Forschungsbojen im Tvedestrandfjord besonders nach starkem Niederschlag sehen kann. Die Bojen sind mit bunten Kugeln verbunden, die in etwa drei Metern Tiefe schwimmen. Auf der Ostseite des Fjords kann ich sie auch durch das trübe Flusswasser an der Oberfläche gut erkennen, während dies am Westufer schwieriger ist, weil die bräunliche Wasserschicht dort dicker ist.
25 *Fagtermer,* s. v. Coriolis effekt.

26 Lebreton et al. 2022.
27 Schneider et al. 2018; Bergmann 2017.
28 Omand et al. 2015.
29 Duren/Videler 2003.
30 Fische, die andere Fische fressen, befinden sich auf einem höheren trophischen Niveau als Fische, die sich von Phytoplankton ernähren.
31 Savoca/Nevitt 2014.
32 Owen et al. 2021.
33 Savoca et al. 2016.
34 Jónasdóttir 2019.
35 Steinrücken et al. 2017.
36 Derzeit sind Algenöle noch die teurere Alternative zu Fischöl, weshalb viele Produzenten Letzteres vorziehen. Das El Niño-Phänomen 2023-2024 führte zu einem Rückgang bei der Fischerei Peruanischer Sardellen, eine der Hauptquellen für Fischöl. In der Folge stieg der Preis für Fischöl so weit, dass Algenöle konkurrenzfähiger wurden.
37 Mikroalgen sind Experten der Fotosynthese. Kieselalgen (Diatomeen) haben eine Siliziumschale, deren Struktur die Wellenlängen des Lichts, die ideal für ihre Fotosynthese sind, reflektieren und verstärken (D'Mello et al. 2022).
38 Früher Blaugrünalgen genannt. Ein *Prochlorococcus* misst 0,5-0,7 Mikrometer (= tausendstel Millimeter).
39 Partensky et al. 1999.
40 In der Taxonomie des Tierreichs gibt es 33 Stämme, zum Beispiel Wirbeltiere. Die Rangstufe des Stammes bedeutet in der Praxis, dass die zugehörigen Arten (die unterste Stufe der Taxonomie) einen ähnlichen Körperbau haben.
41 Eriksen 2015.
42 Nicht zu verwechseln mit der Algenblüte im Sinne von Wasserblüte oder Algenpest, die eine plötzliche, übermäßige Vermehrung von Algen mit großen Ansammlungen auf der Wasseroberfläche und schädlichen Auswirkungen auf das Ökosystem bezeichnet. (Anm. d. Übers.)
43 Rumyantseva et al. 2019.
44 Passow 2002.
45 Libes 2011.
46 Krause-Jensen et al. 2018.
47 Diesing et al. 2024.
48 Sala et al. 2021.
49 Fernández Castro et al. 2022.
50 Hanley/Widder 2017.
51 Frigstad et al. 2020.
52 Siegel/Loeb 1994.
53 Jónasdóttir et al. 2015.
54 Martin et al. 2023.
55 Simon et al. 2012.
56 Freitas et al. 2023.
57 Clarke et al. 1993.
58 Fallmyr/Lysvold 2020.
59 Collin 2009. Dieses Erfolgsrezept hat sich in der Evolution mehrfach unabhängig voneinander entwickelt. Der Aufbau der Augen von Tintenfischen und Wirbeltieren ist sehr ähnlich, obwohl der evolutionäre Abstand zwischen ihnen mit etwa 500 Millionen Jahren sehr groß ist.
60 Bellwood 1996.
61 Die Klasse ist eine Rangstufe der hierarchischen Taxonomie nach Linné. Sie steht einen Rang über der Ordnung und einem Rang unter dem Stamm.
62 Cushing 1990.
63 Dobzhansky1973.

64 MacArthur/Wilson 1967.
65 In der Verhaltensökologie eine Gruppe von gleichaltrigen Individuen einer Population.
66 Døving et al. 1994.
67 Weidberg et al. 2022.
68 Barrett et al. 2022.
69 Geffen 2002.
70 Slotte et al. 2005.
71 *Artsdatabanken,* s. v. Lunde Fratercula arctica (Linnaeus, 1758).
72 Eine Quote beschreibt die totale Menge, die aus einem Bestand oder von einer Art gefischt werden darf (oder einen Teil der Totalquote verteilt auf eine Fischfangflotte).
73 Bekkevold 2023.
74 Dehnhard et al. 2023.
75 Cury et al. 2011.
76 Bubley et al. 2013.
77 Festgestellt durch Markierungen, die über Wiederfänge ausgewertet wurden.
78 Artsdatabanken, s. v. Pigghå Squalus acanthias.
79 NOAA Fisheries, s. v. Pacific Spiny Dogfish.
80 Curtis et .al. 2016.
81 Francis et al. 2008.
82 Langenes/Fladmark 2021.
83 ICES. 2022
84 Artsdatabanken. s. v. lamna nasus
85 Auf Englisch wird diese Strategie als „broadcast spawning“ bezeichnet.
86 Gunnarsson 2017.
87 Die totale Entwicklungszeit der Embryonen leitet sich aus der Summe der Taggrade ab.
88 Colla 2020.
89 Dannevig 1936.
90 Moland et al. 2011.
91 Ein Hummerhabitat ist häufig gekennzeichnet durch harten Boden, kupierten Meeresboden, gerne am Rand von Steinschüttungen oder zumindest mit einigen großen Steinen.
92 Aguzzi, et al. 2007.
93 Tagesgrade geben die Zeit von der Befruchtung der Eizelle bis hin zum fertigen Jungtier unter Berücksichtigung der durchschnittlichen Wassertemperatur in Grad Celsius an. Die Berechnung der tatsächlichen Entwicklungszeit in Tagen erfolgt nach der Formel „Tagesgrade geteilt durch Wassertemperatur“.
94 Hummer haben einen fantastischen Geruchssinn, der wie bei allen Tieren im Wasser eine Mischung aus Geschmack und Geruch wahrnimmt. Sie haben zwei unterschiedliche Antennen, sogenannte „Antennuler“ als Geschmacksorgane. Auf diese Weise kann der Hummer Gerüche „stereo“ wahrnehmen und die Herkunft der Geruchsquelle exakt orten.
95 Grundeln sind kleine Fische, die am Meeresboden leben. Manche Arten teilen sich gemeinsam mit Garnelen dieselbe Höhle. Die Garnelen heben die Höhle aus und werden anschließend von der Grundel bewacht. Wir sprechen bei dieser Art von Zusammenarbeit von einer „mutualistischen Symbiose“.
96 Renn et al. 2024.
97 Santana et al. 2020.
98 Hopkins et al. 1993.
99 A Shark out of Water (BBC 2016).
100 Ein klassisches Beispiel für dieses Verhalten finden wir bei Brieftauben.
101 Wright et al. 2022.
102 Der Aal ist eine alte Art. Nachdem die Kontinente langsam auseinander getrieben sind, haben die Aale ihr Laichgebiet in der Mitte beibehalten und mussten sich an die immer größere Entfernung anpassen.
103 Durif, et al. 2013.

104 Righton et al. 2016
105 Nøttestad et al. 2020.
106 Aarestrup et al. 2022.
107 Andrews et al. 2022.
108 Faltinsen 2018.
109 Bergsvik 2016.
110 Rooker, et al. 2014.
111 Kettemer et al. 2022.
112 Kabeljau und Dorsch sind eine Art. Als Kabeljau bezeichnet man ausgewachsene, geschlechtsreife Dorsche. Lediglich in der Ostsee behält die Art ihren Namen auch im adulten Stadium. (Anm. d. Übers.)
113 Kurlansky 1997.
114 Nagelsen 2018.
115 Skaret 2019.
116 Opdal/Jørgensen 2015.
117 Løchen 2020.
118 Olsen et al. 2023.
119 Opdal 2010.
120 Huse et al. 2010.
121 Henry 2018.
122 In Südostasien leben mehrere seenomadische Völker malaiischen Ursprungs, zum Beispiel die Moken in Thailand und Myanmar, die Orang Laut („Seevolk") in Indonesien und die Bajau von Indonesien bis zu den Philippinen https://theaquaticape.org/sea-nomads/
123 Grantham et al. 2020.
124 Syakilla et al. 2022.
125 Fanoro et al. 2023.
126 Marean 2012.
127 Ehlers et al. 2013.
128 Henshilwood et al. 2018.
129 Roberts 2007.
130 Todal 2018.
131 Sang-mog 2019.
132 Bergsvik 2016.
133 Objekte aus Leder und Holz halten sich nur unter bestimmten Bedingungen (z. B. in einem Moor), die an der Küste selten gegeben sind.
134 Atmore et al. 2022.
135 Hansen/Wammer 2015. Hvalgård, Kvalsgård oder Kastegård sind noch immer verbreitete Familiennamen in Norwegen.
136 Rowland/Ulm 2011.
137 Sverdrup-Thygeson 2020.
138 „Shifting Baseline" 2023; Meichßner 2021.
139 Pauly 1995.
140 Meichßner 2021.
141 Olsen et al. 2018.
142 Fuglevik 1938.
143 McClenachan 2009.
144 Eine weitere, wertvolle Quelle kann zum Beispiel indigenes Wissen sein. (Jardine 2019 – Anm. d. Übers.)
145 Cushing 1984.
146 Marteinsdóttir et al. 2005.
147 Rogan 2023.

148 Die Leinenfischerei wird mit langen, stabilen Leinen betrieben, an denen viele Vorfächer (kurze Schnüre) mit Haken und Ködern befestigt sind. Die Leinen werden bis in Grundnähe herabgelassen und sind mit Treibankern und Markierungsbojen versehen. Oft bleiben sie über Nacht stehen. Der Vorteil dieser Methode besteht in einer geringen Beifangquote.
149 Cardinale et al. 2017.
150 Pitcher et al. 2022.
151 Sodeland et al. 2022.
152 Barrett 2019.
153 Landmark et al. 1920.
154 Stamland et al. 2007.
155 Todal 2018.
156 Regjerigen 2024.
157 *Lov om Norges territorialfarvann og tilstøtende sone.*
158 Skumsvoll et al. 2023.
159 Der Heilbutt in der Norwegischen Rinne ist wahrscheinlich der letzte Rest eines Bestandes, der den gesamten Skagerrak auf Nahrungssuche durchwanderte. In Südnorwegen wurde die früher ertragreiche Leinenfischerei nach Heilbutt schon vor 1900 eingestellt. Devold 1949.
160 Budalen/Skjelvik 2023.
161 European Commission 2025
162 Østhagen et al. 2022.
163 Harris 1968. (Anm. d. Übers.)
164 Europäische Union 2025. (Anm. d. Übers.)
165 Ytreberg 2023.
166 European Comission 2024.
167 Jackson et al. 2001.
168 Paläoökologie ist das Studium der Ökologie der Vorzeit anhand von Fossilien.
169 Jackson et al. 2001.
170 Eine Peer Review ist ein Evaluationsverfahren zur Qualitätssicherung einer wissenschaftlichen Arbeit oder eines Projektes durch unabhängige Gutachter aus dem gleichen Fachgebiet. (Anm. d. Übers.)
171 Kittinger et al. 2015.
172 Der amerikanische Hummer *Homarus americanus* ist meist bräunlicher als unser europäischer Hummer *Homarus gammarus*. Die Arten können aber nur von Experten mit Sicherheit unterschieden werden. In früheren Zeiten handelte es sich um ein und dieselbe Art, aber nachdem die Kontinente auseinandergetrieben waren, entwickelten sich zwei separate Arten.
173 Die Europäische Auster *Ostrea edulis* wurde im großen Stil vom Grund gekratzt. Auf etwa einem Drittel des Meeresbodens der südlichen Nordsee fanden sich Austernbänke, die heute vollständig verschwunden sind. Aktuell laufen Versuche, diese Austernbänke wieder zu restaurieren.
174 Huxley 1883.
175 Sims/Southward 2006.
176 Kurlansky 1997.
177 Die Fischsterblichkeit ist eine wichtige Größe für die Verwaltung eines Fischbestandes. Auf lange Sicht kann man aus den ermittelten Werten schließen, welche Sterblichkeitsrate ein Bestand noch tolerieren kann. Dies findet dann auch in den Verwaltungsbeschlüssen Niederschlag.
178 Harris 1998.
179 Olsen et al. 2004.
180 Canadian Broadcasting Company 2012.
181 Der Venezianer Giovanni Caboto (bekannter als John Cabot, da er im Dienst König Heinrichs VII. stand) gilt als „Entdecker" von Neufundland. Im Dezember 1497 unterrichtete der mailändische Botschafter in London, Raimondo Soncino, seinen Herzog von Cabots Expedition: „Das Meer kocht dort vor Fischen, die sich nicht nur mit Netzen sondern auch einfach mit beschwerten Körben fangen lassen." (Biggar 1911, eigene Übers.)
182 Myers et al. 1997.

183 Ruzzante et al. 1998.
184 Harris 1998.
185 Dieses Phänomen ist bekannt als „technological creep".
186 Am 26. Juni 2024 verkündete das kanadische Fischereidepartement, dass der 30-jährige Fangstopp beendet sei und die kommerzielle Fischerei wieder aufgenommen werden dürfe. Eine Quote von 18 000 Tonnen wurde für die Fischerei freigegeben. 94 Prozent davon von der Küstenflotte, die übrigen sechs Prozent von den Trawlern auf hoher See. *Fisheries and Oceans* 2024.
187 Hutchings/Rangeley 2011.
188 Perälä et al. 2022.
189 Hylen et al. 2008.
190 Album/Aasjord 2001.
191 Johannes Hamre erhielt später für sein Engagement zur Rettung des Herings die königliche Verdienstmedaille.
192 Nakken 2024.
193 Stenevik 2023.
194 Blix 2022.
195 Ma et al. 2024.
196 Sætra 2023.
197 ICES 2016.
198 Jørgensen/Hønneland 2013.
199 Hage 2024.
200 Ohlberger et al. 2022.
201 Kjøllesdal 2024.
202 Die endgültige Quote, die von der norwegisch-russischen Fischereikommission festgelegt wurde, schrieb eine Reduzierung um 25 Prozent im Vergleich zu 2024 vor (340 000 Tonnen) https://www.regjeringen.no/no/aktuell/enighet-om-norsk-russisk-fiskeriavtale-for-2025/id3072312/
203 Hykkerud 2025.
204 Durant et al. 2024.
205 Skerrit/Sumaila 2021.
206 *Seafood.no* 2018
207 Sumaila/Pauly 2011.
208 Norges Fiskerlag 2024.
209 Cadinale et al. 2023.
210 Batsleer et al. 2015.
211 Beverton 1998.
212 World Bank 2017.
213 Thurstan et al. 2010.
214 Bertheussen 2023.
215 Francis et al. 2007.
216 Eurich et al. 2024.
217 Yu/Rienecker 2000.
218 Die peruanische Sardelle *Engraulis ringens* wird für die Produktion von Fischmehl und -öl genutzt, aus denen Futter für die Fischzucht hergestellt wird.
219 Ein Rekord, der 2005 übertroffen wurde.
220 Spencer et al. 2000.
221 Lough/Cantin 2014.
222 Steneck et al. 2019.
223 Lawrence et al. 2022.
224 Wright et al. 2017.
225 Fitzner 2018.
226 Charlson et al. 1987.
227 Miljødirektoratet 2024 .

228 Palazzo Corner et al. 2023.
229 Kwok 2018.
230 Intergovernmental Panel on Climate Change.
231 Kim et al. 2023.
232 Lind et al. 2018.
233 Fossheim et al. 2015.
234 Eine Schlüsselart ist eine Art, die große Bedeutung für anderen Arten desselben Ökosystems hat, und damit Struktur und Stabilität des Ökosystems beeinflusst. Wird eine Schlüsselart geschwächt oder ausgerottet, führt dies zu großen Veränderungen innerhalb des Ökosystems.
235 Huserbråten et al. 2019.
236 Wille et al. 2022.
237 Naughten et al. 2023.
238 Eine der schwerwiegendsten und am längsten anhaltenden Hitzewellen im Meer bildete sich 2013 2016 im nördlichen Stillen Ozean aus. Der große, überhitzte Bereich erhielt den Namen „the blob". Tiere tauchten an Orten auf, wo sie nie zuvor nachgewiesen worden waren, und eine giftige Alge zwang die kalifornische Krabbenfischerei zu einer monatelangen Pause. Zentrale Teile des Nahrungsnetzes kollabierten, tote Wale und Seelöwen wurden in großer Zahl an die Küsten gespült (Welch 2016).
239 NRK Sørland 2014.
240 Filbee-Dexter et al. 2020.
241 Baden et al. 2012.
242 Bei einem Entnahmefester handelt es sich um eine fischlängenbasierte Schonbestimmung, bei der nur Individuen einer Art in einem definierten Größenbereich entnommen werden dürfen. Sowohl zu kleine, unter dem (gesetzlichen) Mindestmaß als auch zu große Fische, über einem definierten Maximalmaß müssen schonend zurückgesetzt werden. (Anm. d. Übers.)
243 Strohmeier et al. 2021.
244 Opdal et al. 2023
245 Frigstad et al. 2023.
246 Tauchern ist dieses Gesetz vertraut. Es lässt uns verstehen, warum wir immer langsam auftauchen müssen, nachdem der Körper nach einem Tauchgang höherem Druck ausgesetzt war. Das Gewebe nimmt beim Tauchgang mehr Stickstoff auf, der beim Auftauchen über das Blut wieder abgegeben wird. Zu schnelles Auftauchen kann zur Bildung von Gasblasen aus gelöstem Stickstoff und damit zu Embolien und Mangeldurchblutung führen.
247 Comeau et al. 2009.
248 McKay et al. 2022.
249 Tokarska et al. 2016.
250 Skagseth et al. 2020.
251 Ditlevsen/Ditlevsen 2023.
252 Van Westen et al. 2024.
253 Ohde/Dadou 2018.
254 Bourgeois et al. 2022.
255 Abaker 2024.
256 Becker 2024.
257 Im Herbst 2025 wurde ein Bericht veröffentlicht, in dem postuliert wird, dass der Kipppunkt für die tropischen Korallenriffe erreicht sei (Lenton et al. 2025).
258 Eine detaillierte Beschreibung der „Grundscherbrett-Hosennetze", mit denen hauptsächlich Krebstiere und Grundfische gefangen werden, und deren Auswirkungen findet man auf „Fischbestände online": https://www.fischbestaende-online.de/fanggeraete/aktive-geraete/schleppnetze/grundschleppnetze/grundscherbrett-hosennetze. (Anm. d. Übers.)
259 Berglihn 2018.
260 IPBES 2019.
261 Hérubel 1911.

262 Pauly 1993.
263 Kerwath et al. 2013.
264 Goñi et al. 2010. Ein Beispiel aus Europa sind die Islas Columbretes im Golf von Valencia. Dort wurde der Verlust der Fischgründe ab dem 8. Jahr nach Einrichtung des Reservats durch eine jährliche Steigerung des Langustenfangs von 10 % ausgeglichen.
265 Harrison et al. 2012.
266 Nash et al. 2016.
267 Auch in unserer heimischen Meeresfauna gibt es derartige Zwitter, z. B. den Gefleckten Lippfisch. Um die potenziellen Samenspender dieser Art zu schützen, wurde für die Fischerei eine Maximalgröße von 28 cm eingeführt. Die Tiefseegarnele *Pandalus borealis* wendet die umgekehrte Strategie an, sie wechselt das Geschlecht von männlich zu weiblich (proterandrischer Hermaphodit).
268 Alcala et al. 2005.
269 Abesamis et al. 2017.
270 Ballantine 2014.
271 Kelly et al. 2002.
272 Leleu et al. 2012.
273 Norderhaug et al. 2021.
274 Letessier et al. 2019.
275 Letessier et al. 2024.
276 Hummer und andere Krebstiere mit Exoskelett müssen ihre Schale wechseln, um wachsen zu können. Eine neue, weiche Schale bildet sich unter der alten, und beim Wechsel zieht das Tier seine Glieder aus der alten Schale. Danach wird die neue, noch weiche Schale mithilfe von Wasserdruck „aufgepumpt". Nach wenigen Stunden oder Tagen ist sie dann ausgehärtet.
277 Moland et al. 2013.
278 Bei Heilbutt gilt eine Maximalgröße von 200 cm, jedoch nur um zu verhindern, dass große, alte Fische, die durch Bioakkumulation zu viele Umweltgifte im Körper angesammelt haben, auf dem Tisch landen.
279 Sørdalen et al. 2022.
280 Järnegren 2023.
281 Dehnhard et al. 2023.
282 Prokosch 2023.
283 Buhl-Mortensen 2022.
284 Løkkeborg et al. 2023.
285 Europäische Union 2019. (Anm. d. Übers.)
286 United Nations 2023. Siehe auch Kap. 1 „Wachsende Einsicht". (Anm. d. Übers.)
287 Turnbull et al. 2021.
288 Convention on Biological Diversity 2022.
289 Francis et al. 2007.
290 Sánchez-Porro et al. 2010.
291 Die Areale mit weichem Sedimentboden machen insgesamt 320 Millionen Quadratkilometer aus.
292 Marine Pilze sind mehrzellige eukaryotische Organismen (d. h. mit Zellkern).
293 Rédou et al. 2015
294 Jørgensen 2023.
295 Alfred Wegener war ein Schüler von Max Planck – der seine Schüler aufgefordert hat, neu zu denken, und bestehende wissenschaftliche Wahrheit immer nur als vorübergehend anzusehen.
296 Carson 1955.
297 Die Bewegung der Erdteile ist heute Bestandteil der Theorie der Plattentektonik (Anm. d. Übers.).
298 Boonnawa et al. 2023.
299 Wächtershäuser 2006.
300 Kaartvedt et al. 1994.
301 Barry et al. 2023.
302 Aasland/Eriksen 2024.

303 Manganknollen enthalten in der Regel Mangan und Eisen, daneben aber auch geringe Mengen an Kobalt, Nickel, Kupfer, Titan und Platin.
304 Rabone et al. 2023.
305 Sweetman et al. 2024
306 Morato et al. 2006.
307 Finucci et al. 2024.
308 European Comission 2024.
309 Olsen/Haugan 2021.
310 Slabbekoorn et al. 2018.
311 McQueen et al. 2024.
312 Blévin et al. 2020.
313 Bradshaw et al. 2012.
314 Ehrlich/Ehrlich 2010.
315 Abbasi et al. 2023.
316 Richardson et al. 2023.
317 Eddy et al. 2021.
318 Robinson et al. 2022.
319 UN Environment Programme.
320 Solberg 2018.
321 Audubon Society o. D.
322 Eine kryptische Ausrottung bezieht sich auf Arten, lokale Bestände oder Bestandskomplexe, die ausgerottet wurden, ohne dass wir Kenntnis über die Sensibilität dieser Bestände hatten.
323 Renn et al. 2024.
324 Diese Transformation wird in dem Dokumentarfilm *Lyme Bay: The road to recovery* höchst sehenswert beschrieben (Murray 2020).
325 Peleg et al. 2023.
326 Stoknes 2015.
327 Fromm 2015. Der Soziobiologe O. E. Wilson erhob die Biophilie sogar zu einer evolutionären Eigenschaft des Menschen (Wilson 1984, Anm. d. Übers.).
328 Gorvett 2023.

1. Auflage: 2026

ISBN 978-3-258-08446-6

Umschlaggestaltung: Miriam Edmunds
Satz: Die Werkstatt Medien-Produktion GmbH, D-Göttingen
Aus dem Norwegischen übersetzt von Frank Zuber D-Wiesbaden und Günther Frauenlob D-Waldkirch

Das Werk wurde aus dem Norwegischen ins Deutsche übersetzt mit der finanziellen Unterstützung von NORLA.

NORLA Norwegian Literature Abroad

Wir drucken mit mineralölfreien Farben und verwenden FSC®-zertifiziertes Papier. FSC® sichert die Nutzung der Wälder gemäß sozialen, ökonomischen und ökologischen Kriterien.
Gedruckt in der Tschechischen Republik

FSC
www.fsc.org
MIX
Papier | Fördert gute Waldnutzung
FSC® C010798

Diese Publikation ist in der Deutschen Nationalbibliografie verzeichnet.
Mehr Informationen dazu finden Sie unter http://dnb.dnb.de.

Der Haupt Verlag wird vom Bundesamt für Kultur für die Jahre 2026–2028 unterstützt.

© Shutterstock, Huza Studio

Wir verlegen mit Freude und großem Engagement unsere Bücher. Daher freuen wir uns immer über Anregungen zum Programm und schätzen Hinweise auf Fehler im Buch, sollten uns welche unterlaufen sein.

Haupt Verlag AG
Falkenplatz 14
CH-3012 Bern
herstellung@haupt.ch
www.haupt.ch

Verantwortlich in der EU (GPSR):
Brockhaus Kommissionsgeschäft GmbH
Kreidlerstr. 9
DE-70806 Kornwestheim
haupt@brocom.de